工厂供配电技术

GONGCHANG
GONGPEIDIAN JISHU

主　编　王全亮　李义科
副主编　李拴婷　任万英
主　审　张长富

重庆大学出版社
http://www.cqup.com.cn

内容提要

本书根据高职高专的教育特点,结合高职高专学生的知识层次、学习能力和应用能力的实际情况,以就业为导向,以职业岗位能力为目标,以必需、够用为尺度,加强理论与实际的联系,精选教学内容,力求内容新颖、叙述简练、灵活应用,学用结合。本书共分为10章,内容包括供配电系统概述、工厂变配电所及供配电设备、工厂电力网络、工厂电力负荷的计算和短路计算、供配电线路的导线和电缆、工厂供配电系统的继电保护、工厂供配电系统二次接线与自动装置、工厂电气照明、工厂的电力节能、工厂供配电安全措施等。每章都配有小结和习题,为教师的课堂教学和学生的自主学习提供了方便。

本书具有简明扼要、说理清楚、通俗易懂、紧密联系实际的特点,适用于高职高专院校电气自动化、计算机控制技术、自动化仪表、数控技术和机电一体化等电力、电子、机电类各专业及相关专业"电工"课程的教材,也可作为各类成人高等专科院校电类专业教材,还可供有关电气工程技术人员参考及作为相关领域工程技术人员的自学和培训用书。

图书在版编目(CIP)数据

工厂供配电技术/王全亮,李义科主编.—重庆:重庆大
学出版社,2015.8
　ISBN 978-7-5624-9288-7

　Ⅰ.①工…　Ⅱ.①王…②李…　Ⅲ.①工厂—供电系统—高等
职业教育—教材　②工厂—配电系统—高等职业教育—教材
Ⅳ.①TM727.3

　中国版本图书馆 CIP 数据核字(2015)第 156200 号

工厂供配电技术

主　编　王全亮　李义科
副主编　李拴婷　任万英
主　审　张长富
策划编辑:鲁　黎

责任编辑:李定群　高鸿宽　　版式设计:鲁　黎
责任校对:关德强　　　　　　责任印制:赵　晟

*

重庆大学出版社出版发行
出版人:易树平
社址:重庆市沙坪坝区大学城西路 21 号
邮编:401331
电话:(023)88617190　88617185(中小学)
传真:(023)88617186　88617166
网址:http://www.cqup.com.cn
邮箱:fxk@cqup.com.cn(营销中心)
全国新华书店经销
POD:重庆书源排校有限公司

*

开本:787mm×1092mm　1/16　印张:14.5　字数:338 千
2015 年 8 月第 1 版　　2015 年 8 月第 1 次印刷
ISBN 978-7-5624-9288-7　定价:32.00 元

前言

随着职业教育的改革与深入发展,根据新形势下高职院校教学的实际情况,以"必须、够用、实用、好用"为原则,贯彻"以服务为宗旨、以就业为导向、以能力为本位"的指导思想,结合高职高专教学改革的目的和要求,针对高职高专生源的特点,在深入开展专业课程改革的过程中,经过不断总结和探索,编写了《工厂供配电技术》。本书编写中注重职业技能培养,内容新颖,实践性和应用性强,既有理论分析又有例题验证,利于培养和训练学生分析问题和解决问题的能力,且便于自学。建议授课时数为70学时,授课内容可根据不同专业要求和教学进行取舍。

在编写本书过程中,充分考虑现代供配电系统科学技术的发展和新知识应用,深入浅出地讲述了供配电系统每个环节内容,在内容叙述上力争做到深入浅出,将知识点和应用能力有机结合,注重培养学生的工程应用和解决现场实际问题的能力。本书以变、配电所的设计、运行维护为主线,贯穿以工厂供配电相应知识点的介绍及基本操作技能的讲解训练,学生学完本课程后,能胜任工厂供配电系统设备的安装、调试,运行维护等岗位的工作,并具有 10 kV 及以下工厂供电系统的初步设计能力。本书在每一章都附有小结和习题,以帮助学生进一步巩固基础知识;本书图文并茂,内容选取具有较强的针对性和实用性,便于读者学习和自学。

本书由王全亮、李义科任主编,李拴婷、任万英任副主编。全书共分10章,其中第2,3,4章由王全亮编写,第5,6章由李义科编写,第1,7,8章由李拴婷编写,第9,10章由任万英编写。全书由郑州电力职业技术学院王全亮统稿,由郑州电力职业技术学院张长富教授主审。

本书在编写过程中,查阅和参考了众多文献、教材和相关技术资料,同时得到了学校领导的高度重视和电力工程系任课教师的大力支持,在此一并表示衷心的感谢!

由于时间紧和编者水平有限,书中难免有疏漏之处,恳请广大读者批评指正,以便以后修改提高。

编　者
2015 年 2 月

目 录

第**1**章
供配电系统概述

本章首先介绍供配电系统的基本情况,包括工厂内供电系统的构成,各主要构成环节的作用及名称;其次介绍典型的各类工厂供配电系统及相关知识,主要介绍电力系统中性点运行方式;最后介绍工厂供配电电压等级和电网及用电设备、变压器的额定电压等级。

1.1 绪 论

电能在日常生活中扮演着举足轻重的角色,社会的各行各业都离不开电能。电能有很多优点,它能够转换为其他能量(机械能、热能、光能、化学能等)。电能的输配易于实现。电能可做到比较精确的控制、计算和测量,应用灵活。因此,电能在工农业、交通运输业以及人们的日常生活中得到越来越多的应用。作为一名工业电气技术人员,应该掌握安全、可靠、经济、合理地供配电能和使用电能的技术。

在工厂里,电能虽然是工业生产的主要能源和动力,但是它在产品成本中所占的比重一般很小(除电化工业外)。电能在工业生产中的重要性,并不在于它在产品成本中或投资额中所占比重的多少,而在于工业生产实现电气化以后可大大增加产量、提高产品质量、提高劳动生产率、降低劳动成本、减轻工人的劳动强度、改善工人的劳动条件,有利于实现生产过程自动化。从另一方面说,如果工厂的电能供应突然中断,则可能对工业生产造成严重的后果。

因此,工厂供配电工作对于发展工业生产、实现工业现代化,具有十分重要的意义。由于能源节约是工厂供配电工作的一个重要方面,而能源节约对于国家经济建设具有十分重要的战略意义,因此,必须做好工厂供配电工作。

工厂供配电工作要很好地为工厂生产服务,切实保证工厂生产和生活用电的需要,并做好节能工作,就必须达到以下基本要求:

(1)安全

在电能的供应、分配和使用过程中,不应发生人身事故和设备事故。

(2)可靠

应满足用户对供电可靠性的要求。负荷等级不同的工厂对供电可靠性的要求有所差别。

衡量供电可靠性的指标一般以全部平均供电时间占全年时间的百分数表示。例如,全年时间为 8 070 h,用户平均停电时间为 8.76 h,停电时间占全年时间的 0.1%,即供电可靠性为 99.9%。

安全、可靠不仅是对工厂供电的基本要求,同时也是对电力系统的基本要求。电力系统中的各种动力设备以及发电厂,电网和用户的电气设备都有发生故障或遇到异常情况(飓风,暴风雪等)的可能,从而影响电力系统或工厂供电系统的正常运行,造成用户供电中断,甚至造成重大或无法挽回的损失。例如,1997 年 7 月 13 日,美国纽约市的电力系统由于遭受雷击,保护装置错误动作,致使全系统瓦解,至少造成 3.5 亿美元的经济损失;又如,1972 年 7 月 27 日,我国湖北电力系统由于继电保护装置的错误动作,造成武汉和黄石地区电压崩溃,使受端系统全部瓦解,经济损失达 2 700 万元。

(3)优质

电压和频率的过高或过低都会影响电力系统的稳定性,对用电设备造成危害。

(4)经济

供电要做到技术合理、供电系统投资要少、运行费用要低,以尽可能节约电能和导线,减少有色金属的消耗。

1.2　工厂供配电系统的基本概念

电能是由发电厂产生的,但发电厂往往距离城市和工业中心很远,这就需要将电能经过线路到城市或工业企业。为了减少输电时的电能损耗,从发电厂送电到用户家中的过程中,发电厂发出的电要先经过变电所升高电压才可大量快速地输送。高电压须经过变电所降低电压才可依序分送各地,并逐渐降低到用户可使用的电压。

将各种类型发电厂中的发电机、升压降压变压器、输电线路以及各种用电设备联系在一起构成的统一的整体就是电力系统,用以实现完整的发电、输电、变电、配电和用电。如图 1.1 所示为电力系统示意图。

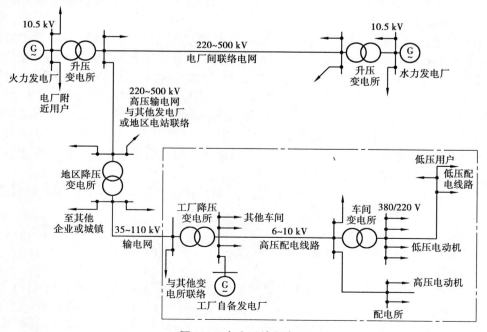

图 1.1　电力系统示意图

发电机生产的电能受发电机制造电压的限制,不能远距离输送。因此,通常使发动机的电压经过升压达 220～500 kV,再通过超高压远距离输电网送往远离发电厂的城市或工业集中地区,通过降压变电所将电压降到 35～110 kV,然后再用 35～110 kV 的高压输电线路将电能送至工厂降压变电所降至 6～10 kV 配电或终端变电所,如图 1.2 所示。

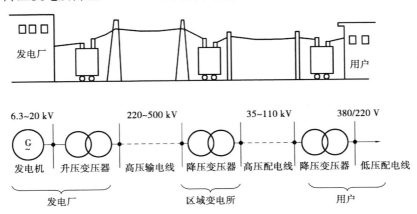

图 1.2　从发电厂到用户的送电过程示意图

1.2.1　发电厂的类型

根据各个发电厂使用的一次能源不同,发电厂主要分为以下 3 种:

(1)火力发电厂

以煤、石油、天然气等作为一次能源,借助汽轮机等热力机械将热能转换为机械能,再由汽轮机带动发电机发电的电厂,称为火力发电厂。

(2)水力发电厂

我国的水力资源极其丰富,据统计目前开发的总量还不足 10% ,一些水力资源亟待开发。水力发电厂的生产过程要比火力发电厂简单,它是利用水的位能差进行发电的。

(3)核力发电厂

利用核能发电的电厂称为核力发电厂。核力发电厂用的一次能源主要是二氧化铀。

1.2.2　变配电所

变电所起着变换电能电压、接受电能与分配电能的作用,是联系发电厂与用户的中间环节。如果变电所只用以接受电能和分配电能,则称为配电所。

变电所从结构上可分为屋外式变电所和屋内式变电所。

变电所有升压、降压之分。升压变电所多建在发电厂内,把电能电压升高后,再进行长距离输送。降压变电所多设在用电区域,将高压电能适当降低电压后,对某地区或用户供电。降压变电所又分以下 3 类。

(1)地区降压变电所

地区降压变电所又称为一次变电站,位于一个大用电区或一个大城市附近,从 220～500 kV 的超高压输电网或发电厂直接受电,通过变压器把电压降为 35～110 kV,供给该区域的用户或大型工厂用电,供电范围较大。

(2)终端变电所

终端变电所又称二次变电站,多位于用电的负荷中心,高压侧从地区降压变电所受电,经变压器降到 6~10 kV,对某个市区或农村城镇用户供电。供电范围较小。

(3)工厂降压变电所及车间变电所

1)工厂降压变电所

一般大型工业企业均设工厂降压变电所,把 35~110 kV 电压降为 6~10 kV 电压向车间变电所供电。

2)车间变电所

车间变电所将 6~10 kV 的高压配电电压降为 380/220 V,对低压用电设备供电。供电范围一般只在 500 m 以内。

1.2.3　工厂供配电系统示意图

一般中型工厂的电源进线电压为 6~10 kV。电能先经高压配电所集中,再由高压配电线路将电能分送到各车间变电所,或由高压配电线路直接供给高压用电设备。车间变电所内装设有电力变压器,将 6~10 kV 的高压降为一般低压用电设备所需的电压(380/220 V),然后由低压配电线路分送给各用电设备使用。

图 1.3 是一个比较典型的中型工厂供电系统的系统图,图中未绘出各种开关电器(除母线和低压联络线上装设的开关外),用一根线来表示三相线路。

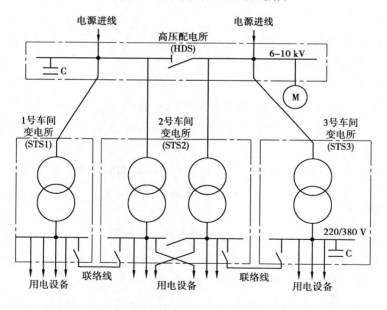

图 1.3　中型工厂供配电系统示意图

从图 1.3 可知,该厂的高压配电所有两条 6~10 kV 的电源进线,分别接在高压配电所的两段母线上。这两段母线间装设有一个分段隔离开关,形成所谓"单母线分段制"。在任一电源进线发生故障或进行检修而被切除后,可利用分段隔离开关来恢复对整个配电所的供电,即分段隔离开关闭合后由另一条电源进线供电给整个配电所。这类接线的配电所通常的运行方式是：分段隔离开关闭合，整个配电所由一条电源进线供电，其电源通常来自公共电网（电力系统），而另一条电源进线作为备用，通常由临近单位取得备用电源。

如图 1.3 所示的高压配电所有四条高压配电线，供电给 3 个车间变电所，其中 1 号车间变电所和 3 号车间变电所都只装有一台配电变压器，而 2 号车间变电所装有两台配电变压器，并分别有两段母线供电，其低压侧又采用单母线分段制，因此对重要的用电设备可由两段母线交叉供电。车间变电所的低压侧设有低压联络线相互连接，以提高供电系统运行的可靠性和灵活性。此外，该高压配电所还有一条高压配电线，直接供电给一组电动机；另有一条高压线，直接与一组并联电容器相连。3 号车间变电所低压母线上也连接有一组并联电容。这些并联电容器都是用来补偿无功功率以提高功率因数。

对于大型工厂及某些电源进线电压为 35 kV 及以上的中型工厂，一般经过两次降压。也就是电源进厂以后，先经总降压变电所，其中装有较大容量的电力变压器，将 35 kV 及以上的电源电压降为 6~10 kV 的配电电压，然后通过高压配电线将电能送到各个车间变电所。也有些工厂，其电源进厂后，经高压配电所再送到车间变电所。最后经配电变压器降为一般低压电设备所需的电压。其系统图如图 1.4 所示。

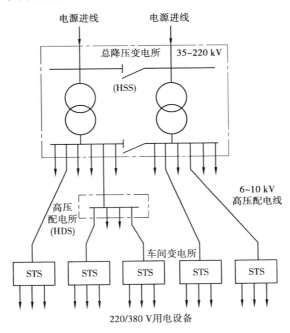

图 1.4　具有总降压变电所的工厂供配电系统示意图

有的 35 kV 进线的工厂，只经一次降压，即 35 kV 线路直接引入靠近负荷中心的车间变电所，经车间变电所的配电变压器直接降为低压用电设备所需的电压，如图 1.5 所示。这种供电方式称为高压深入负荷中心的直配方式。这种直配方式可以省去一级中间变压，从而简化了供电系统，节约有色金属，降低电能损耗和电压损耗，提高供电质量。然而这要根据厂区的环境条件是否满足 35 kV 架空线路深入负荷中心的"安全走廊"要求而定，否则不宜采用，以确保供电安全。

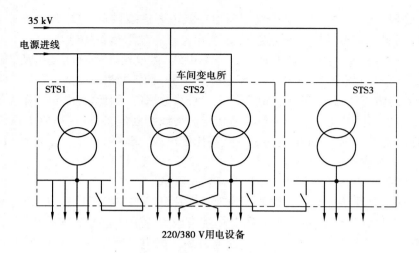

图 1.5　高压深入负荷中心的工厂供配电系统

1.2.4　输送电网

电力系统中各级电压的电力线路及与其连接的变电所总称为电力网,简称电网。电力网是电力系统的一部分,是输电线路和配电线路的统称,是输送电能和分配电能的通道。电力网是把发电厂、变电所和电能用户联系起来的纽带。

电网由各种不同电压等级和不同结构类型的线路组成,按电压的高低可将电力网分为低压网、中压网、高压网及超高压网等。电压在 1 kV 以下的称低压网,1～10 kV 的称中压网,高于 10 kV 低于 330 kV 的称高压网,330 kV 及以上的称超高压网。电网按电压高低和供电范围大小可分为区域电网和地方电网。区域电网的供电范围大,电压一般在 220 kV 及以上;地方电网的供电范围小,电压一般为 35～110 kV。电网也往往按电压等级来称呼,如说 10 kV 电网或 10 kV 系统,就是指相互连接的整个 10 kV 电压的电力线路。根据供电地区的不同,有时也将电网称为城市电网和农村电网等。

电力线路按功能的不同,可分为输电线路、配电线路及用电线路 3 类。

1.输电线路。输电线路用于远距离输送较大的电功率,其电压等级为 110～500 kV。

2.配电线路。配电线路用于向用户或者各负荷中心分配电能,其电压等级为 3～110 kV 的,称为高电压配电线路。低压配电变压器低压侧引出的 0.4 kV 配线线路,称为低压配电线路。

3.用电线路。用电线路是指低压接户线、进户线及户外配线。对工厂供配电系统来说,指设备用电线路。

电力线路按照线路结构或所有器材不同,可分为架空线路、电缆线路及地理线路等三种。室内外配电线路又有明敷和暗敷两种敷设线方式。

电能的输送方式有交流和直流两种。直流输电主要用于以下 4 个方面:

①远距离输电及跨海输电。跨海输电及远距离输电容量大,如果采用交流输电,由于距离长,线路感抗也将增大,从而限制了输送容量,而且造成运行不稳定。另外,由于交流线路存在分布电抗和对地分布电容,会引起线路电压在很大范围内发生变化,必须投入无功补偿设备,投资增加。若采用直流输电,则不存在此类问题。

直流输电线路具有架设方便,能耗小,导线截面可得到充分利用及绝缘强度高等优点,使其更适宜于远距离、大容量输电。

②连接两个不同频率的电网,并可实现电流控制,限制短路电流。直流输电一般由整流站、直流线路和逆变站 3 部分组成。在输送电能的过程中,整流站把送端系统的三相交流点变为直流电,通过直流电路送到用户,再通过逆变站把直流电转化为交流电,供给用户。

③限制短路电流。交流电力系统互联或配电网增容时,直流输电可作为限制短路电流的措施。这是由于它的控制系统具体调节快、控制性能好的特点,可有效地限制短路电流,使其基本保持稳定。

④向长距离的大城市供电。向用电密集的大城市供电,在供电距离达到一定程度时,用高压直流电缆更为经济,同时直流输电还可以作为限制城市供电电网短路电流增大的措施。

直流输电是以交流电力系统为基础,在直流输电网的两端是两个换流装置和交流系统,如图 1.6 所示。若将电能从交流电能 A 输送到交流系统 B,则换流装置Ⅰ把交流整流成直流,通过直流电网输送给换流装置Ⅱ,换流装置Ⅱ再把直流逆变为与交流系统 B 同频率、同相位的交流电馈送给交流系统 B。

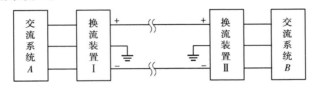

图 1.6　直流输电系统结构示意图

直流系统存在换流装置昂贵、产生高次数谐波及直流开关制造困难等缺点。

1.2.5　工厂配电线路

工厂内高压配电线路主要用于工厂内输送、分配电能之用,通过它把电能送到各个生产厂房和车间。工厂内高压配电线路以前多采用架空线路,由于存在一定的缺陷,另外电缆制造技术的发展,并有一定的优点,现在已逐渐向电缆化方向发展。

工厂内低压配电线路主要用于向低压用电设备供电。在户外敷设的低压配电线路目前多采用架空线路。在厂房或车间内部则应根据具体情况确定,或采用明线配电线路,或采用电缆配电线路。在厂房或车间内,由动力配电箱到电动机的配电线路一律采用绝缘导线穿管敷设或采用电缆线路。

车间内电气照明线路和动力线路通常是分开的,一般由一台配电用变压器分别进行照明和动力供电。如采用 380/220 V 三相四线制线路供电,动力设备由 380 V 三相线供电,而照明负荷由 220 V 相线和零线供电,各相所供应的照明负荷应尽量平衡。如果动力设备冲击负荷使电压波动较大,则应使照明负荷由单独的变压器供电。事故照明必须由可靠的独立电源供电。工厂内配电线路距离不长,但用电设备多,支路多;设备的功率不大,电压也较低,但电流较大。

1.2.6　电力系统的中性点运行方式

在电力系统中,当变压器或发电机的三相绕组为星形连接时,其中性点有两种运行方式,即中性点接地和中性点不接地。中性点直接接地系统常称为大电流接地系统,中性点不接地和中性点经消弧线圈(或电阻)接地的系统称为小电流接地系统。中性点的运行方式如图1.7所示。

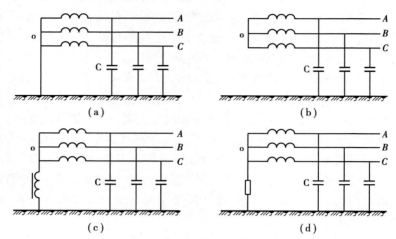

图1.7 电力系统中性点运行方式
(a)中性点直接接地　(b)中性点不接地
(c)中性点经消弧线圈接地　(d)中性点经阻抗接地

目前,在我国电力系统中,110 kV以上高压系统为降低设备绝缘要求,多采用中性点直接接地运行方式;6～35 kV中压系统中,为提高供电可靠性,首选中性点不接地运行方式。当接地电流不满足要求时,可采用中性点经消弧线圈或电阻接地的运行方式。

(1)中性点直接接地方式

中性点直接接地方式发生一相对地绝缘破坏时,就构成单相短路,供电中断,可靠性降低。但是,这种方式下的非故障相对地电压不变,电气设备按相电压考虑,降低设备要求。

(2)中性点不接地方式

在正常运行时,各相对地分布电容相同,三相对地电容电流对称且其和为零,各相对地电压为相电压。中性点不接地系统发生单相接地故障时,线电压不变而非故障相对地电压升高到原来相电压的 3 倍。故障相电流增大到原来的 3 倍。因此对中性点不接地系统,注意电气设备的绝缘要按照线电压来选择。

(3)低压配电系统的中性点运行方式

低压配电系统按保护接地形式可分为 TN 系统、TT 系统和 IT 系统。

TN 系统中的所有设备的外露可导电部分均接公共保护线(PE 线)或公共的保护中性线(PEN 线)。如果系统中的 N 线与 PE 线全部合为 PEN 线,则称系统为 TN-C 系统。如果系统中的 N 线与 PE 线全部分开,则称系统为 TN-S 系统。如果系统的前一部分线路,其 N 线与 PE 线全部合为 PEN 线,而后一部分线路,N 线与 PE 线全部或部分的分开,则称系统为 TN-C-S 系统,如图1.8 所示。

TT 系统中所有设备的外露可导电部分均各自经 PE 线单独接地,如图1.9 所示。

IT 系统中的所有设备的外露可导电部分也都各自经 PE 线单独接地,但其电源中性点不接地或经 1 000 Ω 阻抗接地,且通常不引出中性线,如图1.10 所示。

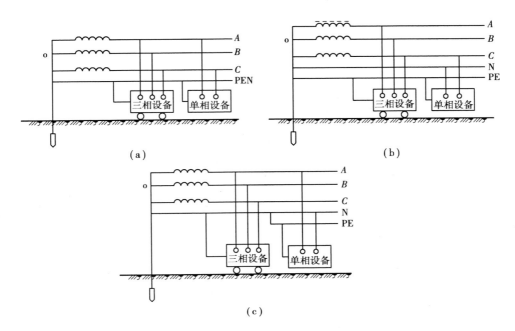

图1.8 TN 系统

(a)TN-C 系统 (b)TN-S 系统 (c)TN-C-S 系统

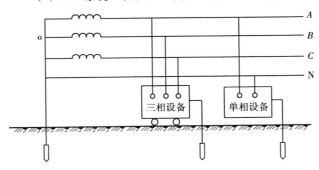

图1.9 TT 系统

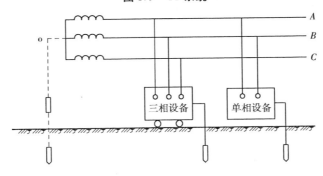

图1.10 IT 系统

1.2.7　电能用户

所有的用电单位均称为电能用户,其用户主要是工业企业。我国工业企业用电占全年总发电量的 60% 以上,是最大的电能用户。电能用户按行业可分为工业用户、农业用户、市政商业用户及居民用户等。

1.2.8　电力负荷的分级

在工业企业中,各类负荷的运行特点和重要性不一样,它们对供电的可靠性和电能品质的要求不同。为了合理地选择供电电源及设计供电系统,以适应不同的要求,我国将工业企业的电力负荷按其对可靠性要求的不同划分为一级负荷、二级负荷和三级负荷。

(1)一级负荷

一级负荷在供电突然中断时将造成人身伤亡的危险,或造成重大设备损坏且难以修复,或给国民经济带来极大损失。因此,一级负荷应要求由两个独立电源供电。而对特别重要的一级负荷,应由两个独立电源点供电。

两个独立电源是指当采用两个电源向工厂供电时,如果任一电源因故障而停止供电,另一电源不受影响,能继续供电。那么,这两个电源的每一个都称为独立电源。凡同时具备下列两个条件的发电厂、变电站的不同母线均属独立电源:

①每段母线的电源来自不同的发电机。

②母线段之间无联系,或虽有联系,但当其中一段母线发生故障时,能自动断开联系,不影响其余母线段继续供电。

所谓独立电源点,主要是强调几个独立电源来自不同的地点,并且当其中任一独立电源点因故障而停止供电时,不影响其他电源点继续供电。

一级负荷通常又称保安负荷。对保安负荷必须备有应急使用的可靠电源,以便当工作电源突然中断时,保证工厂安全停产。这种为安全停产而应急使用的电源称为保安电源。

(2)二级负荷

二级负荷如果突然断电,将造成生产设备局部破坏,或生产流程紊乱且难以恢复,工厂内部运输停顿,出现大量废品或大量减产,因而在经济上造成一定损失。这类负荷允许短时停电几分钟。它在工业企业内部占的比例最大。

二级负荷应由两个回路供电,两个回路应尽可能引自不同的变压器或母线段。当取得两个回路确实有困难时,允许由一回专用架空线路供电。

(3)三级负荷

所有不属于一级和二级负荷的电能用户均属于三级负荷。三级负荷对供电无特殊要求,允许较长时间停电,可采用单回路供电。

1.3　电力系统的电压

1.3.1　供电质量的主要指标

对工业用户而言,衡量供电质量的主要指标是交流电的电压和频率。

(1) 电压

交流电的电压质量包括电压数值与波形两个方面。电压质量对各类用电设备的工作性能、使用寿命、安全及经济运行都有直接的影响。用电设备在其额定电压下工作,既能保证设备运行正常,又能获得最大的经济效益。

电网的电压偏差过大时,不仅影响电力系统的正常运行,还对用电设备的危害很大。以照明用白炽灯为例,当加在白炽灯泡上的电压低于其额定电压时,其发光效率降低,使人的身体健康受影响,降低劳动生产率。

感应电动机的最大转矩与端电压的平方成正比。当电压降低时,转矩急剧减小,以致转差增大,从而使定子、转子电流都显著增大,引起温升增加,绝缘迅速老化,甚至烧毁电动机。

电力系统的供电电压(或电流)的波形畸变,使电能质量下降,生产高次谐波,谐波电流增加了电网的电能损耗,降低旋转电机、变压器、电缆等电气元件的寿命,还将影响电子设备的正常工作,使自动化、远动、通信都受到干扰。

(2) 频率

我国工业标准电流频率为 50 Hz,有些工业企业有时才用较高的频率,以提高生产效率。例如,汽车制造或其他大型流水作业的装配车间采用频率为 175 ~ 180 Hz 的高频设备,某些机床采用 400 Hz 的电动机以提高切削速度,锻压、热处理及熔炼利用高频加热等。

电网低频率运动时,所有用户的交流电动机转速都将相应降低,因而许多工厂的产量和质量都将不同程度地受到影响。

频率的变化对电力系统运行的稳定性影响很大,因而对频率的要求比对电压的要求严格得多,一般不得超过 ±0.5%,电网容量在 300 万 kW 及以上者不得超过 ±0.2%。频率的调整主要依靠发电厂。

1.3.2 电力系统的额定电压

根据我国国民经济的发展,考虑技术经济上的合理性,并使电气设备生产标准化和系列化,我国颁布的三相交流电网和电力设备额定电压的国家标准见表1.1。

表 1.1 我国交流电网和电力设备的额定电压/kV

电网和用电设备额定电压	交流发电机额定线电压	变压器额定电压	
		一次电压	二次电压
0.22	0.23	0.22	0.23
0.38	0.4	0.38	0.4
3	3.15	3 及 3.15	3.15 及 3.3
6	6.3	6 及 6.3	6.3 及 6.6
10	10.5	10 及 10.5	10.5 及 11
—	15.75	15.75	—
35	—	35	38.5
60	—	60	66
110		110	121

续表

电网和用电设备额定电压	交流发电机额定线电压	变压器额定电压	
		一次电压	二次电压
154	—	154	169
220	—	220	242
330	—	330	363
500	—	500	525

(1)用电设备的额定电压

用电设备的额定电压和电网的额定电压是一致的。由于用电设备运行时要在线路中产生电压损耗,造成线路上各点的电压略有不同,如图 1.11 所示。但是成批生产的用电设备,其额定电压只能按照线路首端与末端的平均电压即电网的额定电压来制造。因此,用电设备额定电压规定与电网的额定电压相同。

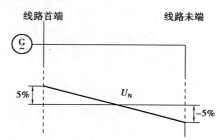

图 1.11　用电设备和发动机的额定电压说明

(2)发动机的额定电压

由于同一电压的线路一般允许的电压偏差是 ±5% ,即整个线路允许有 10% 的电压损耗。因此,为了保证线路首端与末端的平均电压在额定值,线路首端应比电网的额定电压高 5% ,如图 1.12 所示。而发电机接在线路首端,所以规定发电机的额定电压高于所供电网额定电压 5% ,用以补偿线路电压损失。

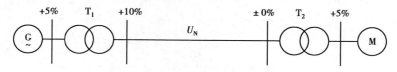

图 1.12　电力变压器的额定电压

(3)电力变压器的额定电压

1)电力变压器(以下简称为变压器)一次侧额定电压

变压器的一次线圈连接在某一级额定电压线路的末端,可将变压器看作线路上的用电设备,因此,其一次侧额定电压与用电设备(或该电网)的额定电压相同,如图 1.12 所示的变压器 T_2。但如果变压器直接与发电机相连时,其一次侧额定电压就应与发电机额定电压相同,即比电网的额定电压要高 5% ,如图 1.12 所示的变压器 T_1。

2)变压器二次侧额定电压

变压器的二次线圈向负荷供电,相当于一个供电电源,其二次绕组额定电压也应高出线路额定电压5%。又由于变压器二次绕组额定电压规定为变压器的空载电压,而变压器通过额定负荷电流时,其内部绕组会有5%的电压损失。因此如果变压器二次侧供电线路很长(如较大容量的高压线路),则变压器二次绕组额定电压一方面要考虑补偿变压器内部5%的电压损失;另一方面要考虑变压器满载时输出的二次电压还要高于线路额定电压的5%,以补偿线路上的电压损耗。因此,变压器二次绕组的额定电压要比线路额定电压高10%,如图1.12所示的变压器 T_1。如果变压器二次侧供电线路不长(如低压线路,或直接供电给高、低压用电设备的线路),则变压器二次绕组的额定电压只需高于二次侧线路额定电压5%,仅考虑补偿变压器内部5%的阻抗电压降,如图1.12所示的变压器 T_2。

综上所述,在同一电压等级中,电力系统各个环节(发电机、变压器、电力线路、用电设备)的额定电压数值并不都相同。

1.3.3　工厂供配电电压的选择

(1)工厂供电电压的选择

地区变电所向工厂供电的电压及工厂内部的供配电电压的选择与很多因素有关,但主要取决于地区电力网的电压、工厂用电设备的容量和输送距离等。提高送电电压可减少电能损耗,提高电压质量,节约有色金属,但却增加了线路及设备投资,因此,对应一个电压等级要有一个合理的输送容量与输送距离。常用各级电压的经济运输容量与距离的关系见表1.2。

表1.2　常用各级电压的经济输送容量与输送距离

线路电压/kV	输送功率/kW	输送距离/km
0.38	100 以下	0.6
3	100 ~ 1 000	1 ~ 3
6	100 ~ 1 200	4 ~ 15
10	200 ~ 2 000	6 ~ 20
35	2 000 ~ 10 000	20 ~ 50
110	10 000 ~ 50 000	50 ~ 150
220	100 000 ~ 500 000	100 ~ 300

工厂供电电压基本上只能选择地区原有电压,自己另选电压等级的可能性不大,具体选择时参考表1.2,即:

①对于一般没有高压用电设备的小型工厂,设备容量在100 kW以下,输送距离在600 m以内,可选用380/220 V电压供电。

②对于中小型工厂,设备容量在100 ~ 2 000 kW,输送距离在4 ~ 20 km以内的,可采用6 ~ 10 kV电压供电。

③对于大型工厂,设备容量在2 000 ~ 50 000 kW,输送距离在20 ~ 150 km以内的,可采用35 ~ 110 kV电压供电。

（2）工厂配电电压的选择

工厂的高压配电电压一般选用 6～10 kV。6 kV 与 10 kV 比较，变压器、开关设备投资差不多，传输相同功率情况下，10 kV 线路可减少投资，节约有色金属，减少线路电能损耗和电压损耗，更适应发展，所以工厂内一般选用 10 kV 作为高压配电电压。但如果工厂供电电源的电压就是 6 kV，或工厂使用的 6 kV 电动机多而分散，可采用 6 kV 的配电电压。3 kV 的电压等级太低，作为配电电压不经济。

工厂的低压配电电压，除因安全所规定的特殊要求电压外，一般采用 380/220 kV，380 V 为三相配电电压，供电三相用电设备及 380 V 单相用电设备，220 V 作为单相配电电压，供电给一般照明灯具及 220 V 单相用电设备，对矿山及化工等部门，因其负荷中心离变电所较远，为减少线路电压损耗和电能损耗，提高负荷端的电压水平，也有采用 660 V 配电电压的。

小　结

供电系统是发电、输电、变电、配电和用电的统一整体。

发电厂把其他形式的能源通过发电设备转换为电能。

变配电所是联系发电厂和用户的中间环节，变电所用以变换电能电压、接受电能和分配电能，配电所用以接收电能和分配电能。

电力网是电力系统的一部分，是输电线路和配电线路的统称，是输送电能和分配电能的通道。在电力系统中，当变压器或发电机的三相绕组为星形连接时，其中性点可有两种运行方式：中性点接地和中性点不接地。中性点直接接地系统常称为大电流接地系统，中性点不接地和中性点经消弧线圈（或电阻）接地的系统称为小电流接地系统。

工厂供电系统由工厂降压变电所、高压配电线路、车间变电所、低压配电线路及用电设备组成。工厂内高压配电线路主要作为工厂内输送、分配电能之用，工厂内低压配电线路主要用以向低压用电设备供电。

为使电气设备实现标准化和系列化，国家规定了交流电网和电力设备的额定电压等级。

影响供电质量的主要指标为交流电的电压、频率和供电的可靠性。我国将工业企业的电力负荷按其对可靠性的要求不同分为一级负荷、二级负荷和三级负荷。

习题 1

一、填空题

1.1　一般 110 kV 以上电力系统均采用中性点＿＿＿＿的运行方式。6～10 kV 电力系统一般采用中性点＿＿＿＿的运行方式。

1.2　水力发电厂主要分为＿＿＿＿式水力发电厂和＿＿＿＿式水力发电厂。

1.3　＿＿＿＿用以变换电能电压、接受电能与分配电能，＿＿＿＿用以接受电能和分配电能。

1.4　低压配电网采用3种中性点运行方式,即_____系统、_____系统和_____系统。

1.5　低压配电TN系统又分为3种方式,即_____、_____和_____。

1.6　N线称为_____线,PE线称为_____线,PEN线称为_____线。

1.7　一般工厂的高压配电电压选择为_____V,低压配电电压选择为_____V。

1.8　车间变电所是将_____的电压降为_____,用以对低压用电设备供电。

1.9　大型工厂一般采用_____电压供电,中小型工厂可采用_____电压供电,一般的小型工厂可选用_____电压供电。

1.10　_____负荷要求由两个独立电源供电,_____负荷要求由两个回路供电。

1.11　影响电能质量的两个主要因素是_____和_____。对照明影响最大的电能质量问题是_____。

1.12　电力线路按功能的不同,可分为_____、_____和_____3类。

二、判断题(正确的打"√",错误的打"×")

1.13　电力系统就是电网。　　　　　　　　　　　　　　　　　　(　　)

1.14　发电厂与变电所距离较远,一个是电源,一个是负荷中心,所以频率不同。(　　)

1.15　火力发电是将燃料的热能转变为电能的能量转换方式。　　　(　　)

1.16　中性点不接地的电力系统在发生单相接地故障时,可允许继续运行2 h。(　　)

1.17　三级负荷对供电无特殊要求。　　　　　　　　　　　　　　(　　)

1.18　我国采用的中性点工作方式有中性点直接接地、中性点经消弧线圈接地和中性点不接地。　　　　　　　　　　　　　　　　　　　　　　　　　　　(　　)

1.19　我国110 kV及其以上电网多采用中性点不接地的运行方式。　(　　)

1.20　我国低压配电系统常采用TT的中性点连接方式。　　　　　(　　)

1.21　原子能发电厂的发电过程是核裂变能—机械能—电能。　　　(　　)

1.22　车间变电必须要设置两台变压器。　　　　　　　　　　　　(　　)

1.23　车间内电气照明线路和动力线路可合并使用。　　　　　　　(　　)

1.24　事故照明必须由可靠的独立电源供电。　　　　　　　　　　(　　)

1.25　在工厂中,一、二级负荷所占的比例较大。　　　　　　　　(　　)

1.26　变压器二次侧额定电压要高于后面所带电网额定电压的5%。(　　)

1.27　工厂的配电电压常用10 kV。　　　　　　　　　　　　　　(　　)

三、选择题

1.28　我国低压配电系统常用的中性点连接方式是(　　)。

A. TT系统　　　　　　　B. TN系统　　　　　　　C. IT系统

1.29　工厂低压三相配电压一般选择(　　)。

A. 380 V　　　　　　　B. 220 V　　　　　　　C. 660 V

1.30　如图1.13所示的6~10 kV电力系统,变压器T_3一次侧额定电压为(　　),二次侧额定电压为(　　)。

A. 110 kV　　　　　B. 121 kV　　　　　C. 10.5 kV　　　　　D. 11 kV

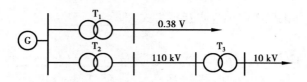

图 1.13　电力系统

1.31　车间变电所的电压变换等级一般为(　　　)。

A. 把 220 ~ 550 kV 降为 35 ~ 110 kV

B. 把 35 ~ 110 kV 降为 6 ~ 10 kV

C. 把 6 ~ 10 kV 降为 220/380 V

1.32　单台变压器容量一般不超过(　　　)。

A. 550 kVA　　　　　　　B. 1 000 kVA　　　　　　　C. 2 000 kVA

1.33　6 ~ 10 kV 系统中,如果发生单相接地事故,可(　　　)。

A. 不停电,一直运行　　B. 不停电,只能运行 2 h　　C. 马上停电

1.34　选择正确的表示符号填入括号内。中性线(　　　),保护线(　　　),保护中性线(　　　)。

A. N　　　　　　　　　B. PE　　　　　　　　C. PEN

1.35　请选择下列设备可能的电压等级:发电机(　　　),高压输电线路(　　　),电气设备(　　　),变压器二次侧(　　　)。

A. 10 kV　　　　　　　B. 10.5 kV　　　　　　C. 380 V

D. 220 kV　　　　　　　E. 11 kV

1.36　对于中小型工厂,设备容量在 100 ~ 2 000 kW,输送距离在 4 ~ 20 km 以内的,可采用(　　　)电压供电。

A. 380/220 V　　　　B. 6 ~ 10 kV　　　　C. 35 kV　　　　D. 110 kV 以上

四、简答题

1.37　什么叫电力系统?

1.38　电能的质量指标包括哪些?

1.39　电力系统的中性点运行方式有哪几种? 中性点不接地电力系统和中性点直接接地系统发生单相接地各有什么特点?

1.40　电力负荷按对供电可靠性要求分哪几类? 对供电各有什么要求?

第2章
工厂变配电所及供配电设备

2.1 工厂变配电所的作用、类型和位置

变电所的作用是从电力系统接受电能,经过变压器降压(通常降为0.4 kV),然后按要求把电能分配到各车间供给各类用电设备。配电所的作用是接受电能,然后按要求分配电能。两者所不同的是变电所中有配电变压器,而配电所中没有配电变压器。

工厂变配电所按它在工厂供配电系统中的地位,可分为总降压变电所和车间变电所。一般中小型工厂通常都是采用10 kV城市配电网供电,不设总降压变电所,设高压配电室和车间变电所或者只设立车间变电所。有的小型工厂甚至采用公共低压电网供电,即0.4 kV低压线路进线,在工厂中只设立低压配电室。

工厂的车间变电所按主变压器的安装位置,可分为车间附设式变电所、车间内式变电所、独立式变电所、露天(半露天)式变电所及箱式变电所等类型。具体结构形式如图2.1所示。

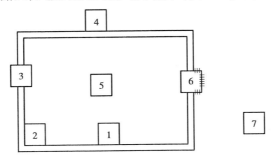

图2.1 车间变电所的结构形式

1,2—内附式;3,4—外附式;5—车间内式;6—露天(半露天)式;7—独立式

独立式变电所适用于电力系统中的大型变电站、大型工厂的总降压变电站及需要远离有危险或腐蚀性物质场所的变电所。箱式变电站(成套变电站)适宜于各类供电场所。附设式变电所在中小型工厂中普遍采用。露天变电所比较简单、经济,通风散热好。

变配电所所址选择原则如下:

①尽量接近负荷中心,以缩短低压配电线路距离,减少有色金属消耗量,降低配电系统的电压损耗、电能损耗,保证电压质量。接近电源侧。

②进线、出线方便。

③设备运输、安装方便。

④避开剧烈振动、高温场所,避开多尘、有腐蚀性气体的场所,避开有爆炸、火灾危险的场所。

⑤尽量使高压配电所与车间变电所合建。

⑥为工厂的发展和负荷的增加留有扩建的余地。

2.2　工厂变配电所常用的高压电气设备

为了实现工厂变配电所的受电、变电和配电的功能,在工厂变配电所中,必须把各种电气设备按一定的接线方案连接起来,组成一个完整的供配电系统。在这个系统中担负输送、变换和分配电能任务的电路称为主电路,也称一次电路;用来控制、指示、监测和保护主电路及其主电路中设备运行的电路称为二次电路(二次回路)。相应地,工厂变配电所中的电气设备也分成两大类:一次电路中的所有电气设备,称为一次设备或一次元件;二次电路中的所有电气设备,称为二次设备或二次元件。

2.2.1　高压断路器

(1)高压断路器的作用、分类、型号及主要的技术参数

1)作用

高压断路器是供配电系统中最重要的开关电器。它的作用是使电压在 1 000 V 以上的高压线路在正常负荷下,接通或断开线路;在线路发生短路故障时,通过继电保护装置的作用将故障线路自动断开,使非故障部分正常运行。在断路器中最主要的问题是如何熄灭触头分断瞬间所产生的电弧,所以它必然具备可靠的灭弧装置。

2)分类

按灭弧介质不同断路器可分为以下 6 类:

①油断路器

采用油作为灭弧介质的断路器,称为油断路器。油断路器可分为多油断路器和少油断路器两种。它们都是利用触头产生的电弧使油分解,产生气体,通过气体的吹动和冷却作用将电弧熄灭。

②压缩空气断路器

利用压缩空气作为灭弧介质的断路器,称为压缩空气断路器。压缩空气有 3 个方面的作用:一是吹弧,使电弧受到冷却而熄灭;二是作为触头断开后的绝缘介质,起绝缘作用;三是分合闸的操作动力。

③六氟化硫(SF6)断路器

SF6 气体具有优良灭弧性能和绝缘性能。用 SF6 气体作为灭弧介质的断路器,称为 SF6

断路器。SF6 气体能大量地吸收电弧能量,使得电弧收缩,迅速冷却以致熄灭,它的灭弧能力约为空气的 100 倍。

④真空断路器

利用真空的高绝缘强度来熄灭电弧的断路器,称为真空断路器。这种断路器的触头不易氧化,寿命长,触头开距行程短,体积小。

⑤自动产气断路器

利用固体绝缘材料(聚氯乙烯和有机玻璃等)在电弧的作用下,分解出大量的气体进行气吹来熄灭电弧的断路器,称为自动产气断路器。

⑥磁吹断路器

利用磁吹作用,利用狭缝灭弧原理将电弧吹入狭缝中冷却灭弧的断路器,称为磁吹断路器。

3)高压断路器的型号及含义

高压断路器的主要技术参数如下:

①额定电压(U_N)

断路器的额定电压为它在运行中能长期承受的系统最高电压。我国目前采用的额定电压标准值有 3.6,7.2,12,(24),40.5,72.5,126,252,363,550,(800)kV 等。其中,括号中的数值为用户有要求时使用。

②额定电流(I_N)

断路器能够持续通过最大电流。设备在此电流下长期工作时,其各部温升不得超过有关标准的规定。一般额定电流的等级为 400,600,1 000,1 250,1 500,2 000,3 000 A。

③额定短路开断电流(I_{oC})

断路器在额定电压下能可靠开断的最大短路电流。额定短路开断电流是表明断路器开断能力的一个重要参数。其单位为 kA。

④额定开断容量(S_{oC})

额定开断容量也是表征断路器开断能力的一个参数(MVA),对于三相断路器,额定断流容量由额定开断电流和额定线电压决定。

由于额定开断容量纯粹由计算得出,并不具备具体的物理意义,而开断电流能更明确更直接地表述断路器的开断能力,所以我国国标及 IEC 标准都不再采用这个参数。

⑤热稳定电流(I_K)

热稳定电流是断路器承受短路电流热效应的能力。它是指在规定的时间内(国家标准规定的时间为 2 s)断路器在合闸位置能够承载的最大电流,数值上就等于断路器的额定短路开断电流。

⑥动稳定电流(I_P)

动稳定电流是指断路器在合闸位置或闭合瞬间,允许通过的电流最大峰值,又称极限通过电流,它反映了断路器允许短时通过电流的大小,反映了断路器承受短路电流电动力效应的能力。

⑦合闸时间

合闸时间是指从断路器合闸回路接到合闸命令(合闸线圈电路接通)开始到所有极触头

都接通的时间。以前合闸时间又称固有合闸时间。一般为 0.2 s。

⑧分闸时间

分闸时间是指从断路器分闸回路接到分闸命令到所有极的触头都分离的时间。以前分闸时间又称固有分闸时间,一般小于 0.06 s。断路器的实际开断时间等于固有分闸时间加上熄弧时间。

⑨电弧持续时间

电弧持续时间是指从断路器某极触头首先起弧至各极均熄弧的时间,该时间又称燃弧时间。

(2)少油断路器的特点、结构及工作原理

油断路器是最早使用的断路器之一。虽然现在大量使用了真空和 SF6 断路器,但现在在电力系统中仍然运行着数量庞大的油断路器,一些地方还在继续装用,所以对少油断路器必须足够重视。

1)少油断路器的特点

少油断路器的特点是用绝缘油作为触点间的绝缘和灭弧介质,导电部分之间对地绝缘,利用气体和固体绝缘材料来实现。具有用油量少、结构简单、坚固、体积小的特点,使用安全,曾广泛用于供配电装置中。

我国生产的少油式断路器,有户内式(SN 系列)和户外式(SW 系列)两类。目前,工厂企业变配电所系统中应用最广泛的是 SN10-12 型户内式少油断路器,是我国目前唯一继续生产的 10 kV 少油断路器,其技术指标达到同类产品国际先进水平,改进前的老 SN10-10 型少油断路器已不再生产,但是现在还有大量早期的 SN10-10 断路器在系统中运行。

2)少油断路器的结构

SN10-12 系列少油断路器三相分装,共用一套传动机构和一台操动机构,操动机构可采用 CD10 型直流电磁操动机构或 CT8 型弹簧储能操动机构,也可配用其他合适的操动机构 SN10-12 Ⅰ、Ⅱ、Ⅲ型断路器结构基本相似,由框架、传动系统和油箱本体 3 部分组成,但Ⅲ型 2 000 A 和 3 000 A 断路器的箱体采用双筒结构,由主筒和副筒组成,如图2.2所示。

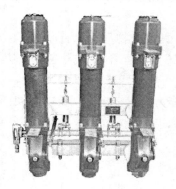

图 2.2　SN10-12 型少油断路器的外形图

3)SN10-12 系列断路器动作原理

①合闸过程

断路器的合闸动力来自操动机构,合闸时其动力经过操动机构中的传动机构、断路器的传动系统和变直机构 3 次传递后,操动动触杆合闸。具体过程如下:操动机构接到合闸命令后动作,输出合闸动力,经连杆和主轴拐臂带动主轴 27 作顺时针旋转,同时通过四连杆机构带动变直机构转轴上的曲柄顺时针向上旋转,并经连板带动动触杆合闸。在合闸过程中主轴旋转时,其上的储能拐臂同时将框架上的分闸弹簧拉伸储能,为分闸准备好能量。合闸弹簧缓冲器在合闸后期被压缩,起缓冲作用,同时可提高断路器的刚分速度。

②分闸过程

操动机构接到分闸命令时,合闸保持机构被释放,分闸弹簧拉动主轴 27 逆时针旋转,通过四连杆机构带动转轴上的曲柄同时逆时针向下旋转,经连板拉动动触杆向下运动分闸。分闸末期,油缓冲器的活塞进入动触杆尾部的油室,吸收动能,起分闸缓冲作用。最后主轴拐臂的滚子靠在分闸限位器上,分闸终了。

4)户外少油断路器简介

SW2-40.5 型少油断路器的结构如图 2.3 所示,为单断口、单柱式开关设备,SW2-40.5 Ⅰ,Ⅲ型断路器中不带内置穿芯式电流互感器,改用外接式电流互感器;SW2-40.5 Ⅱ型带有内置穿芯式电流互感器(改进型);SW2-40.5 Ⅳ,Ⅴ型的静触头内增装了压油活塞,切、合空载长线路性能较好。该型断路器配用 CT2-XG 型弹簧操动机构或 CD3-XG 型电磁操动机构,均为三相联动操作。SW2-40.5 型断路器本体由基座、支持瓷套、灭弧室装配以及传动系统 4 个部分组成。其外形结构如图 2.3 和图 2.4 所示。图 2.4 为内附穿芯式电流互感器的断路器。断路器三相单柱都固定在同一基座上,每相单柱的下部是支持瓷套,上部是灭弧室装配,灭弧室装配中装有导电系统和灭弧单元,传动系统则装于基座及下瓷套中。

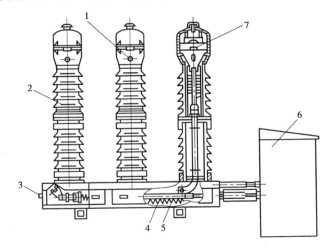

图 2.3　SW2-40.5 型少油断路器结构图

1—油位指示计;2—断路器本体;3—油缓冲器;4—中间电流互感器
5—操动机构杆;6—操动机构;7—压油活塞

(3)真空断路器的特点、结构及工作原理

1)真空断路器的特点

①真空灭弧室的绝缘性能好,触头开距小(12 kV 真空断路器的开距约为 10 mm,40.5 kV 的约为 25 mm),要求操动机构的操作功率小,动作快。

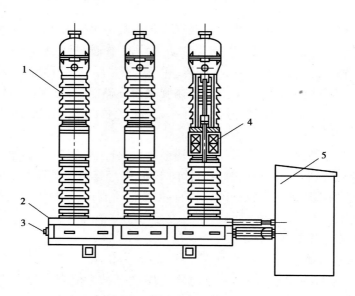

图2.4 SW2-40.5Ⅱ型少油断路器结构图

1—断路器本体;2—基座;3—放油阀;4—分闸弹簧;5—水平拉

②由于开距小,电弧电压低,电弧能量小,开断时触头表面烧损轻微。因此,真空断路器的机械寿命和电气寿命都很高。通常机械寿命和开合负载电流的寿命都可达到1万次以上。允许开合额定开断电流的次数,少则8次,多的可到50次或更多,特别适宜用于要求操作频繁的场所。这是其他类型的断路器无法与之比拟的。

③真空灭弧室出厂时的真空度应保持在10^{-4}Pa以上,运行中不应低于10^{-2}Pa,因此密封问题特别重要,否则就会导致开断失败,造成事故。

④真空断路器使用安全,维护简单操作噪声小,防火防爆。真空灭弧室是密封的,工作状态与外界大气条件无关,真空灭弧室开断性能既不受外部环境的影响。也不会像油断路器那样,在开断短路电流时产生喷油、排气给外界带来污染,更不会像SF6断路器那样,在开断短路电流时,电弧的高温会使SF6气体分解产生有毒物质而需要妥善处理。真空开关使用中,灭弧室无须检修。开断过程不会产生很高的压力,爆炸危险性小,开断短路电流时也没有很大的噪声。由于这些原因,在10,35 kV配电系统中,真空断路器使用很广泛,是配电开关无油化的最好换代产品。

⑤分断感性负载时会产生过电压。真空灭弧室开断小电流时,由于电弧的不稳定会出现因截流而产生的截流过电压。加上真空灭弧室对高频小电流的灭弧能力很强,在交流电流接近过零瞬间开断电路时还会产生多次复燃过电压和三相同时截流过电压。为安全起见,常常在真空开关的负载侧加装过电压保护装置,将过电压抑制在一定范围内。常用的有氧化锌(ZnO)避雷器和阻容(RC)保护装置。

2)真空断路器灭弧室结构

真空灭弧室是真空断路器的核心元件,具有开断、导电和绝缘等方面的作用。真空灭弧室的基本元件有外壳、波纹管、动静触头及屏蔽罩等元件。真空断路器灭弧室的结构如图2.5所示。在真空灭弧室内,装有一对动、静触头,触头周围是屏蔽罩。灭弧室的外部密封壳体可以是玻璃或陶瓷。动触头的运动部件连接着波纹管,作为动密封。

①外壳

玻璃价格便宜、容易加工、有一定的机械强度,又有很好的气密性和高的绝缘强度。玻璃可与可伐(是一种过渡金属,铁镍钴合金)、铜、钼等金属焊接,焊缝的真空密封性能好,可承受 480 ℃左右的高温烘烤。缺点是不能承受强烈的冲击。我国生产的 12 kV 电压等级的各类真空灭弧室的玻璃外壳能耐受 1.5 kN 的抗拉力和 0.3 kN 的抗弯力,可满足运行和运输过程中对振动的要求。当真空灭弧室出现漏气、真空度降低时,常常伴随着电弧颜色的改变和内部零件的氧化。通过透明的玻璃外壳能够进行监视。

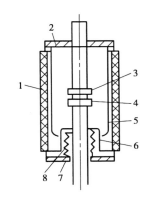

图 2.5　真空灭弧室的结构示意图
1—绝缘外壳;2—端盖;
3,7—静触头;4—动触头;
5—主屏蔽罩;6—波纹管屏蔽罩;
8—波纹管

氧化铝陶瓷外壳的机械强度比玻璃高得多,其他性能也与玻璃相近,但焊接工艺和所需的设备比玻璃和金属的焊接要复杂。氧化铝软化温度高,可在较高温度下进行烘烤和排气,使除气更加彻底。氧化铝陶瓷外壳一旦烧制成形,形状就很难改变。为了获得能与金属焊接的光滑端面,必须研磨加工。要制成长度、直径较大的圆筒也比较困难。陶瓷外壳灭弧室中陶瓷与金属的封接可在真空炉中一次完成,大大提高了产品质量。氧化铝陶瓷外壳的价格比玻璃外壳贵。

微晶玻璃又称玻璃陶瓷,是乳白色的不透明体,但也有些是半透明的。它不透气、不吸水,机械强度比氧化铝陶瓷还高。微晶玻璃与金属的焊接问题已经解决。它可与铬钢、不锈钢进行焊接,焊缝有很高的机械强度和气密性。价格低于氧化铝陶瓷,但比玻璃要高,是制造真空灭弧室的理想材料。

②屏蔽罩

真空灭弧室内常用的屏蔽罩有主屏蔽罩、波纹管屏蔽罩和均压屏蔽罩。主屏蔽罩环绕着电弧间隙,主要作用是:真空灭弧室开断电流时,电弧会使触头材料熔化、蒸发和喷溅,有了主屏蔽罩后可以有效地防止金属蒸气喷溅到绝缘外壳的内表面,避免内表面绝缘性能下降;屏蔽罩可使交流电流过零时,灭弧室内剩余的金属蒸气和导电粒子径向快速地扩散到屏蔽罩上,冷却、复合和凝结,有利于电流过零后弧隙介质强度的提高,改善了灭弧室的开断性能,屏蔽罩的温度越低,冷凝效果越好,在一定程度上加大屏蔽罩的表面积增大散热效果将有利于开断性能的提高;屏蔽罩的存在会影响动、静触头间的电场分布。屏蔽罩设计得当将有利于触头间绝缘强度的提高。

③波纹管

波纹管能在动触头往复运动时保证真空灭弧室外壳的完全密封。从机械上讲,它是真空灭弧室中最薄弱的元件。动、静触头每分合一次,波纹管的波纹状薄壁就要产生一次大的机械变形。长期频繁和剧烈的变形容易使波纹管因材料疲劳而损坏,导致灭弧室漏气无法使用。因此,真空灭弧室的机械寿命主要决定于波纹管。

④触头结构

一般断路器的触头只是用来承载和开、合电流,电弧的熄灭另由专门的灭弧装置来完成。真空开关则不同,为了保持由玻璃、陶瓷或微晶玻璃制成的绝缘外壳内高的真空度,外壳内除了有必要的动、静触头外,不可能再配置结构复杂的灭弧装置,因此除了考虑触头的截流值外,还得考虑触头的形状以及触头材料的选用,如何有利于开断电流的提高。常用的触头有圆盘形触头(见图2.6)、横向磁场的触头(见图2.7)、纵向磁场的触头。

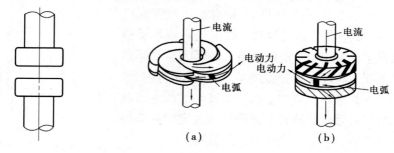

图2.6　圆盘形触头

图2.7　横向磁场的触头
(a)螺旋槽式　(b)杯状触头

触头材料除了要求具有导电、导热和机械性能外,还必须具备以下主要特点:

a.耐弧性能好。真空开关的特点是不需检修,因此要求触头能够耐受少则8~12次,多则30~50次开合额定短路电流时对触头的烧损。还要求具有开合几千上万次额定电流的能力。

b.截断电流小。真空开关使用中的一个严重问题是截流过电压高,往往使被控制的电器设备的绝缘受到损坏。降低这种过电压的有效措施是减小截断电流值,而截流值的大小与触头材料有关。

c.抗熔焊性能好。真空断路器的触头熔焊问题比别的断路器严重。真空中,触头表面不易生成氧化膜,在触头关合、通过大的短路电流时,熔焊就会发生。要求触头出现熔焊后,在触头分开时能够容易地被断开,并且尽可能减小断开后触头表面出现的毛刺,以免影响触头间的绝缘性能。

d.含气量要低。真空开关开断电路时,电弧高温会使触头表面受到强烈的蒸发和溅散,同时会释放材料中含有的气体杂质。放气量与材料性质有关,放气量太多会影响灭弧室的真空度。

国际上采用的触头材料主要分为两大体系:即铜铋合金和铜铬合金。与铜铋合金相比,铜铬合金材料具有短路电流开断力强、介电强度高、耐烧蚀、截流水平低等优点。用它替代铜铋合金系列材料,可大大缩小尺寸,使灭弧室和整机小型化,从而降低成本。铜铬合金触头具有很强的吸气能力。能吸收 CH_4,CO,N_2 和 H_2 等气体。铜铬合金的吸气效应比释放过程更为有效。这样可确保灭弧室具有恒定的真空度和工作寿命。铜铬合金是目前使用最为广泛且性能优异的触头材料。它具有开断能力强、电磨损速率小、截流水平低等优点。

3)ZN28-12 型真空断路器

ZN28-12 真空断路器,采用小型中间封接式纵向磁场真空灭弧室,配用 CD17 型电磁操动机构,也可配用相应的弹簧操动机构。

本系列真空断路器根据其结构特点分为两大类:一类是 ZN28-12 系列,其特点是操动机构和断路器装在一起,称为整体式,如图2.8所示;另一类是 ZN28A-12 系列,其特点是操动机构和断路器分开布置,称为分体式,如图2.9所示。整体式真空断路器装在箱形固定柜和手车柜中,而分体式一般装在固定柜中,特别适用于无油化改造中。

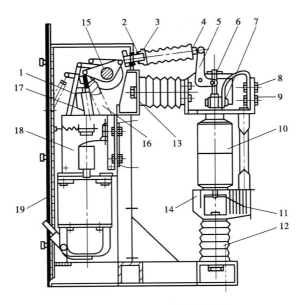

图 2.8　ZN28-12 真空断路器

1—开距调整垫片；2—触头压力弹簧；3—弹簧座；4—接触行程调整螺栓；5—拐臂；6—导向板；

7—导电夹紧固螺栓；8—动支架；9—螺钉；10—真空灭弧室；

11—真空灭弧室固定螺栓；12—绝缘子；13—绝缘子固定螺栓；14—静支架；

15—主轴；16—分闸拉簧；17—输出杆；18—机构；19—面板

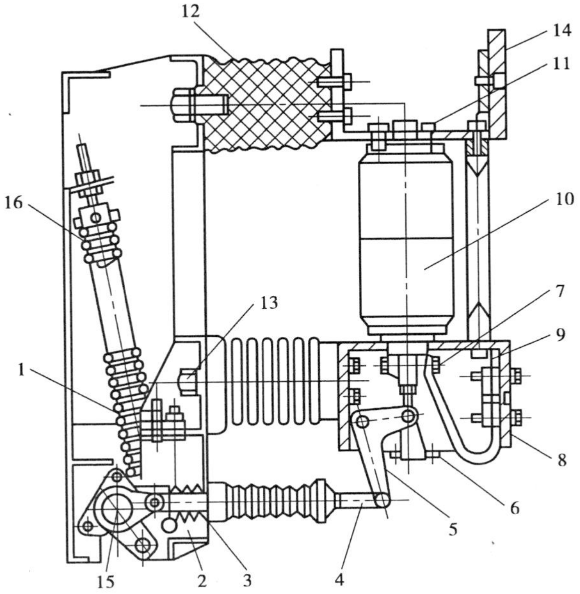

图 2.9　ZN28A-12 型真空断路器的外形图

1—开距调整垫片；2—触头压力弹簧；3—弹簧座；4—接触行程调整螺栓；5—拐臂；6—导向板；

7—导电夹紧固螺栓；8—动支架；9—螺钉；10—真空灭弧室；11—真空灭弧室固定螺栓；

12—绝缘子；13—绝缘子固定螺栓；14—静支架；15—主轴；16—分闸拉簧

(4)SF6断路器的特点、结构及工作原理

1)高压SF6断路器的特点

SF6无色、无味、无毒、不会燃烧、化学性能稳定,作为断路器的灭弧介质,灭弧能力比空气高近百倍,作为断路器的绝缘介质,绝缘能力比空气高近3倍。高压SF6断路器就是利用SF6作为灭弧介质和绝缘介质的气吹断路器,在灭弧过程中,SF6气体不排入大气,而是在封闭系统中反复使用。高压SF6断路器目前占据着高压和超高压领域,逐渐取代了高压油断路器和高压空气断路器而广泛应用。其主要原因如下:

①单元断口电压高

在相同容量下SF6断路器的断口数少,其断口数之比为:SF6/空气或SF6/少油 = 1/2(126 kV),1/4(252 kV),1/6(363 kV),1/10(550 kV)。因此,相应的工时和材料消耗少,生产能力可大大提高;又由于结构简单,便于生产管理和维护。

②检修周期长

满容量下不检修的开断次数达20次,一般电流不检修的开断次数达3 000次,这相当于20~25年电网运行故障和正常开断次数。如果不计运行中的补气,SF6断路器是理想的"不检修断路器"。

③技术经济指标高

在相同电压和容量下,技术经济指标(产品质量、千克/开断容量、兆伏安)之比为SF6/少油或SF6/空气 = 1/4~1/2。

④开断性能好

由于SF6气体有很强的负电性,容易吸附电子形成不易运动的负离子,阻碍碰撞游离的发展,而使离子复合进行得有效,所以开断电流大,已达80~100 kA;熄弧时间短,一般为5~15 ms。同时,对近区故障、空载长线等开断性能也很好。

⑤品种多,可满足电网多种使用需要

SF6开关设备类型有瓷柱式,罐式、GIS(全封闭组合电器)、HGIS(半封闭组合电器)等。

2)SF6断路器的结构

SF6断路器按总体结构分为以下3类:

①瓷柱式SF6断路器

其灭弧室在高电位的支柱瓷套的顶部,由绝缘杆进行操动。这种结构的优点是系列性好,用不同个数的标准灭弧单元和支柱瓷套,即可组成不同电压等级的产品;其缺点是稳定性差,不能加装电流互感器。

②落地罐式SF6断路器

它的灭弧室用绝缘件支撑在接地金属罐的中心,借助于套管引线,基本上不改装就可用于全封闭组合电器之中。这种结构便于加装电流互感器,抗振性好,但系列性差,且造价比较昂贵。

③3~35 kV SF6断路器

它有旋弧式、气自吹式和压气式3种用于配电开关柜中,常常做成小车式。

3)SF6断路器灭弧室

SF6断路器灭弧室按结构分为以下3种:

①压气式灭弧室(即单压式)

压气式断路器内的 SF6 气体只有一种压力。灭弧所需压力是在分闸过程中由动触杆带动压气缸(又称压气罩),将气缸内的 SF6 气体压缩而建立的。当动触杆运动至喷口打开时,气缸内的高压力 SF6 气体经喷口吹弧,使之熄灭。吹弧能量来源于操动机构。因此,压气式 SF6 断路器对所配操动机构的分闸功率要求较大。在合闸操作时,灭弧室内的 SF6 气体将通过回气单向阀迅速补充到气缸中,为下一次分闸做好准备。

②旋弧式灭弧室

旋弧式灭弧室在静触头附近设置有磁吹线圈。开断电流时,线圈自动地被电弧串接进回路,在动静触头之间产生横向或者纵向磁场,使被开断的电弧沿触头中心旋转,最终熄灭。这种灭弧室结构简单,触头烧损轻微,在中压系统中使用比较普遍。

③自吹式灭弧室

依靠磁场使电弧旋转或利用电弧阻塞原理,由电弧的能量加热 SF6 气体,使之压力增高形成气吹,从而使电弧熄灭。这种依靠电弧本身能量来熄灭电弧的灭弧室称为气自吹灭弧室。很显然,这种灭弧室开断小电流时电弧能量小,气吹效果差,因而必须与压气式结构结合起来使用。

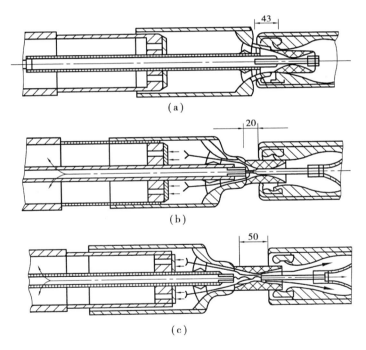

图 2.10　灭弧室灭弧过程

(a)合闸位置　(b)灭弧过程中,双向内吹已形成　(c)灭弧过程中,外吹已形成

如图 2.10(a)所示为断路器在合闸位置,动、静弧触头超行程为 43 mm,内吹通道被封堵住。此时,动、静主触头超行程约为 23 mm,喷嘴插入静触座内孔中,静弧触头插入喷嘴内并将其外吹通道封堵住,使气缸内外的 SF6 基本上不通。如图 2.10(b)所示为断路器正在分闸且开断电流的过程中。此时动、静主触头分开约 20 mm,动、静弧触头开始分开,电弧产生。动、静弧触头内孔的内吹通道已被打开,但此时喷嘴喉部仍被静弧触头堵住,外吹通道尚未打

开。气缸内,已被压缩的高压力SF6气体将通过动、静弧触头之间形成横向的双向内吹效应,如图2.10(b)所示的气流箭头方向。内吹作用使气流沿电弧根部进行横向穿透性吹弧,因而可有效地冷却电极表面而不被电弧烧伤,并可控制电弧截面而不烧伤喷嘴及其他部件。如图2.10(c)所示为开断电流过程中且静弧触头已从喷嘴喉部拉出。此时,喷嘴也已从静触头座中脱出,向上的主纵吹通道已被打开,气缸中高压力SF6气体沿喷嘴内部向上吹,并在喉部形成激流。然后气体沿电弧表面纵向吹弧(此时内吹效应仍在继续),弧区产生强烈的去游离作用,从而使电弧熄灭。最后从喷嘴中流出的高温高压SF6气体,沿静触头座内腔向上排出。电弧一般应在喷嘴与静主触头脱开之前熄灭。电弧熄灭后,动触头装配还将继续向分闸方向运动一段行程并处于如图2.10所示的分闸位置,动、静触头之间开距约为107 mm。

4)压气式灭弧室的吹弧方式及特点

①单喷式

在吹弧时气体沿单一方向从气缸中流出,经喷口吹弧。

②双喷式

在吹弧过程中,SF6气流能从两个方面吹弧,即起始阶段先经动静触头内孔形成内吹,将电弧根部吹至弧触头孔内,产生堵塞效应,使气流上游区压力迅速增高;接着当喷嘴喉部离开静弧触头时,气缸中的高压力SF6气体从喉道喷出,吹弧。

③外吹式

从喷嘴喉部喷出的SF6气体首先沿着动静弧触头之间的电弧表面,然后再从喷嘴喉与静触头之间的间隙向外喷出。

④内吹式

从喷嘴喉部喷出的SF6气体穿透弧柱后,沿动静弧触头中心孔喷出。

每种型号断路器的压气式灭弧室,可能是几种吹弧方式的组合。灭弧过程如图2.11所示。

灭弧室瓷套(断口瓷套)为腰鼓形,这种结构内部空间利用率最高,承受内压力强度也较好。在断口的上部设有吸附剂,断口瓷套上法兰由螺钉固定着上出线座,静触头装配与出线座连为一体。断口瓷套下法兰上装着下出线座,下出线座由螺钉固定在三联箱上或者支柱上部基座上。动触杆与传动杆装配由螺纹连为一体,传动杆在通过下出线座的中心孔处,装着滑动密封圈,当断口内SF6气体与三联箱(或支柱)内气体未连通时,该密封圈起作用;当两气路连通后,密封圈两侧SF6气体气压相等。传动杆下部用可调节接头与传动机构或者绝缘拉杆相连。静弧触头为管状结构,端部焊有耐电弧合金,外径约30 mm,内孔直径约为20 mm,从而构成向上内吹通

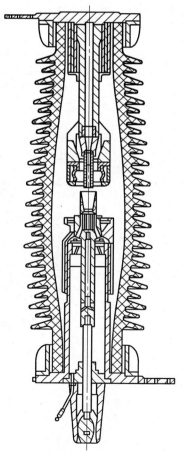

图2.11　灭弧室断口结构

道。静主触头为梅花形状,闭合圆直径约为 85 mm。动触头装配的动触杆也是管状结构,内孔径约为 50 mm,其端部设有带耐电弧合金的梅花形动弧触头,闭合圆直径约为 25 mm,从而形成向下内吹通道。动主触头的直径约为 90 mm,并略有锥形。当触头接触后,触指逐渐增大压缩量,具有良好的接触性能。在动触头装配上端装着喷嘴,它的内孔呈喇叭状,喉部直径与静弧触头的外径相配合。压气缸与动触头装配连为一体,并随着动触头一并作上下合分运动,动触头的行程也是压气缸的行程。气缸与活塞之间为精密配合,且活塞静止。在活塞上装有逆止阀,在分闸操作时气缸向下运动,气缸内 SF6 气体被压缩。当内部压力高于外部压力时,逆止阀自动关动关闭,使气缸内建立起足够高的吹弧压力;而在合闸操作时,压气缸向上运动。当气缸内 SF6 气体压力低于外部压力时,逆止阀自动打开,使外部 SF6 气体迅速地补充到气缸内,为分闸压气作好准备。

5)SF6 断路器触头开距结构和特点

SF6 断路器按开断过程中动、静触头开距的变化,分为定开距和变开距两种结构。

①定开距在开断电流过程中,断口两侧引弧触头间的距离不随动触头的运动而发生变化。其特点是:电弧长度较短,电弧电压低,能量小,因而对提高开断性能有利;压气室距电弧较远,绝缘拉杆不易烧坏,弧间隙介质强度恢复较快。但是压气室内 SF6 气体利用率不如变开距高,为保证足够的气吹时间,压气室总行程要求较大。

②变开距在开断电流过程中,动、静弧触头之间的开距随动触头的运行而发生变化。其特点是:压气室内的气体利用率高;喷嘴能与动弧触头分开,有助于提高气吹效果;开距大,电弧长,电弧压力高,电弧能量大,绝缘的喷嘴易被电弧烧伤。

6)LW8-40.5 型 SF6 断路器的主要部件

LW8-40.5 型 SF6 断路器本体为三相分立落地式结构。本体由瓷套、电流互感器、灭弧单元、吸附剂器、传动箱及连杆组成。配用 CT14 型弹簧操动机构。断路器具有内附电流互感器的优点,可在断口两侧各装入串芯式电流互感器两只,电流互感器铸铝外壳下部和断路器外壳上部相连,上部接出线瓷套,其二次线圈通过一密封良好的接线板引到外部,接线板及二次连接线由罩壳及钢管保护。每个电流互感器有 3 个抽头,只需打开其二次接线板处的罩壳,即可改变变比。

该断路器采用压气式灭弧原理。分闸过程中,可动气缸对静止的活塞作相对运动,气缸内的气体被压缩。在喷口打开后,高压力的 SF6 气体通过喷口强烈吹弧,在电流过零时电弧熄灭。由于静止的活塞上装有逆止阀,合闸时气缸中能及时补气。导电系统采用主导电触头与弧触头两套结构,电寿命长。另外,在每相灭弧室外壳两侧上装有吸附器。灭弧室结构如图 2.12 所示。

(5)高压断路器的操动机构简介

操动机构是断路器的重要组成部分。其作用是使断路器准确地合闸和分闸,并维持合闸状态。操作机构由合闸机构、分闸机构和维持合闸机构(搭钩)3 部分组成。由于相同的操作机构可配用不同的断路器,因此操动机构通常与断路器分开,并具有独立的型号。

根据断路器合闸所需能量不同,操动机构可分为手动机构、直流电磁机构、弹簧机构、液压机构、气动机构及永磁操作机构。其特点见表 2.1。

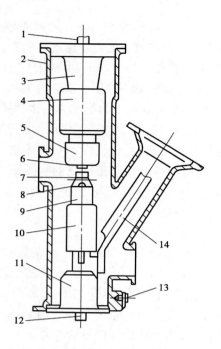

图 2.12　灭弧室结构

1—导电杆;2—外壳;3—上绝缘子;4—冷却室;5—静触头;6—静弧触头;7—喷口
8—动弧触头;9—动触头;10—气缸;11—下绝缘子;12—绝缘拉杆;13—接地装置;14—导电杆

表 2.1　操动机构的特点

类型	基本特点	使用场合
手动机构	用人力合闸,用已储能的弹簧分闸,不能遥控合闸操作及自动重合闸。结构简单,须有自由脱扣机构,关合能力决定于操作者,不易保证	可用于电压 10 kV,开断 6 kA 以下的断路器或负荷开关
直流电磁机构	靠直流螺管电磁铁合闸,靠已储能的分闸弹簧分闸,合闸时间长,电源电压的变动对合闸速度影响大,可遥控操作与自动重合闸,结构简单,制造工艺要求不高,机构输出力特性与本体反力特性配合较好,需要大功率直流电源	可用于 110 kV 及以下断路器
弹簧机构	用合闸弹簧(用电动机或手力储能)合闸,靠已储能的分闸弹簧分闸,动作快,能快速自动重合闸,能源功率小,结构较复杂,冲击力大,构件强度要求较高,输出力特性与本体反力特性配合较差	可用于交流操作,适用于 220 kV 及以下的断路器
液压机构	以高压油推动活塞实现合闸与分闸,动作快,能快速自动重合闸,结构较复杂,密封要求高,工艺要求高,操作力大,冲击力小,动作平稳	适用于 110 kV 及以上的断路器,是超高压断路器配用的主要品种
气动机构	以压缩空气推动活塞,使断路器分、合闸,或仅用压缩空气推动活塞合闸(或者分闸),而以已储能的弹簧分闸(或合闸)。动作快,能快速自动重合闸,合闸力容易调整,制造工艺要求较高,需压缩空气源,操作噪声大	适用于有压缩空气源的开关站

类型	基本特点	使用场合
永磁操作机构	使用新材料、新工艺及新原理。结构简单零部件少,可靠性高,操作能耗小,极大地提高了断路器的运行可靠性和免维护水平,使用寿命长,与真空断路器配合使用,组成自动重合闸系统	与真空断路器配合使用

2.2.2　高压隔离开关

(1)隔离开关的用途和分类

隔离开关是一个最简单的高压开关,在实际中也称为刀闸。由于隔离开关没有专门的灭弧装置,不能用来开断负荷电流和短路电流。在配电装置中,隔离开关的主要用途如下:

①用隔离开关在需要检修的部分和其他带电部分构成明显可见的断口,保证检修工作的安全。

②利用"等电位原理",用隔离开关进行电路的切换工作。

③由于隔离开关通过拉长电弧的方法灭弧,具有切断小电流的可能性,所以隔离开关可用于下列操作:断开和接通电压互感器和避雷器;断开和接通母线或直接连接在母线上设备的电容电流;断开和接通励磁电流不超过 2 A 的空载变压器或电容电流不超过 5 A 的空载线路;断开和接通变压器中性点的接地线(系统没有接地故障才能进行)。

隔离开关可按下列原则进行分类:

①按装设地点,可分为户内式和户外式两种。

②按隔离开关的运行方式,可分为水平旋转式、垂直旋转式、摆动式及插入式 4 种。

③按绝缘支柱的数目,可分为单柱式、双柱式和三柱式 3 种。

④按是否带接地隔离开关,可分为有接地隔离开关和无接地隔离开关两种。

⑤按极数多少,可分为单极式和三极式两种。

⑥按配用的操作机构,可分为手动、电动和气动等。

(2)隔离开关的结构原理

1)户内式隔离开关(GN 型)

如图 2.13 所示为 GN8-10/600 型隔离开关的外形图。GN8-10/600 型开关每相导电部分通过一个支柱绝缘子和一个套管绝缘子安装,每相隔离开关中间均有拉杆绝缘子,拉杆绝缘子与安装在底架上的转轴相连,主轴通过拐臂与连杆和操作机构相连。

2)户外式隔离开关(GW 型)

户外式隔离开关的工作条件比较恶劣,绝缘要求较高,应保证在冰雪、雨水、风、灰尘、严寒和酷暑等条件下可靠地工作。户外隔离开关应具有较高的机械强度,因为隔离开关可能在触点结冰时操作,这就要求隔离开关触点在操作时有破冰作用。如图 2.14 所示为 GW5-35D 型户外式隔离开关的外形图。它是由底座、支柱绝缘子和导电回路等部分组成,两绝缘子呈"V"型,交角 50°,借助连杆组成三极联动的隔离开关。底座部分有两个轴承,用以旋转棒式支柱绝缘子,两轴承座间用齿轮啮合,即操作任一柱,另一柱可随之同步旋转,以达分断、关合的目的。

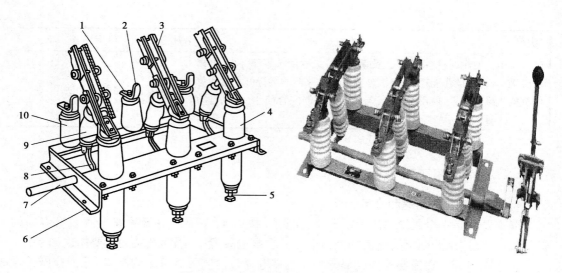

图 2.13　GN8-10/600 型高压隔离开关
1—上接线端子;2—静触点;3—闸刀;4—套管绝缘子;5—下接线端子;
6—框架;7—转轴;8—拐臂;9—升降绝缘子;10—支柱绝缘子

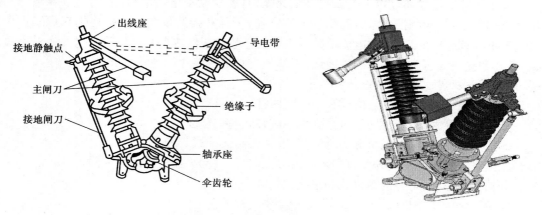

图 2.14　户外型隔离开关

(3)高压负荷开关

　　高压负荷开关,具有简单的灭弧装置,能通断一定的负荷电流,装有脱扣器时,在过负荷情况下可自动跳闸。负荷开关断开后,具有明显可见的断口,也具有隔离电源、保证检修安全的功能。但它不能断开短路电流,必须与高压熔断器串联使用,借助熔断器来断开短路电流。

　　负荷开关主要用在 10~35 kV 配电系统中,作分合电路之用。按负荷开关灭弧介质及灭弧方式的不同,可分为产气式、压气式、充油式、真空式及 SF6 式等。按负荷开关安装地点的不同,可分为户内式和户外式。如图 2.15 所示为一种较为常用的 FN3-10RT 型户内压气式高压负荷开关的外形结构图。上半部是负荷开关本身,下半部是 RN1 型高压熔断器。负荷开关的上绝缘子是一个压气式灭弧室,它不仅起支持绝缘子的作用,而且内部是一个气缸,其中装有由操动机构主轴传动的活塞。分闸时,和负荷开关相连的弧动触头与绝缘喷嘴内的弧静触头之间产生电弧。由于分闸时主轴传动而带动活塞,压缩气缸内的空气从喷嘴往外吹弧,加之断路弹簧使电弧迅速拉长及本身电流回路的电动吹弧作用,使电弧迅速熄灭。

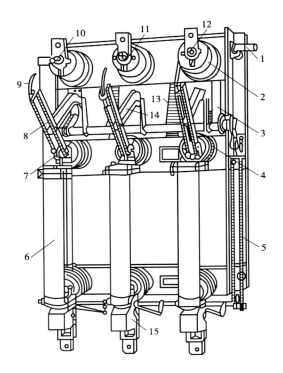

图 2.15 FN3-10RT 型高压负荷开关

1—主轴;2—上绝缘子兼气缸;3—连杆;4—下绝缘子;5—框架;6—RN1 型高压熔断器;
7—下触头;8—闸刀;9—弧动触头;10—绝缘喷嘴(内有弧静触头);11—主静触头;
12—上触座;13—断路弹簧;14—绝缘拉杆;15—热脱扣器

2.2.3 高压熔断器

(1)熔断器的用途和原理

高压熔断器是人为地在电网中设置的一个最薄弱的发热元件,当过负荷或短路电流流过该元件时,利用元件(即熔体)本身产生的热量将自己熔断,从而使电路断开,达到保护电网和电气设备的目的。

熔断器的结构简单,价格低廉,维护使用方便,不需要任何附属设备,这些特点均为断路器所不及,所以在电压较低的小容量电网中普遍采用它来代替结构复杂的断路器。对于熔断器的动作,要求即能像断路器那样可靠地切断过负荷和短路电流,又要具有继电保护动作的选择性。

熔断器主要由熔体和熔管等组成,为了提高灭弧能力有的熔管内还填有石英沙等灭弧介质。根据使用电压等级不同,熔体材料不同。铅、锌这些材料熔点低、电阻率大,所制成的熔体截面也较大,熔体熔化时会产生大量的金属蒸气,电弧不易熄灭,所以这类熔体只能应用在500 V 及以下的低压熔断器中;高压熔断器的熔体材料选用铜、银等,这些材料熔点高、电阻率小,所制成的熔体截面也较小,有利于电弧的熄灭,但这类材料的缺点是在通过小而持续时间长的过负荷电流时,熔体不易熔断,所以通常在铜丝或银丝的表面焊上小锡球或小铅球,锡、铅是低熔点金属,过负荷时小锡、铅球受热首先熔化,包围铜或银熔丝,铜、银和锡、铅分子互相渗透而形成熔点较低的合金,使铜、银熔丝能在较低的温度下熔断,这就是所谓的"冶金效应"。

熔断器的动作过程大致分为以下4个过程:

①熔断器熔体因过载或短路而加热到熔化温度。

②熔体的熔化和气化。

③间隙击穿和产生电弧。

④电弧熄灭,电路被断开。

熔断器的动作时间为上述四个过程所经过的时间总和。显然,熔断器的断流能力决定熄灭电弧能力的大小。

(2)熔断器的主要类型和结构

按限流作用,熔断器可分为限流式熔断器和非限流式熔断器。限流式熔断器是指在短路电流未达到短路电流的冲击值之前就完全熄灭电弧的熔断器;非限流式熔断器是指在熔体熔化后,电弧电流继续存在,直到第一次过零或经过几个周期后电弧才完全熄灭的熔断器。按安装地点,熔断器可分为户内式和户外式。

在 6～35 kV 高压电路中,广泛采用 RN1,RN2,RW4,RW10(F)等形式的熔断器,如图2.16所示。

RN1型　　　　　　RN2型　　　　　　RW4型

图 2.16　熔断器种类

熔断器的主要技术参数如下:

①熔断器的额定电流:熔断器壳体的载流部分和接触部分所允许的长期通过的工作电流。

②熔体的额定电流:长期通过熔体而熔体不会熔断的最大电流。熔体的额定电流通常小于或等于熔断器的额定电流。

③熔断器的极限断路电流:是指熔断器所能分断的最大电流。

④熔断器的保护特性:也称熔断器的安秒特性,它表示切断电流的时间 t 与通过熔断器电流 I 之间的关系特性曲线。熔断器的保护特性曲线必须位于被保护设备的热特性之下,才能起到保护作用。特性曲线如图 2.17 所示。

(3)RN1 和 RN2 型内高压熔断器

RN1 型主要用作高压线路和设备的短路保护,也能起过负荷保护的作用,其熔体在正常情况下要通过主电路的负荷电流,因此其结构尺寸较大。RN2 型只用作电压互感器一次侧的短路保护,其熔体额定电流一般为 0.5 A,因此其结构尺寸较小。

RN1 和 RN2 型的结构都是瓷质熔管内填石英砂填料的密闭管式熔断器。图 2.18 是 RN1,RN2 型高压熔断器的外形结构,图 2.19 是其熔管剖面示意图。

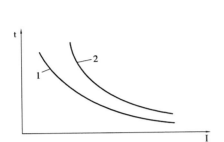

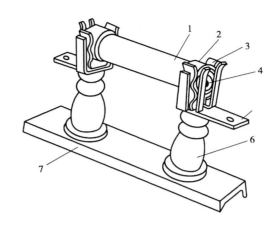

图 2.17　熔断器的保护特性

1—熔断器的保护特性；
2—被保护设备的热特性曲线

图 2.18　RN1,RN2 型高压熔断器

1—瓷熔管；2—金属管帽；3—弹性触座；
4—熔断指示器；5—接线端子；6—瓷绝缘子；7—底座

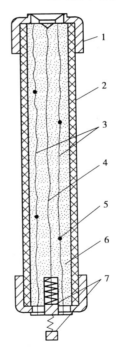

图 2.19　RN1,RN2 型熔管结构示意图

1—管帽；2—瓷管；3—工作熔体(铜丝上焊有小锡球)；4—指示熔体(铜丝)；
5—锡球；6—石英砂填料；7—熔断指示器(熔体熔断后弹出)

(4) RW4(G),RW10(F) 和 RW9-35 型户外高压跌落式熔断器

跌落式熔断器广泛用于环境正常的室外场，既可作 6 ~ 10 kV 线路和设备的短路保护，又可在一定条件下，直接用高压绝缘钩棒(俗称"令克棒")来操作熔管的分合。一般的跌落式熔断器如 RW4-10(G)等，只能无负荷下操作或通断小容量的空载变压器和空载线路等。

而负荷型跌落式熔断器如 RW10-10(F)型，是在一般跌落式熔断器的基础上加装了简单的灭弧装置和弧触头,能带负荷操作。

如图2.20所示RW4-10(G)型跌落式熔断器结构示意图。这种跌落式熔断器串接在线路上。正常运行时,其熔管上端的动触头借熔丝张力拉紧后,利用钩棒将熔管连同动触头推入上静触头内缩紧,同时下动触头与下静触头也相互压紧,从而使电路接通。当线路上发生短路时,短路电流使熔丝熔断,形成电弧。纤维质消弧管由于电弧烧灼而分解出大量气体,使管内压力剧增,并沿着管道形成强烈的气流纵向吹弧,使电弧迅速熄灭。熔丝熔断以后,熔管的上动触头因失去熔丝的张力而下翻,使锁紧机构释放熔管。在触头弹力及熔管自重的作用下,熔管跌落,造成"断口"。

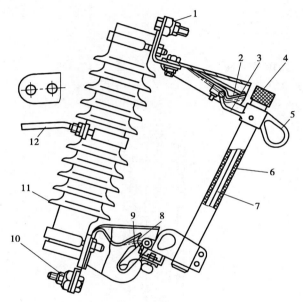

图2.20 RW4-10(G)型跌落式熔断器

1—上接线端子;2—上静触头;3—上动触头;4—管帽(带薄膜);5—操作环;
6—熔管(内套纤维消弧管);7—铜熔丝;8—下动触头;9—下静触头;
10—下接线端子;11—绝缘瓷瓶;12—固定安装板

这种跌落式熔断器采用"逐级排气"的结构。其熔管上端在正常运行时是封闭的,可防止雨水浸入。在分断小的短路电流时,由于上端封闭而形成单端排气,使管内保持足够大的气压,有利于熄灭较小短路电流产生的电弧。而在分断大的短路电流时,由于管内产生的气体多,气压大,使上端薄膜冲开而形成两端排气。这样有助于防止分断大的短路电流时可能造成熔管爆裂,从而有效地解决了自产气熔断器分断大小故障电流的矛盾。跌落式熔断器不能在短路电流达到冲击值即短路的半个周期(0.01 s)内熄灭电弧,因此,跌落式熔断器属于"非限流"型熔断器。

RW9-35型熔断器广泛用于发电厂、变电所35 kV电压互感器作为短路保护用。如图2.21所示为RW9-35型熔断器。熔管1装于瓷套2中,熔体放在充满石英沙填料的熔管内,具有限流作用。其特点是体积小、灭弧性能好,断流容量大、限流能力强,熔体熔断后便于连同熔管一起更换。

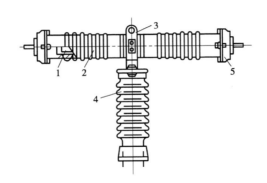

图 2.21　RW9-35 型户外高压熔断器的结构图

1—熔管；2—瓷套；3—紧固法兰；4—棒形支持绝缘子；5—接线端帽

(5) 熔断器熔体额定电流的选择

保护线路的熔体电流，应满足下列条件：

①熔体的额定电流 $I_{N·PE}$ 应不小于线路的计算电流 I_{30}，即

$$I_{N·PE} \geq I_{30}$$

式中，I_{30} 对并联电容器的线路熔断器来说，由于电容器的合闸涌流较大，应取电容器额定电流的 1.43 ~ 1.55 倍。

②熔体的额定电流 $I_{N·PE}$ 还应躲过线路的尖峰电流 I_{PK}，以使熔体在线路上出现正常的尖峰电流时也不致熔断。由于尖峰电流是短时最大电流，而熔体加热熔断需一定时间，所以满足的条件为

$$I_{N·PE} \geq K I_{PK}$$

式中　K——小于 1 的计算系数。对供单台电动机的线路熔断器来说，如电动机的启动时间在 3 s 以下（轻载启动），宜取 $K = 0.25 \sim 0.35$；启动时间在 3 ~ 8 s（重载启动），宜取 $K = 0.35 \sim 0.5$；启动时间超过 8 s 或频繁启动、反接制动，宜取 $K = 0.5 \sim 0.60$。对供多台电动机的线路断路器来说，此系数应视线路上容量最大的一台电动机的启动情况、线路尖峰电流与计算电流的比值及熔断器的特性而定，取为 $K = 0.5 \sim 1$；如果 $I_{30}/I_{PK} \approx 1$，可取 $K = 1$。

③熔断器保护还应与被保护的线路相配合，使之不致发生因过负荷和短路引起绝缘导线或电缆过热起燃而熔体不熔断的事故，因此还应满足条件

$$I_{N·PE} \leq K_{OL} I_{al}$$

式中　I_{al}——绝缘导线和电缆的允许载流量；

　　　K_{OL}——绝缘导线和电缆的允许短时过负荷倍数。如果熔断器只作短路保护时，对电缆和穿管绝缘导线，取 $K_{OL} = 2.5$；对明敷绝缘导线，取 $K_{OL} = 1.5$。如果熔断器不只作短路保护，而且要求作过负荷保护时，取为 $K_{OL} = 1$。

(6) 保护电力变压器的熔断器熔体电流的选择

保护变压器的熔断器熔体电流，根据经验，应满足

$$I_{N·PE} = (1.5 \sim 2.0) I_{1N·T}$$

式中　$I_{1N·T}$——变压器一次侧的额定电流。

上式考虑了以下 3 个因素：

①熔体电流要躲过变压器允许的正常过负荷电流。

②熔体电流要躲过来自变压器低压侧的电动机自启动引起的尖峰电流。

③熔体电流还要躲过变压器自身的励磁涌流,这是变压器在空载投入时或者在外部故障切除后突然恢复电压时所产生的一个电流。

(7)保护电压互感器熔断器熔体电流的选择

由于电压互感器二次侧的负荷很小,因此,保护电压互感器的 RN2 型熔断器的熔体额定电流一般为 0.5 A。

(8)熔断器的选择与校验

选择熔断器时应满足下列条件:

①熔断器的额定电压应不低于线路的额定电压,即

$$U_{\mathrm{N \cdot FU}} \geq U_{\mathrm{N}}$$

②熔断器的额定电流应不小于所装熔体的额定电流 $I_{\mathrm{N \cdot PE}}$,即

$$I_{\mathrm{N \cdot FU}} \geq I_{\mathrm{N \cdot PE}}$$

③熔断器还必须进行断流能力的校验。

(9)熔断器保护灵敏度的检验

为了保证熔断器在其保护区内发生短路故障时可靠地动作,应对熔断器进行灵敏度的校验,灵敏度应大于规定的数值。

(10)前后熔断器之间的选择性配合

前后熔断器的选择性配合,就是要求在线路发生故障时,既要保证可靠地分断故障电路,又要尽可能地缩小故障范围,这就要求靠近故障点的熔断器首先熔断,切断故障部分,从而使系统的其他部分恢复正常运行。

前后熔断器的选择性配合,按保护特性曲线(安秒特性曲线)来进行检验。考虑熔体实际熔断时间与其产品的标准特性曲线查得的熔断时间可能有 ±30% ~ ±50% 的偏差,因此要求在下一级熔断器所保护线路的首端发生最严重的三相短路时,上级熔断器熔断时间,至少应为下级熔断器熔断时间的 3 倍,才能确保前后两级熔断器动作的选择性。或者按 GB 13539.1—2002 中规定,当熔体的额定电流在 16 A 及以上时,上级熔断器熔体的额定的电流应不小于下级熔断器熔体额定电流的 1.6 倍。

2.3　工厂变配电所常用的低压电气设备

供配电设备不仅需要有驱动(动力)设备,而且还需要一套控制装置,即各类电器,用以实现各种工艺要求。对电能的生产、输送、分配和使用起控制、调节、检测、转换及保护作用的电工器械,称为电器。工作在交流电压 1 200 V,或直流电压 1 500 V 及以下的电路中起通断、保护、控制或调节作用的电器产品,称为低压电器。

(1)按用途分类

1)控制电器

它是指用于各种控制电路和控制系统的电器,如接触器、继电器等。

2）主令电器

它是指用于自动控制系统中发送控制指令的电器,如按钮、行程开关等。

3）保护电器

它是指用于保护电路及用电设备的电器,如熔断器、热继电器等。

4）配电电器

它是指用于电能的输送和分配的电器。如低压断路器、隔离器等。

5）执行电器

它是指用于完成某种动作或传动功能的电器,如电磁铁、电磁离合器等。

(2)按工作原理分类

1）电磁式电器

依据电磁感应原理来工作的电器,如交直流接触器、各种电磁式继电器等。

2）非电量控制器

电器的工作是靠外力或某种非电物理量的变化而动作的电器,如刀开关、行程开关、按钮、速度继电器压力继电器、温度继电器等。

(3)按操作方式分类

1）自动电器

自动电器如时间继电器、速度继电器等。

2）手动电器

手动电器如按钮、刀开关、转换开关等。

(4)按触点类型

1）有触点电器

有触点电器如继电器、接触器、行程开关等。

2）无触点电器

无触点电器如固态继电器、接近开关等。

低压电器目前正沿着体积小、质量轻、安全可靠、使用方便的方向发展,大力发展电子化的新型控制电器,如接近开关、光电开关、电子式时间继电器、固态继电器与接触器等以适应控制系统迅速电子化的需要。

2.3.1　控制电器

(1)接触器(电气符号 KM)

接触器是一种接通或切断电动机或其他负载主电路的自动切换电器。它是利用电磁力来使开关打开或断开的电器,适用于频繁操作、远距离控制强电路,并具有低压释放的保护性能。接触器通常分为交流接触器和直流接触器,如图 2.22 所示。

1）主要结构

主要结构有电磁机构、触点系统、灭弧机构、回位弹簧力装置、支架与底座等,如图 2.23 所示。

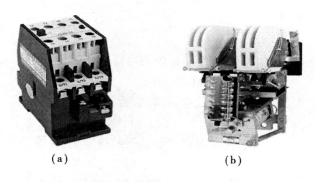

（a）　　　　　　　　　　　（b）

图 2.22　交流接触器和直流接触器外形图

（a）交流接触器　（b）直流接触器

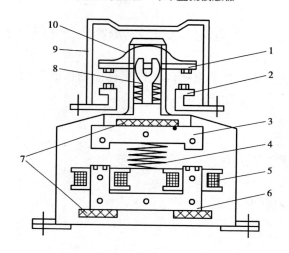

图 2.23　接触器结构图

1—动触头；2—静触头；3—衔铁；4—缓冲弹簧；5—电磁线圈；6—铁芯；7—垫毡；
8—触头弹簧；9—灭弧罩；10—触头压力簧片

2）工作原理

当线圈得电后，衔铁被吸合，带动 3 对主触点闭合，接通电路，辅助触点也闭合或断开；当线圈失电后，衔铁被释放，3 对主触点复位，电路断开，辅助触点也断开或闭合。

3）接触器有关符号（图形符号、文字符号、产品型号，见图 2.24）

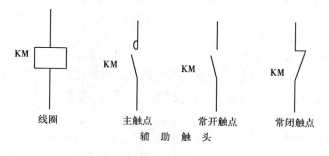

图 2.24　接触器符号

接触器主触头用于主电路(流过的电流大,需加灭弧装置),接触器辅助触头用于控制电路(流过的电流小,无须加灭弧装置),接触器线圈连接于控制电路。

CJ20 系列交流接触器用于交流 50 Hz,额定电压至 660 V(个别等级至 1 140 V),电流至 630 A 的电力线路中供远距离频繁接通和分断电路以及控制交流电动机,并适宜于与热继电器或电子保护装置组成电磁启动器,以保护电路或交流电动机可能发生的过负荷及断相。

CZ18 系列直流接触器主要供远距离接通与断开额定电压至 440 V 额定发热电流至 1 600 A 的直流电力线路之用,并适宜于直流电动机的频繁启动,停止,换向及反接制动。

4)接触器的主要技术参数

①主触头额定电压。

交流:36,127,220,380,500,600,1 140 V。

直流:24,48,110,220,440 V。

②主触头额定电流。

交流:6.3,10,16,25,40,60,100,630 A。

直流:10,25,40,60,100,150,600 A 等。

③辅助触头额定电流。

④主触点和辅助触点数目。

⑤吸引线圈额定电压。

⑥接通和分断能力

⑦机械寿命、电气寿命。

5)接触器类别及对应典型用途

接触器类别及对应典型用途见表 2.2。

表 2.2　接触器类别及对应典型用途表

使用类别代号	典型用途举例
AC-1	无感或微感负载、电阻炉
AC-2	绕线转子异步电动机的启动、分断
AC-3	笼型电动机的启动、运转中分断
AC-4	笼型电动机的启动、反接制动、点动
DC-1	无感或微感负载、电阻炉
DC-3	并励电动机的启动、反接制动、点动
DC-5	串励电动机的启动、反接制动、点动

6)交、直流接触器区别

交流接触器用于远距离控制电压至 380 V,电流至 600 A 的交流电路,以及频繁启动和控制交流电动机的控制电器。常用的交流接触器产品,国内有 NC3(CJ46),CJ12,CJ10X,CJ20,CJX1,CJX2 等系列;引进国外技术生产的有 B 系列,以及 3TB,3TD,LC-D 等系列。CJ20 系列交流接触器的主触点均做成 3 极,辅助触点则为两动合两动断形式。此系列交流接触器常用于控制笼型电动机的启动和运转。

直流接触器与交流接触器的工作原理相同。结构也基本相同,不同之处是,铁芯线圈通以直流电,不会产生涡流和磁滞损耗,所以不发热。为方便加工,铁芯由整块软钢制成。为使线圈散热良好,通常将线圈绕制成长而薄的圆筒形,与铁芯直接接触,易于散热。常用的直流接触器有 CZ0,CZ18 等系列。

(2)继电器(电气符号 KA)

继电器是一种利用电流、电压、时间、温度等信号的变化来接通或断开所控制的电路,以实现自动控制或完成保护任务的自动电器。继电器和接触器的工作原理一样。主要区别在于,接触器的主触头可通过大电流,而继电器的触头只能通过小电流。因此,继电器只能用于控制电路中。常见的继电器有中间继电器、电压继电器、电流继电器、时间继电器及速度继电器等。

1)中间继电器(电器符号 KM)

中间继电器和接触器的结构和工作原理大致相同。它们的主要区别是接触器的主触点可以通过大电流,而继电器的体积和触点容量小,触点数目多,且只能通过小电流。因此,继电器一般用于机床的控制电路中。

中间继电器 JZ7 系列-1 适用于交流 50 Hz,或 60 Hz,额定电压至 380 V 或直流额定电压至 220 V 的控制电路中,用来控制各种电磁线圈,以使信号扩大或将信号同时传送给有关控制元件。

中间继电器 JZ14 系列-1 适用于交流 50 Hz 电压 380 V 及以下;直流电压 220 V 及以下的控制电路中作为增加信号大小及数量之用。

2)时间继电器(电器符号 KT)

①时间继电器的分类

时间继电器是从得到输入信号(线圈通电或断电)起,经过一段时间延时后触头才动作的继电器。适用于定时控制。

按工作原理分为空气阻尼式、电磁式、电动式和电子式等。按延时方式可分为通电延时型和断电延时型。数控机床中一般由计算机软件实现时间控制。

②时间继电器的文字符号和图形符号(见图 2.25)

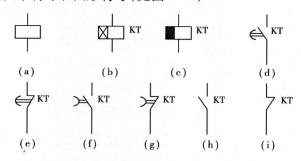

图 2.25 时间继电器的文字符号和图形符号

(a)一般线圈符号　(b)通电延时线圈　(c)断电延时线圈　(d)延时闭合的动断触点
(e)延时断开的动断触点　(f)延时断开的动合触点　(g)延时闭合的动断触点
(h)瞬时动合触点　(i)瞬时动断触点

③时间继电器触头类型

时间继电器触头类型见表2.3。

表 2.3　时间继电器触头类型表

动　作		通电式	断电式
瞬时	常闭触点		
	常开触点		
延时	常开 通电后 延时闭合		常闭 断电后 延时闭合
	常闭 通电后 延时断开		常开 断电后 延时断开

3)速度继电器(电器符号 KS)

速度继电器是测量转速的元件。它能反映转动的方向以及是否停转,因此广泛用于异步电动机的反接制动中。其结构和工作原理与笼型电动机类似,主要有转子、定子和触点 3 部分。其中,转子是圆柱形永磁铁,与被控旋转机构的轴连接,同步旋转。定子是笼形空心圆环,内装有笼形绕组、它套在转子上,可转动一定的角度。当转子转动时,在绕组内感应出电动势和电流,此电流和磁场作用产生扭矩使定子柄向旋转方向转动、拨动簧片使触点闭合或断开。当转子转速接近零(约 100 r/min),扭矩不足于克服定子柄重力,触点系统恢复原态。JYl 速度继电器结构原理如图 2.26 所示。

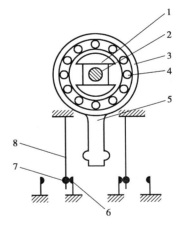

图 2.26　JYl 速度继电器结构原理图
1—转子;2—轴;3—定子;4—绕组;
5—定子柄;6—静触点;
7—动触点;8—簧片

2.3.2　保护电器

常见的有热继电器、电流继电器、电压继电器、熔断器及断路器等。

(1)热继电器(电器符号 FR)

1)外形结构

外形结构,如图 2.27 所示。

2)作用及分类

热继电器是一种利用电流的热效应来切断电路的保护电器。专门用来对连续运转的电动机进行过载及断相保护,以防电动机过热而烧毁。

按相数,可分为两相热继电器和三相热继电器。其中,三相热继电器又分为不带断相保护和带断相保护。

图 2.27　热继电器外形结构

3）工作原理

发热元件接入电机主电路,若长时间过载,双金属片被加热。因双金属片的下层膨胀系数大,使其弯曲,推动导板运动,常闭触点断开。

4）功能

过载保护。

5）主要参数

①热继电器额定电流是指可安装的热元件的最大整定电流。

②相数。

③热元件额定电流。是指热元件的最大整定电流。

④整定电流。是指长期通过热元件而不引起热继电器动作的最大电流。按电动机额定电流整定。

⑤调节范围。是指手动调节整定电流的范围。

6）常用型号

常用的热继电器型号有 JR0,JR14,JR15,JR16,JR20 等系列。热继电器的基本技术数据可查阅有关资料。

7）CDR2 系列热继电器

①适用范围

CDR2 系列热继电器主要适用于交流 50 Hz(60 Hz),额定绝缘电压至 660 V,额定电流至 500 A 的电力线路中,用作三相感应电动机的过载与断相保护。一般与 CDC1(B)系列交流接触器配合组成电磁启动器。

②结构特征

CDR2-16,25 热继电器为摩擦脱扣式动作机构,带断相运转保护;CDR2-45,85 为拉簧式脱扣动作机构(跳跃机构),带断相保护;CD R2-105,170 为背包跳跃机构,CDR2-250,370 为回路带互感器的跳跃进式机构,均带断相保护。JRS1 系列热继电器适用于交流 50 Hz,主电路额定电压至 660 V、额定电流 0.1 ~ 80 A 的电路中,供交流电动机的过载及断相保护用。它具有差动机构和温度补偿动能,可与 CJX2 系列交流接触器插接安装。本产品为引进法国 TE 公司技术制造的产品。JR36 系列热过载继电器主要适用于交流 50 Hz,额定绝缘电压至 690 V 以下,电流至 160 A 的电力系统中作为三相交流电动机的过载保护、断相保护。JR36 系列热过载继电器还可与 CJ10 的替代产品 CJT1 组成磁力启动器。JR36 继电器是在 JR16B 上改进设计的,其安装方式和安装尺寸与 JR16B 完全一样,是 JR16B 现有替代产品。

（2）**电流继电器**（继电器符号 KA）

根据输入电流大小而动作的继电器。使用时,电流继电器的线圈和被保护的设备串联,其线圈匝数少而线径粗、阻抗小、分压小,不影响电路正常工作。

按用途可分为过电流继电器(当电路发生短路及过流时立即切断电路)和欠电流继电器(当电路电流过低时立即切断电路),如图 2.28 所示。

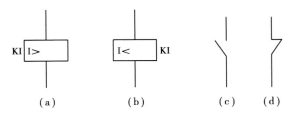

图 2.28 电流继电器线圈和触点

电流继电器线圈 （b)欠电流继电器线圈 （c)动合触点 （d)动断触点

电流继电器特点如下:

①线圈与主电路串联,线圈线径粗,电流大。

②线圈通电,正常状态下,常开、常闭触点不动作。

③过电流继电器,当主电路电流过大,其触点动作。

④欠电流继电器,当主电路电流过小,其触点动作。

GL-10,20 系列反时限过流继电器(以下简称继电器),如图 2.29 所示。应用于电机、变压器等主要设备以及输配电系统的继电器保护回路中,当主设备或输配电系统出现过负荷及短路故障时,该继电器能按预定的时限可靠动作发出信号,切除故障部分,保证主设备及输配电系统安全运行。JL4 系列-1 继电器主要用于磁力控制器或保护开关板上,作为交、直流电动机运载和短路保之用。不适于在下列条件下工作:有腐蚀性气体及充导电尘埃或水蒸气的地方,有剧烈振动或强力颠簸几与垂直倾斜度超过 5 ℃的地方。

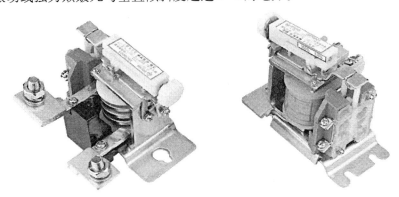

图 2.29 反时限过流继电器外形图

（3）**电压继电器**

根据输入电压大小而动作的继电器。其线圈和触点如图 2.30 所示。使用时,电压继电器的线圈与负载并联,其线圈匝数多而线径细。

电压继电器可分为过电压继电器和欠电压继电器。

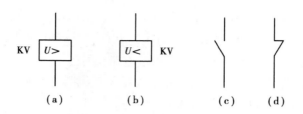

图 2.30 电压继电器线圈和触点
（a）过电压继电器线圈 （b）欠电压继电器线圈 （c）动合触点 （d）动断触点

(4)低压断路器（又称自动开关,电器符号 QF）

低压断路器又称自动空气开关或自动空气断路器,简称自动开关。其外形如图 2.31 所示。

图 2.31 低压断路器外形图

1)作用

可实现短路、过载、失压保护。用于电动机和其他用电设备的电路中,在正常情况下,它可以分断和接通工作电流;当电路发生过载、短路、失压等故障时,它能自动切断故障电路,有效地保护串接于它后面的电器设备;还可用于不频繁地接通、分断负荷的电路,控制电动机的运行和停止。

2)结构

如图 2.32 所示,主要有以下部分组成:

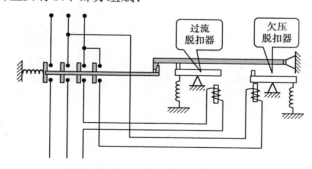

图 2.32 低压断路器内部结构图

①触点系统和灭弧装置。用于接通和分断主电路,为了加强灭弧能力,在主触点处装有灭弧装置。

②脱扣器。是断路器的感测元件,当电路出现故障时,脱扣器收到信号后,经脱扣机构动作,使触点分断。脱扣器分为欠压脱扣器、过电流脱扣器和过载脱扣器。

脱扣机构和操作机构是断路器的机械传动部件,当脱扣结构接收到信号后由断路器切断电路。

3)工作原理

过流时,过流脱扣器将脱钩顶开,断开电源;欠压时,欠压脱扣器将脱钩顶开,断开电源,如图 2.33 所示。

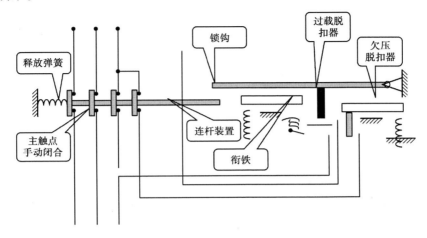

图 2.33　低压断路器工作原理图

4)分类

按结构,可分为框架式(万能式)和塑料外壳式(装置式)。

5)低压断路器的图形符号和文字符号

①图形符号。如图 2.34 所示。

②文字符号。QF。

6)低压断路器的主要技术参数

①额定电压。

②额定电流。

③极数。

④脱扣器型。

⑤整定电流范围。

⑥分断能力。

⑦动作时间。

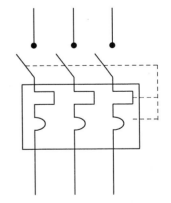

图 2.34　低压断路器的图形符号

DW17 系列万能式断路器(以下简称断路器)适用于交流 50 Hz,电压 400 V,690 V;电流至 4 000 A 的配电网络中,用来分配电能和用作配电线路及电源免受过载、欠电压、短路等保护之用。同时,在正常条件下可作为线路的不频繁转换之用。1 250 A 以下的断路器在交流 50 Hz、电压 400 V 网络中可用来作电动机的过载、短路保护,同时在上述条件下也可作为电动机的不频繁启动之用。DZ20 系列塑壳式断路器额定绝缘电压为 660 V,交流 50 Hz 或 60 Hz,额定工作电压 380 V 及以下,额定电流至 1 250 A,一般作为配电用,额定电流 225 A 及以下和 400 Y 型的断路器也可作为保护电动机用。在正常情况下,断路器可分别作为线路不频繁转换及电动机的不频繁启动之用。

（5）**熔断器**（电气符号 FU）

熔断器是一种在短路或严重过载时利用熔化作用而切断电路的保护电器,它主要由熔体和熔断管组成。其中,熔体既是敏感元件又是执行元件。它由易溶金属制成,熔断管用瓷、玻璃或硬制纤维制成。

熔断器常见有插入式、螺旋式、封闭管式及自复式,如图 2.35 所示。

RT0 系列有填料封闭管式熔断器适用于交流 50 Hz,额定电压交流 380 V,额定电流至 1 000 A的配电线路中,作过载和短路保护。额定分断能力至 50 kA。

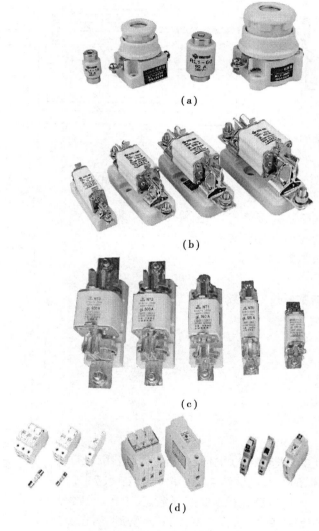

（a）

（b）

（c）

（d）

图 2.35　熔断器种类

（a）RL1 系列-3 熔断器　（b）RT0 系列有填料封闭管式熔断器；

（c）RT16（NT）系列-4 熔断器　（d）RT18（HG30）系列-2 熔断器

2.3.3　开关及主令电器

常见的有刀开关、组合开关、按钮开关、行程开关及感应开关等。

（1）刀闸开关

刀闸开关的电路符号如图 2.36 所示。控制对象:380 V,5.5 kW 以下小电机。

（2）组合开关

1）功能

图 2.36　电路符号

常用在机床的控制电路中,作为电源的引入开关或是自我控制小容量电动机的直接启动、反转、调速和停止的控制开关等。其外形如图 2.37 所示。

图 2.37　组合开关外形

2）类型

组合开关有单极、双极和多极之分。

3）结构

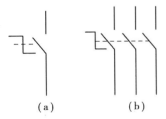

它由动触片、静触片、转轴、手柄、凸轮及绝缘杆等部件组成。当转动手柄时每层的动触片随转轴一起转动,使动触片分别和静触片保持接通和分断。为了使组合开关在分断电流时迅速熄弧,在开关的转轴上装有弹簧,能使开关快速闭合和分断。

（a）　　　　（b）

图 2.38　组合开关图形符号

（a）单极　（b）三极

4）图形符号和文字符号

图形符号和文字符号,如图 2.38 所示。

5）组合开关的主要参数

组合开关的主要参数有额定电压、额定电流(10 A,25 A,60 A 等)和极数等。

（3）按钮开关

按钮开关常用于接通和断开控制电路。常见按钮开关的种类和相应的电路符号如图 2.39 所示。

按钮的外形图和结构如图 2.40 所示。

按钮的选择应根据使用场合、控制电路所需触点数目及按钮颜色等要求选用。

①数控机床上的按钮站。一般用:红色表示停止和急停;绿色表示启动;黑色表示点动;蓝色表示复位;另外,还有黄、白等颜色,供不同场合使用。

②LA2 系列按钮供交流 50 Hz,电压至 380 V 及直流电压至 220 V 的电路中作远距离手动控制电磁启动器、接触器、继电器线圈及其他电气信号电器之用。

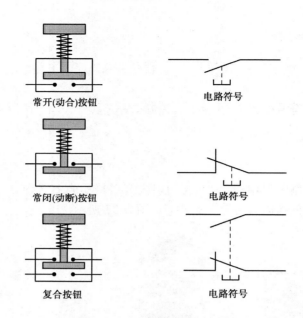

图 2.39　按钮开关的种类和相应的电路符号图

（a）　　　　　　　　　　　（b）

图 2.40　按钮的外形图和结构

（a）外形图　（b）结构

③LA19 系列按钮适用于交流 50 Hz 电压至 380 V 及直流电压至 220 V 的磁力启动器、接触器、继电器及其他电气线路中作遥远控制之用。

④按钮 LAY9 系列-1 适用于交流 50（或 60）Hz,电压至 660 V,直流电压于 440 V 电路中作控制、信号、连锁等用途。

（4）行程开关

1）作用

用来控制某些机械部件的运动行程和位置或限位保护,用作电路的限位保护、行程控制、自动切换等。

2）结构

与按钮类似,但其动作要由机械撞击。行程开关是由操作机构、触点系统和外壳等部分组成。

3）分类

按结构分为直杆式和旋转式。其中,旋转式又分为单轮旋转式和双轮旋转式。

（5）接近开关

接近开关又称无触点行程开关，是一种非接触型的检测装置。

1）作用

可代替行程开关完成传动装置的位移控制和限位保护，还广泛用于检测零件尺寸，测速和快速自动计数，以及加工程序的自动衔接等。

2）特点

工作可靠、寿命长、功耗低、重复定位精度高、灵敏度高、频率响应快，以及适应恶劣的工作环境等。

3）分类

按工作原理可分为高频振荡型、电容型、永久磁铁型及霍尔效应型。

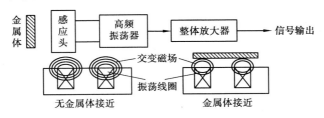

图 2.41   高频振荡型接近开关

如图 2.41 所示为高频振荡型接近开关，振荡器振荡后，在感应头的感应面上产生交变磁场，当金属物体进入高频振荡器的线圈磁场（感应头）时，金属体内部产生涡流损耗，吸收了振荡器的能量，使振荡减弱以致停振。振荡与停振两种不同的状态，由整形放大器转换成二进制的开关信号，从而达到检测有无金属物的目的。

2.4   工厂变配电所的电气主接线与倒闸操作

2.4.1   变配电所电气主接线

发电厂和变电所的电气主接线是由发电机、变压器、断路器、隔离开关、互感器、母线及电缆等电气设备，按一定顺序连接，用以表示生产、汇集和分配电能的电路。电气主接线一般以单线表示。

（1）对电气主接线的基本要求

①电气主接线应根据系统和用户的要求，保证供电的可靠性和电能质量。

②电气主接线应具有一定的工作灵活性，以适应电气装置的各种工作情况，要求主接线不但在正常工作时能保证供电，而且接线中一部分元件检修，也不应对用户中断供电，并应保证进行检修工作的安全。

③电气主接线应简单清晰，操作方便。使电气装置的各个元件切除或接入时，所需的操作步骤最少。

④发电厂和变电所的主接线，在满足工作可靠性，保证电能质量，灵活性及运行方便基础上，必须在经济上是合理的。应使电气装置的基建投资和运行费用最少。

⑤电气主接线应具有扩展的可能性。

（2）几种常见的电气主接线形式

在电气主接线图中，所有电器均用规定的图形符号表示，按"正常状态"画出，所谓"正常状态"，就是电器处在无电及无任何外力作用的状态。

1）单母线接线

①不分段的单母线接线

不分段的单母线接线如图 2.42 所示。其主要优点是：接线简单清晰，操作方便，所用电气设备少，配电装置的建造费用低。其主要缺点如下：

a. 当母线和母线隔离开关检修时，在全部检修时间内，各个回路都必须全部停止工作。

b. 当母线和母线隔离开关短路及断路器母线侧绝缘套管损坏时，所有电源回路的断路器都会因此由继电保护动作而自动断开，结果使整个配电装置在修复的时间内停止工作。

c. 引出线回路的断路器检修时，该回路要停止供电。

因此，不分段的单母线接线的工作可靠性和灵活性较差，故这种接线主要用于小容量特别是只有一个供电电源的变电所中。

②用断路器分段的单母线接线

为了提高单母线接线的供电可靠性和灵活性，可采用断路器分段的单母线接线方式，如图 2.43 所示。分段的数目决定于电源的数目和功率，应尽量使各分段上的功率平衡。

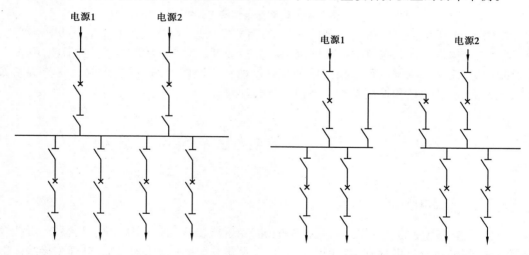

图 2.42　不分段的单母线接线　　　图 2.43　用断路器分段的单母线接线

单母线分段接线的优缺点如下：

a. 在母线发生短路故障的情况下，仅故障段停止工作，非故障段仍可继续工作。

b. 对重要用户，可采用从不同母线分段引出的双回线供电，以保证向重要负荷可靠地供电。

c. 当母线的一个分段故障或检修时，必须断开该分段上的电源和全部引出线。因此，使部分用户供电受到限制和中断。

d. 任一回路的断路检修时，该回路必须停止工作。

因此，为了克服这种接线的缺点，对于电压为 35 kV 及以上的配电装置，当引出线较多时，广泛采用单母线分段带旁路母线的接线。

③单母线分段带旁路母线的接线（见图 2.44）。

平时，旁路断路器 QFp 及旁路隔离开关 QSp 都是断开的。当检修出线断路器时，如检修

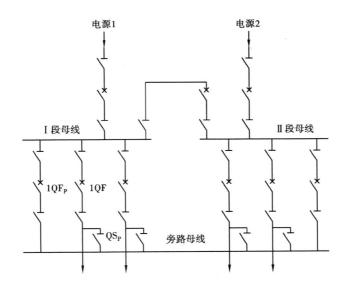

图 2.44　单母线分段带旁路母线的接线

1QF 断路器,首先合上旁路断路器 1QFp 两侧的隔离开关,再合上旁路断路器 1QFp,使旁路母线带电。合上出线的旁路隔离开关 QSp,此时再拉开出线断路器 1QF,出线继续由旁路带路供电,最后拉开 1QF 断路器两侧隔离开关,作好安全措施即可进行检修工作。断路器 1QF 检修完成后,将旁路断路器 1QFp 退出,恢复正常工作的操作步骤是:合上 1QF 两侧隔离开关,合上 1QF 断路器,然后拉开旁路断路器 1QFp 及两侧隔离开关和出线旁路隔离开关 QSp。

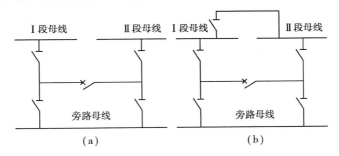

图 2.45　分段断路器兼旁路断路器的接线图

　　为了节省投资,少用断路器,通常采用分段断路器兼做旁路断路器的接线,如图 2.45(a)所示的接线,旁路母线可与任一段母线连接,但在断路器做旁路断路器工作时,两段母线不能并列运行。为了改进上述缺点,在两段母线之间,装设一组分段隔离开关,如图 2.45(b)所示接线,当断路器做旁路断路器工作时,两段母线可以并列运行,但当任一段母线发生短路故障时,将使整个配电装置中断工作,必须在拉开分段隔离开关后,才能恢复非故障母线的工作,同时,使断路器与隔离开关之间的闭锁复杂。

　　2)双母线接线

　　单母线及单母线带分段接线的主要缺点是在母线或者母线隔离断路器故障或检修时,连接在该母线上的回路都要在故障或检修期间长时间停电,而双母线接线则克服这一弊病。双母线接线中有两组母线,每一电源或每条引出线,通过一台或两台断路器,分别接到两组母线上。双母线接线,根据每一回路中所用断路器的数目不同,有以下两种接线方式:

①单断路器的双母线接线

单断路器的双母线接线如图2.46所示。每一电源和引出线,通过一台断路器和两组隔离开关,连接在两组母线上。

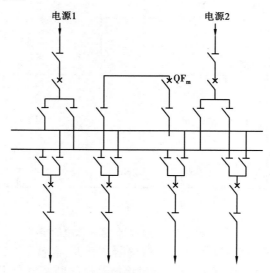

图 2.46 单断路器的双母线接线

正常运行时,双母线接线中的任一组母线,都可以是工作母线或备用母线。工作母线或备用母线利用母线联络断路器 QFm 连接起来,它平时是断开的。所以提高了装置工作的可靠性和灵活性,下面分述该接线的特点。

其优点:

a.轮流检修母线时,不中断配电装置工作和向用户供电。

b.检修任一回路的母线隔离开关时,只需断开这一条回路。

c.工作母线发生故障时,配电装置能迅速地恢复正常工作。

d.运行中的任一回路的断路器,如果拒绝动作或因故不允许操作时,可利用母线联络断路器来代替断开该回路。

单断路器双母线接线有较高的可靠性和灵活性。目前,在我国大容量的重要发电厂和变电所中已广泛采用。

单断路双母线接线的主要缺点是:操作过程比较复杂,容易造成错误操作。其次是双母线接线平时只有一组母线工作,因此,当工作母线短路时,仍要使整个配电装置短时停止工作。在检修任一回路的断路器时,此回路仍需停电。为了消除这种接线的上述缺点,在实际工作中可采用以下措施:

a.为了防止错误操作,要求运行人员必须熟悉操作规程,另外还应在隔离开关与断路器之间装设特殊的闭锁装置,以保证正确的操作顺序。

b.为了消除工作母线故障,使整个配电装置停止工作的缺点,可用双母线同时工作的运行方式,双母线同时工作时,母线联络断路器平时是接通的,电源和引出线均衡地分配在两组母线之间。当一组母线故障时,母线联络断路器和连接在该组母线上的电源回路的断路器断开。将所有接于故障母线的回路换至另一组母线后,因母线故障而停电的部分就可以恢复工作。但母线保护较复杂。

　　c. 为了消除工作母线故障停电这一缺点的另一方法,是将双母线接线中的一组母线用断路器分段,如图 2.47 所示。平时分段的一组母线作为工作母线,另一组为备用母线。工作母线的每一分段,分别装有母线联络断路器 QF_{m1} 和 QF_{m2}。当检修任一段工作母线时,将连接在该段上的电源和所有引出线,全部转移到备用母线上去。此时,检修母线段的联络断路器和分段断路器是断开的,其两侧隔离开关打开。非检修母线段联络断路器是接通的,作为分段断路器使用,通过该断路器,两个电源仍可保持并联运行。

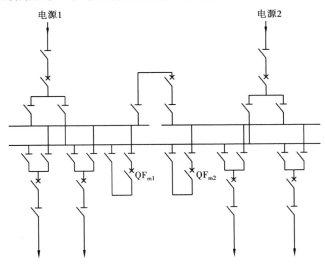

图 2.47　用断路器分段的双母线接线

②双母线带旁路母线的接线

　　当检修某一回路中的断路器时,为了不使该回路停电,可采取增设旁路母线的方法,如图 2.48 所示。

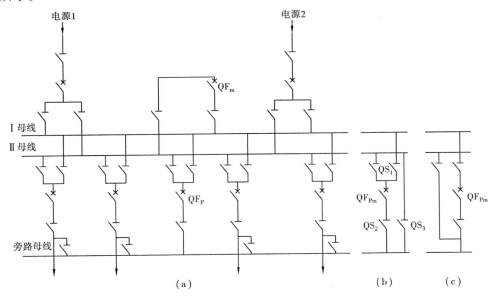

图 2.48　双母线带旁路母线的接线

3)桥式接线

如图 2.49 所示,当只有两台变压器和两条进线时,可采用桥式接线。桥式接线按照连接桥的位置,可分为内桥接线和外桥接线。内桥接线的连接桥(3QF)设置在变压器侧,外桥接线的连接桥(3QF)设置在线路侧。这种接线中,4 条回路只有 3 台断路器,所用断路器的数量是较少的。

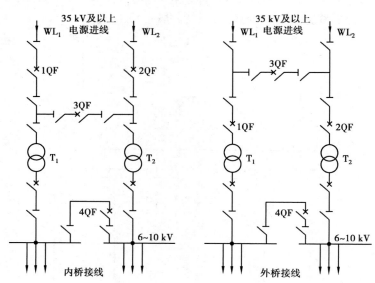

图 2.49 桥式接线

2.4.2 倒闸操作

(1)电工安全用具及使用

电气安全用具是保证操作者安全地进行电工作业,防止触电、防止电弧烧伤、高空坠落等必不可少的工具。它包括绝缘安全用具,一般防护安全用具及登高作业安全用具。

1)绝缘安全用具

绝缘安全用具按用途,可分为基本绝缘安全用具和辅助安全用具。

①基本绝缘安全用具

凡是绝缘程度足以长时间承受电气设备的工作电压,能直接用来操作带电设备或接触带电体的工器具,称为基本绝缘安全用具。

属于这一类的安全用具有高压绝缘棒、绝缘夹钳、验电器、高压核相器及钳型电流表等,如图 2.50 所示。

绝缘棒又称绝缘杆或操作杆,主要用来闭合或断开高压隔离开关、跌落式熔断器、柱上油断路器及安装和拆除临时接地线等,也可用于放电操作,处理带电体上的异物,以及进行高压测量、试验等。因此,必须具有良好的绝缘性能和足够的机械强度。高压绝缘棒由工作部分、绝缘部分、护环和握手部分组成。其结构如图 2.51 所示。工作部分一般用金属制成,用来直接接触带电设备。根据工作需要作不同的样式,装在杆的顶端,其长度在满足工作需要的情况下,应尽量做得短些,一般不超过 5 cm,以避免由于过长而在操作中造成相间短路或接地短路。绝缘部分一般用环氧玻璃钢制成。根据电压等级不同,绝缘部分长度不得小于表 2.4 所列的数值。握手部分为操作人员握持的部分,其材质与绝缘部分相同,与绝缘部分以护环相隔开,使绝缘与握手部分有明显的隔离。根据电压等级不同,握手部分的长度不应小于表2.5所列的数值。

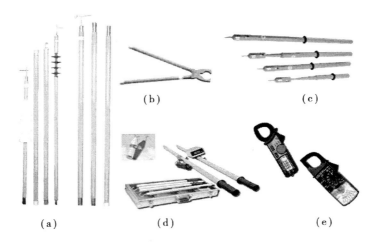

图 2.50　基本绝缘安全用具

(a)高压绝缘棒　(b)绝缘夹钳　(c)验电器　(d)高压核相器　(e)钳型电流表

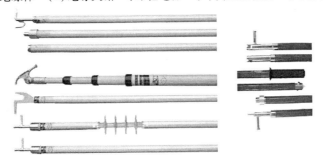

图 2.51　高压绝缘棒结构

表 2.4　绝缘棒最小有效绝缘长度

电压等级/kV	10	35	63(66)	110	220	330	500
最小有效绝缘长度/m	0.7	0.9	1.0	1.3	2.1	3.1	4.1

表 2.5　绝缘棒握手部分最小长度

电压等级/kV	10	35	63(66)	110	220	330	500
握手部分最小长度/m	0.6	0.6	0.6	0.7	0.9	1.0	1.0

绝缘棒使用的注意事项如下:

a. 使用前应先检查是否在有效期范围内,绝缘棒表面是否完好,连接必须紧固。

b. 操作前,应用干布擦试棒的表面以保持清洁、干燥。

c.绝缘棒的使用必须符合被操作设备的电压等级,切不可任意选用。

d.使用绝缘棒,必须戴相应电压等级的绝缘手套,穿绝缘鞋或站在绝缘垫(台)上进行操作,手握部位不得超过护环。

e.雨天使用绝缘棒时,应在绝缘部分安装防雨罩。户外操作时,还应穿绝缘靴。

f.当接地网接地电阻不符合要求或不了解接地网情况时,晴天操作也必须穿绝缘靴。

g.使用时,应有监护人监护,操作要准确、迅速、有力,尽量缩短与高压接触时间。

h.绝缘棒应统一编号,存放在特制的木架上。

i.绝缘棒每年应进行一次电气试验,试验标准和要求见表2.6。

表2.6 绝缘棒试验标准

额定电压/kV	试验电检间距/cm	工频闪络击穿电压不小于/kV	工频耐压/kV
10	0.40	120	100/min
35	0.60	180	150/min
63	0.70	210	175/min
110	1.00	300	250/min
220	1.80	510	450/min

绝缘夹钳用于带电安装和拆卸高压熔断器或执行其他类似工作的工具,如图2.52所示。它主要用于35 kV及以下电力系统,35 kV以上电力系统不使用。它是由工作钳口、绝缘部分(钳身)和握手部分(钳把)组成,绝缘夹钳部分的最小长度见表2.7。

图2.52 绝缘夹钳结构

表2.7 绝缘夹钳的最小长度/m

电压/kV	户内设备用		户外设备用	
	绝缘部分	握手部分	绝缘部分	握手部分
10	0.45	0.15	0.75	0.20
35	0.75	0.20	1.20	0.20

绝缘夹钳使用时的注意事项如下:

a.使用前应测试其绝缘电阻,并保持钳体应无损,表面清洁干燥。

b.使用时,绝缘钳口上不允许装接地线,防止接地线晃荡而造成接地短路和触电事故。

c.使用时,操作人员应戴护目眼镜,绝缘手套,穿绝缘靴或站在绝缘垫(台)上,手握绝缘夹钳时,要精力集中,保持平衡。必须在切断负载的情况下进行操作。

d.操作时必须有监护人监护。

e.雨天在室外操作时,应使用带有防雨罩的绝缘夹钳。

f.绝缘夹钳应放置在室内干燥、通风良好的地方,以防受潮,不用时要防止磨损。

g.绝缘夹钳应每年试验一次,其交流耐压试验标准,35 kV及以下,为3倍线电压,时间为5 min。

验电器是检验电气线路和电器设备上是否有电的一种专用安全用具,因验电的电压等级不同,分为高压和低压两种。

低压验电器又称电笔,适用于测试 60 ~ 550 V 交直流电路是否有电和检查电气用具或电力导线是否漏电等故障(矿用验电器测量电压的范围是 100 ~ 1 000 V)的专用安全用具。其种类可分钢笔式、螺丝刀式和组合式。它是由氖管、电阻、弹簧、笔身及笔尖金属帽等组成,如图 2.53 所示。

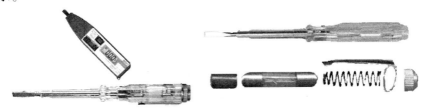

图 2.53　低压验电器

使用时必须按如图 2.54 所示的方法握笔。以手指触及笔尾的金属体,使氖管小窗背光朝向自己,当电笔测试带电体时,电流经带电体,电笔,人体到大地形成通电回路,只要带电体与大地之间的电位差超过 60 V 时,电笔中的氖笔发光。验电时,切记身体的任何部位不得触及周围的金属带电体,而且顶端的金属部分也不能同时搭在两根导线上,否则将造成相间短路。

图 2.54　握笔姿势

高压验电器中普遍使用的是回转验电器和具有声光信号的验电器,广泛应用于高压交流系统做验电工具使用。

回转式高压验电器指示部分包括金属接触电极和指示器。绝缘部分和握手部分的结构与绝缘棒相同,均用环氧玻璃钢制成,只是在两者之间标有明显的标志或装设护环。

声光式高压验电器由验电接触头、测试电路、电源、报警信号及试验开关等组成。其原理是验电接触头接触到被测试部分时,它的电信号传送到测试电路,经测试电路判断。被测试部分有电时,验电器发出音响和灯光闪烁信号报警;无信号时即无电时,没有任何信号指示。

另外,为检查指示器工作是否正常,可利用试验开关,按下后即发出音响和灯光信号,表示指示器工作正常。

高压验电器使用时的注意事项如下:

a. 使用前,应检查验电器的工作电压与被测设备的额定电压是否相符,是否在有效期内。结构应完好、无损坏、无裂纹、无污垢。

b. 利用验电器的自检装置,检查验电器的指示器叶片是否旋转以及声、光信号是否正常。

c. 使用高压验电器时,应二人进行,一人监护、一人操作,操作人必须戴符合耐压等级的绝缘手套,必须握在绝缘棒护环以下的握手部分,绝不能超过护环。

d. 每次验电前应先在有电设备上验电,确认验电器有效后方可使用。

e. 验电时,操作人的身体各部位应与带电体保持足够的安全距离。当验电器的金属接触电极逐渐靠近被测设备,一旦验电器开始回转,且发出声光信号,即说明该设备有电。此时应立即将金属接触电极离开被测设备,以保证验电器的使用寿命。

f. 验电时,若指示器的叶片不转动,也未发出声、光信号,则说明验电部位无电。

g. 在停电设备上验电时,必须在设备进出线两侧各相分别验电,以防可能出现一侧或其中一相带电而未被发现。

h. 验电时,验电器不应装接地线,除非在木梯木杆上验电,不接地不能指示者,才可装接地线。

i. 验电器应按电压等级统一编号,并明示在盒壳上。

j. 验电器使用后应装盒并放入指定位置,保持干燥,避免积灰和受潮。

高压验电器具体的试验期、项目和要求见表2.8。

表2.8　高压验电器试验期、项目和要求

序号	项　目	周期	要　求			
1	启动电压试验	1年	启动电压值不高于额定电压的40%,不低于额定电压的15%			
2	工频耐压试验	1年	额定电压/kV	试验长度/m	工频耐压/kV	
					1 min	5 min
			10	0.7	45	—
			35	0.9	95	—
			63	1.0	175	—
			110	1.3	220	—
			220	2.1	440	—
			330	3.2	—	380
			500	4.1	—	580

②辅助安全用具

它是指绝缘强度不足以承受电气设备的工作电压,只是用来加强基本安全用具的保安作用,用来防止接触电压、跨步电压、电弧烧伤等对操作人员造成伤害的用具称为辅助安全用具。属于这一类的安全用具有绝缘手套、绝缘鞋、绝缘垫、绝缘台、绝缘绳、绝缘隔板、绝缘罩等(见图2.55)。不能用辅助安全用具直接接触高压电气设备的带电部分。

绝缘手套是用绝缘性能良好的特种橡胶制成外观如图2.55(a)所示,既薄又柔软,并有足够的绝缘强度和机械性能,其规格有12 kV和5 kV两种。12 kV是在1 kV以上高压作业区进行操作时使用的辅助安全用具,如用于操作高压隔离开关、高压跌落式熔断器、装拆接地线、在高压回路上验电等工作时的辅助安全用具;在1 kV以下电压作业区可作为基本安全用具,即戴手套后,两手可接触1 kV以下有电设备(人身其他部位不能触及带电体)。5 kV绝缘手套在250 V~1 kV电压作业区使用时,为辅助安全用具使用;在250 V以下作业区可作为基本安全用具使用,即使用该绝缘手套可直接在 250 V 以下低压设备上进行带电作业,在 1 kV 以上电压作业区严禁使用,故绝缘手套可使人的两手与带电体绝缘,防止工作人员同时触及不同极性带电体而导致触电的安全用具。

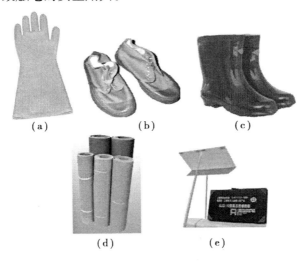

图 2.55　辅助安全用具

绝缘手套使用和保管的注意事项如下:

a. 使用前,应检查是否在有效期范围内。

b. 使用前,应进行外部检查,查看是否完好,表面有无损伤,磨损或破漏,划痕等。如有黏胶破损或漏气现象,严禁使用。气密性检查:由两手抓住绝缘手套的上口两侧,将手套朝手指方向卷曲,当卷到一定程度时,内部空气因体积减小、压力增大、手指若鼓起,为不漏气,即为良好。

c. 戴上手套应将外衣袖口放入手套的伸长部分里。

d. 使用绝缘手套,不能抓拿表面尖利、带刺的物品,以免受损伤。

e. 戴绝缘手套不应作非电气工作,也不能用医疗或化工用手套代替绝缘手套使用。

f. 绝缘手套使用后,应内、外擦净,晾干再洒上一些滑石粉,以免粘连。

g. 绝缘手套不允许放在过冷、过热、阳光直射或有酸、碱药品的地方,以防胶质老化,降低绝缘性能。

h. 绝缘手套应存放在干燥、阴凉的地方,存放在专用地方,与其他工具分开放置。

i. 绝缘手套应统一编号,现场使用不得少于两副。

j. 绝缘手套应每 6 个月试验一次,其试验标准见表 2.9。

表 2.9　绝缘手套试验标准

电压等级/kV	周期	交流耐压/kV	时间/min	泄漏电流/mA
高压	每 6 个月	8	1	≤9
低压	1 次	2.5		≤2.5

绝缘靴(鞋)是使人体与地面绝缘,防止试验电压范围内的跨步电压触电。只能作辅助安全用具使用。绝缘靴(鞋)有 5 kV 绝缘鞋、20 kV 绝缘短靴(筒高 230 mm)、6 kV 矿用长筒鞋

（筒高250 mm），如图2.55（b）、（c）所示。20 kV绝缘短靴，在1～220 kV高压区可作为辅助安全用具，不得触及带电体，在1 kV以下可作为基本安全用具，穿靴后身体的各部位不得触及带电体。6 kV矿用长筒靴，适用于矿井下操作600 V及以下电气设备作辅助安全用具使用，特别是在低压电缆交错复杂，作业面潮湿或有积水，电气设备容易漏电的情况下，防止脚下意外触电事故。5 kV绝缘鞋，适用于电工穿用，在电压1 kV以下作辅助安全用具使用，严禁在1 kV以上使用。

绝缘靴使用和保管的注意事项如下：

a.使用前，应检查是否在有效期范围内；每次使用前应作外部检查，查看表面有无损伤，磨损或破漏、划痕等，如有砂眼、扎痕、底花磨平，严禁使用；穿绝缘靴应将裤腿放入筒内。

b.绝缘靴不得当雨靴或作其他使用，非绝缘靴不能代替绝缘靴使用。

c.绝缘靴使用后，应内外擦净、晾干，应存放在干燥、阴凉的地方，存放在专用柜内或木架上，要与其他工具分开放置，其上不得堆压任何物品。

d.绝缘靴不允许放在过冷、过热、阳光直射和有酸、碱、药品、油脂、汽油的地方，以防胶质老化、降低绝缘性能。

e.绝缘靴应统一编号，现场使用不得少于两双。

f.绝缘靴应每6个月试验一次，其试验标准见表2.10。

表2.10　绝缘靴试验标准

电压等级/kV	周期	交流耐压/kV	时间/min	泄漏电流/mA
高压绝缘靴	每6个月1次	15	1	≤7.5
1 kV以下绝缘靴		3.5		≤2

绝缘垫通常铺设在高低压配电室的地面上，以加强作业人员对地的绝缘，防止接触电压和跨步电压，其作业与绝缘靴基本相同。在1～220 kV高压区可作为辅助安全用具，不得触及带电体；在1 kV以下可作为基本安全用具，如图2.55（d）所示。绝缘垫应选用电工用橡胶垫，表面有防滑条纹或压花，厚度不应小于5 mm，宽度不应小于750 mm。

使用注意事项如下：在使用过程中，应保持干燥、清洁、防止与酸碱及各种油类物质及化学药品接触，以免加速老化、龟裂或变黏，从而降低其绝缘性能；使用过程中应检查有关裂纹、划痕等，避免阳光直射或锐利金属划刺；绝缘垫应每3个月用低温肥皂水清洗一次；绝缘垫存放时应避免与热源（暖气等）距离太近，以防加剧老化变质，从而使绝缘性能下降；绝缘垫每两年作电气试验一次，其试验标准见表2.11。

表2.11　绝缘垫试验标准

绝缘垫厚度/mm	4	6	8	10	12
试验电压/kV	15	20	25	30	35
试验时间/min	1				

注：使用在1 kV以下的绝缘垫试验电压为5 kV，时间1 min。

绝缘台是一种辅助安全用具，其作用与绝缘垫，绝缘靴相同。台面用干燥，木纹直且无节疤的木板条拼成，相邻板条留有不大于2.5 cm的缝隙，以便于检查绝缘脚（支持瓷瓶）是否有损坏;避免靴跟陷入;同时,可节省木材,减轻质量。台面尺寸一般不宜小于 0.8 m×0.8 m,最大不宜超过 1.5 m×1.0 m。台面用 4 个绝缘瓷瓶支持,高度不得小于 10 cm,台面板边缘不得伸出绝缘子以外,以免绝缘台倾翻,使作业人员摔倒。台面木板应涂绝缘漆,以增加其绝缘性能。

使用和保管注意事项如下:绝缘台可用于室内和室外作业使用,在室外使用时,应置于坚硬的地面,不应放在松软的地面或泥草中,以避免台脚陷入泥土中,而降低绝缘性能;使用时,应检查台脚瓷瓶有无裂纹、破损,并保持台面干燥清洁,否则严禁使用;使用后,应妥善保管,不得随意蹬、踩或作他用;绝缘台一般每 3 年试验一次,试验电压为 40 kV 试验时间 2 min。

绝缘罩:当作业人员与带电体之间的安全距离达不到要求时,为了防止作业人员触电,可将绝缘罩放置在带电体上。一般使用环氧树脂玻璃丝布制成。

绝缘罩的使用和保管的注意事项如下:

a. 使用前,应检查是否完好,是否在有效期范围内。

b. 使用前应将其表面擦净。

c. 放置时,应使用绝缘棒戴绝缘手套操作,放置要牢靠。

d. 绝缘罩要统一编号,存放在室内干燥的工具架上或柜内。

e. 绝缘罩每年作一次耐压试验。其试验标准见表 2.12。

表 2.12　绝缘罩试验标准

电压等级/kV	周　期	交流耐压/kV	时间/min
6 ~ 10	每年 1 次	30	1
35(20 ~ 44)	每年 1 次	80	1

绝缘隔板:在停电检修时,邻近有带电设备时应在两者之间放置绝缘隔板,以防止检修人员接近带电设备的一种防护用具。一般用环氧玻璃板制成,用于 10 kV 电压等级的绝缘隔板,厚度不应小于 3 mm,用于 35 kV 电压等级的绝缘隔板厚度不应小于 4 mm 。

绝缘隔板的使用和保管的注意事项如下:

a. 使用前,应检查是否完好,是否在有效期范围内。

b. 使用前,应先擦净表面,保持其清洁。

c. 放置绝缘隔板应戴绝缘手套,放置要牢靠。

d. 绝缘隔板应使用尼龙线悬挂,不得使用胶质线以免造成接地和短路。

e. 绝缘隔板应统一编号,存放在室内干燥的工具架上或柜内。

f. 绝缘隔板应每年作一次耐压试验,其试验标准同绝缘罩。

2)一般防护安全用具

一般防护安全用具是指那些本身没有绝缘性能但可起到作业中防护工作人员免遭伤害作用的安全用具。它分为人体防护用具和安全技术防护用具。

①人体防护用具

人体防护用具主要是保护人身安全。当工作人员穿戴必要的防护用具时,可防止遭到外来伤害,如安全帽、护目镜、防护面罩及防护工作服等。

②安全技术防护用具

根据安全规程有关保证安全技术措施要求制作的用具,如采取防止检修设备突然来电,防止工作人员走错隔间,误触及带电设备,保证人与带电体之间的安全距离,以及防止向检修设备误送电等措施使用的用具,如携带型接地线,临时遮栏及各种标示牌等。

携带型接地线又称三相短路接地线,是在电气设备和电力线路停电检修时,防止突然来电,确保作业人员的安全,免遭伤害采取保证安全的技术措施。在全部停电或部分停电的电气设备向可能来电的各侧装设地线,悬挂标志牌并加装遮栏。其结构主要由线夹、绝缘操作棒,多股软铜线和接地端等部件组成,如图2.56所示。

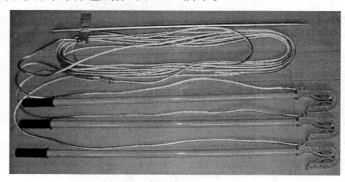

图2.56 携带型接地线

线夹又称连接器、线卡子,是由铝合金铸造抛光或铜制成,其形状有平口和弧形两种,以适应与矩形或圆形导线的连接,要求有足够的接触面和足够的夹持力。绝缘操作棒用于装拆接地线,它是用绝缘棒制成,其长短可根据室内外线路,设备的不同而确定。每年要进行一次电气试验。多股软铜线是接地线的主要部件,其中3根短软铜线是为连接三相导线,接在线夹上,另一端共同连接接地线,接地线的另一端(接地端)连接接地装置,要求导电性能好,其截面积应不小于25 mm²,最好选用软铜线外面包有透明的绝缘塑料护套,以预防外伤断股。

其使用和保管注意事项如下:

①接地线截面的选择应根据使用地点短路容量来确定。

②装拆顺序要正确,即装设时先接接地端,后接导线端;拆除时先拆导线端,后拆接地端。连接要牢固,严禁用缠绕方法进行接地或短路。接地点和工作设备之间不允许连接开关和熔断器。操作时必须两人进行,一人操作一人监护,多电源的线路及设备停电时,各回路均应加封地线。

③每次使用前应仔细检查软铜丝有无断股,有无损坏,各连接处要牢固,严禁使用不合格的导线作接地线或短路线。加强对接地线的管理,每组接地线均应编号,存放在固定地点。

④接地线通过一次短路电流后,一般应予报废。携带型接地线应定期作电气试验,见表2.13。

临时遮栏、栅栏,为了限制工作人员作业中的活动范围超过安全距离或在危险地点接近带电部分,防止工作人员误入带电间隔,误登带电设备发生触电事故,在工作地点邻近带电设备和工作地点周围安装遮栏、栅栏是保证安全的技术措施之一,同时又防止非工作人员进入。一般可用临时遮栏、栅栏和其他隔离装置进行防护。栅栏可用木材,橡胶或其他坚韧绝缘材料制成,不能用金属材料制作,其高度一般不小于1.8 m,下部边沿离地面不超过10 cm,在室外进行高压设备部分停电作业时,也可用红白带、三角旗绳索及红布幔等拉成遮栏,即为临时遮栏,其距地高度不小于1 m。

表 2.13　携带型短路接地线的试验项目、周期和要求

序号	项目	周期	要求	说　明
1	成组直流电阻试验	不超过5 年	在各接线鼻之间测量直流电阻,对于25,35,50,70,95,120 mm² 的各种截面,平均每米的电阻值应分别小于 0.79,0.56,0.40,0.28,0.21,0.16 mΩ	同一批次抽测,不少于两条,接线鼻与软导线压接的应做该试验
2	操作棒的工频耐压	1 年		试验电压加在护环与紧固头之间

操作棒工频耐压表:

额定电压/kV	工频耐压/kV	
	1 min	5 min
10	45	—
35	95	—
63	175	—
110	220	—
220	440	—
330	—	380
500	—	580

3)登高作业安全用具

登高作业安全用具是在登高作业及上下过程中使用的专用工具或高处作业时防止高处坠落制作的防护用具。如安全带、竹(木)梯、软梯、踩板、脚扣、安全绳、安全网等。

4)安全标志

安全标志牌是由安全色、几何图形或图形符号构成用以表达特定的安全信息,是保证电气工作人员安全的重要技术措施。安全色是表达安全信息含义的颜色,国家规定的安全色有红、蓝、黄、绿 4 种颜色。红色表示禁止;蓝色表示指令,必须遵守的规定;黄色表示警告、注意;绿色表示指示,安全状态通行。为了安全色更加醒目的衬色称为双比色。国家规定的对比色为黑、白两种颜色。其安全色标的含义见表 2.14。

表 2.14　安全色标的含义

色标	含　义	举　例
红	停止、禁止、消防	停止按钮,仪表运行极限,灭火器
黄	注意、警告	"当心触电""注意安全"
绿	安全、通过、允许工作	"在此工作""已接地"
黑	警告	多用于文字、图形符号
蓝	强制执行	"必须戴安全帽"

在电气上用黄、绿、红 3 色分别代表 L1,L2,L3 3 个相序,涂上红色的电器外壳表示其外壳带电;灰色的电器外壳表示其外壳接地或接零;明敷接地扁钢或圆钢涂黑色;在交流回路黄

绿双色绝缘导线代表保护线,浅蓝色代表中性线(工作零线)。在直流回路中,棕色代表正极,蓝色代表负极。新旧导线色标见表2.15。

表2.15 导线色标

类 别	导体名称	旧	新
交流电路	L1	黄	黄
	L2	绿	绿
	L3	红	红
	N	黑	淡蓝
直流电路	正极	赭	棕
	负极	蓝	蓝
安全用接地线	—	黑	绿/黄双色

(2)倒闸操作的基本原则

1)倒闸操作的基本概念

电力系统中运行的电气设备,常常遇到检修、调试及消除缺陷的工作,这就需要改变电气设备的运行状态或改变电力系统的运行方式。当电气设备由一种状态转到另一种状态或改变电力系统的运行方式时,需要进行一系列的操作,这种操作称为电气设备的倒闸操作。倒闸操作可通过就地操作、遥控操作和程序操作完成。遥控操作、程序操作的设备应满足有关技术条件。

①电气设备的状态

变电站电气设备分为以下4种状态:

A.运行状态

运行状态是指电气设备的隔离开关及断路器都确在合闸位置带电运行(见图2.57)。

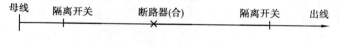

图2.57 运行状态

B.热备用状态

热备用状态是指电气设备的隔离开关在合闸位置,只有断路器在断开位置(见图2.58)。

图2.58 热备用状态

C.冷备用状态

冷备用状态是指电气设备的隔离开关及断路器都在断开位置(见图2.59)。

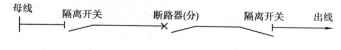

图2.59 冷备用状态

D. 检修状态

检修状态是指电气设备的隔离开关及断路器都在断开位置(见图2.60)。

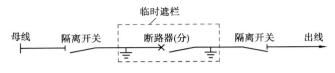

图2.60　检修状态

②倒闸操作的主要内容

电力线路的停、送电操作;电力变压器的停、送电操作;发电机的启动、并列和解列操作;电网的合环与解环;母线接线方式的改变(倒母线操作);中性点接地方式的改变;继电保护自动装置使用状态的改变;接地线的安装与拆除等。上述绝大多数操作任务是靠拉、合某些断路器和隔离开关来完成的。

此外,为了保证操作任务的完成和检修人员的安全,需取下、装上某些断路器的操作熔断器和合闸熔断器,这两种被称为保护电器的设备,也像开关电器一样进行频繁操作。

2)倒闸操作要求

为了保证倒闸操作的正确性,操作时必须按照一定的顺序进行。

①预收操作任务、明确操作目的

a. 调度预发指令,应由副值及以上人员收令,发令人、收令人先互通单位姓名。发、收操作指令应正确、清晰,并一律使用录音电话、普通话和正规的调度术语。收令人应将调度指令内容用钢笔或圆珠笔填写在运行记事簿内,在调度令预发结束后,收令者必须复诵一遍,双方认为无误后,预发令即告结束。通过传真和计算机网络远传的调度操作任务票也应进行复诵、核对,且收令人须在操作任务票上亲笔签名保存。

b. 倒闸操作票任务及顺序栏均应填写双重名称,即设备名称和编号。旁路、母联、分段断路器应标注电压等级。

c. 发令人对其发布的操作任务的安全性、正确性负责,收令人对操作任务的正确性负有审核把关责任,发现疑问应及时向发令人提出。对直接威胁设备或人身安全的调度指令,值班员有权拒绝执行,并应把拒绝执行指令的理由向发令人指出,由其决定调度指令的执行或者撤销。必要时,可向发令人上一级领导报告。

②填写操作票

A. 收令后,当值正、副值班员一起核对实际运行方式、一次系统模拟接线图,明确操作任务和操作目的,核对操作任务的安全性、必要性、可行性及正确性,确认无误后,即可开始填写操作票。

B. 填票人应根据操作任务对照一次系统模拟图及二次保护及设备等方面的资料,认真细心、全面周到、逐项填写操作步骤,填写完毕应自行对照审核,在填票人栏内亲笔签名后交正值审核。

C. 倒闸操作票票面字迹应清楚、整洁。签名栏必须由值班员本人亲自签名,不得代签或漏签。

D. 下列各项应作为单独的项目填入操作票内:

a. 拉、合断路器。

b. 拉、合隔离开关。

c. 为了防止误操作,在操作前对有关设备的运行位置必须进行的检查项目,应做到在检查后立即进行操作。

d. 为了防止误操作,在操作前对有关设备的运行位置必须进行的检查项目,应做到在检查后立即进行操作。

对于其他操作项目,操作后检查操作情况是否良好,可不作为单独的项目填写,而只要在该项操作项目的后面注明,但检查后必须打"√"。

e. 验电及装设、拆除接地线的明确地点及接地线的编号(拉、合接地开关的编号),其中每处验电及装接地线(合接地开关)应作为一个操作项目填写。填写接地线编号只要在该项的最后注明即可,如"在××验明三相确无电压后装设接地线一组(1#)"。

f. 检修结束后恢复送电前,对送电范围内有无遗留接地线(含接地开关)等进行的检查。

g. 两个并列运行的回路当需停下其中一回路而将负荷移至另一回路时,操作前对另一回路所带负荷及回路情况进行检查。

h. 拉开、合上控制回路、电压互感器回路熔断器。

i. 切除保护回路连接片和用专用高内阻的电压表检验出口连接片两端无电压后投入保护连接片。同时,切除和投入多块连接片可作为一个操作项目填写,但每投、切一块连接片时应分别打"√"。

j. 投入、切除同期开关。

k. 设备二次转(切)换开关、方式选择开关的操作。

l. 一次设备故障,相应电压回路的切换操作。

m. 微机保护定值更改后,核对定值是否正确。

E. 操作票中下列 3 项不得涂改:

a. 设备名称编号和状态。

b. 有关参数(包括保护定值参数、调度正令时间、操作开始时间)。

c. 操作"动词"。

F. 在一项操作任务中,如同时需拉开几个断路器时,允许在先行拉开几个断路器后再分别拉开隔离开关,但拉开隔离开关时必须在每检查一个断路器的相应位置后,随即分别拉开对应的两侧隔离开关。

G. 操作票不得使用典型操作票及专家系统自动生成(不含调度操作任务票)。

③审核操作票

a. 当值正值对操作票应进行全面审核,对照模拟图板对一次设备的操作步骤进行逐项审核,看是否符合操作任务的目的。审核二次回路设备的相应切换是否正确、是否满足运行要求。

b. 审核发现有误,应由填票人立即重新填写,并将原票加盖"作废"章。

c. 审核结束,票面正确无误,审核人在操作票审核栏亲笔签名。

d. 填票人、审核人不得为同一人。

e. 交接班时,交班人员应将本值未执行操作票主动移交,并交代有关操作注意事项;接班负责人对上一值移交的操作票重新进行审核和签名,并对操作票的正确性负责。

④监护人与操作人相互考问和预想

监护人与操作人将填写好的操作票到模拟图上进行核对,提出操作中可能碰到的问题(如设备操作不到位、拒动、连锁发生问题等),做好必要的思想准备,查找一些主观上的因素(如操作技能、掌握设备性能、设备的具体位置等)。

⑤调度正式发布操作指令

a. 当值调度发令操作,必须由正值收令。调度发令时,双方先互通单位姓名,收令人分别将发令调度员及收令值班员填写在操作票相应栏目内。发令调度员将操作任务的编号、操作任务。发令时间一并发给收令人,收令人填写收令时间,并向调度复诵一遍,经双方核对确认无误后,调度员发出"对,执行"的操作指令,即告发令结束,值班员方可开始操作。

b. 操作人、监护人在操作票中签名,监护人填写操作开始时间,准确模拟预演。

c. 值班调度员预发的操作票有错误或需要更改,或因运行方式变化不能使用时,应通知运行单位作废,不得在原操作票上更改或增加操作任务项。调度作废的票应加盖"调度作废"章,并在备注栏内注明调度作废时间、通知作废的调度员姓名和收令人姓名。

⑥模拟预演

a. 监护人手持操作票与操作人一起进行模拟预演。监护人根据操作票的步骤,手指模拟图上具体设备位置,发令模拟操作,操作人则根据监护人指令核对无误后,复诵一遍。当监护人再次确认无误后即发出"对,执行!"的指令,操作人即对模拟图上的设备进行变位操作。

b. 模拟操作步骤结束后,监护人、操作人应共同核对模拟操作后系统的运行方式、系统接线是否符合调度操作任务的操作目的。

c. 模拟操作必须根据操作票的步骤逐项进行到结束,严禁不模拟预演就进行现场操作。

⑦准备和检查操作工具

a. 检查操作所需使用的有关钥匙、红绿牌,并由监护人掌管,操作人携带好工具、安全用具等。

b. 对操作中所需使用的安全用具进行检查,检查试验周期及电压等级是否合格且符合规定,另外还应检查外观有无损坏,如手套是否漏气,验电器试验声光是否正常。

c. 检查操作录音设备良好。

⑧核对设备,唱票复诵

a. 操作人携带好必要的工器具、安全用具等走在前面,监护人手持操作票及有关钥匙等走在后面。

b. 监护人、操作人到这具体设备操作地点后,首先根据操作任务进行操作前的站位核对,核对设备名称、编号、间隔位置及设备实际状况是否与操作任务相符。

c. 核对无误后,监护人根据操作步骤,手指设备名称编号高声发令,操作人听清监护人指令后,手指设备名称牌核对名称编号无误后高声复诵,监护人再次核对正确无误后,即发"对,执行"的命令。

⑨正式操作,逐项勾票

a. 在操作过程中,必须按操作顺序逐项操作、逐项打钩,不得漏项操作,严禁跳项操作。

b. 操作人得到监护人许可操作的指令后,监护人将钥匙交给操作人,操作人方可开锁将设备一次操作到位,然后重新将锁锁好后,将钥匙交回监护人手中。监护人应严格监护操作人的整个操作动作。每项操作完毕后,监护人须及时在该项操作步骤前空格内打"√"。

c. 每项操作结束后都应按规定的项目进行检查,如检查一次设备操作是否到位,三相位置是否一致,操作后是否留下缺陷,检查二次回路电流端子投入或退出是否一致,与一次方式是否相符,连接片是否拧紧,灯光、信号指示是否正常,电流、电压指示是否正常,等等。

d. 没有监护人的指令,操作人不得擅自操作。监护人不得放弃监护工作,而自行操作设备。

⑩全面复查,核对图板

a. 操作全部结束后,对所操作的设备进行一次全面检查,以确认操作完整无遗漏,设备处于正常状态。

b. 在检查操作票全部操作项目结束后,再次与一次系统模拟图核对运行方式,检查被操作设备的状态是否已达到操作的目的。

c. 监护人在倒闸操作票结束时间栏内填写操作结束时间。

⑪操作结束

a. 检查完毕,监护人应立即向调度员或集控中心站值班员、发电厂值长汇报:××时××分已完成××操作任务,得到认可后在操作顺序最后一项的下一行顶格盖"已执行"章,即告本张操作票操作已全部执行结束。

b. 操作票操作结束,由操作人负责做好运行日志、操作任务等相关的运行记录,并按规定保存。

⑫复查评价,总结经验

操作工作全部结束后,监护人、操作人应对操作的全过程进行审核评价,总结操作中的经验和不足,不断提高操作水平。

3)填写操作票

①操作规则

a. 拉隔离开关,应根据倒闸操作的技术原则,遵循一定顺序停电操作,必须按照断路器、非母线侧隔离开关、母线侧隔离开关顺序依次操作,送电操作顺序与此相反。这样规定的目的是防止停电时可能会有两种误操作:一是断路器没拉开或虽经操作而实际并非拉开,误拉隔离开关;二是断路器虽已拉开但拉隔离开关时走错间隔拉不应停电的设备,造成带负荷拉隔离开关。

b. 送电时,如果断路器在误合位置便去合隔离开关,假如先合负荷侧隔离开关,后合母线侧隔离开关,则等于用母线侧隔离开关带负荷送线路,一旦发生弧光短路便造成母线故障;反之,即使发生了事故,检修负荷侧隔离开关时只需停一条线路,而检修母线侧隔离开关却要停用母线,造成大面积停电。

c. 操作熔断器一般安装在控制盘的背后,拉开操作熔断器后就切断了断路器的直流操作电源,由于它既控制了断路器的跳闸回路又控制了断路器的合闸回路,因此,操作熔断器起双重作用。拉开这个熔断器能更可靠地防止在检修断路器期间断路器意外跳闸、合闸而发生设备损坏或人身事故。

d. 在被检修设备两侧装设临时接地线是保证检修人员安全的措施之一。装设接地线后,如果有感应电压或因意外情况突然来电,电流经三相短路接地,使上一级断路器跳闸,从而保证了检修人员所在工作区域内的安全。其装设原则是:对于可能送电至停电设备的各方面或停电设备可能产生感应电压的都要装设接地线(见图2.61),接地线装设地点必须在操作票上详细写明,以防止发生带电挂地线的误操作事故。为防止事故发生,装设接地线前必须先进行验电,以证明该处确无电压。所装接地线与被检修设备间不能有断开点,所装接地线应给予编号,并在操作票上注明,以防送电前拆除接地线时因错拆或漏拆而发生带接地线合闸事故(在执行多项操作任务时,注意接地线编号不要重复填写)。

②填写操作票要点

a.设备停电检修,必须把各方面电源完全断开,禁止在只经断路器断开的电源设备上工作,在被检修设备与带电部分之间应有明显的断开点。

b.安排操作项目时,要符合倒闸操作的基本规律和技术原则,各操作项目不允许出现带负荷拉隔离开关的可能性。

c.装设接地线前必须先在该处验电,并详细地写在操作票上。

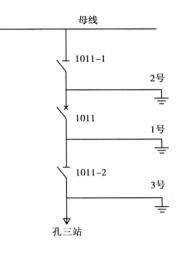

图 2.61　接地线的装设地点

d.要注意一份操作票只能填写一个操作任务。所谓一个操作任务,是指根据同一个操作命令且为了相同的操作目的而进行不间断的倒闸操作过程。

e.单项命令是指变电所值班员在接受调度员的操作命令后所进行的单一性操作,需要命令一项执行一项。在实际操作中,凡不需要与其他单位直接配合即可进行操作的,调度员可采取综合命令的方式,由变电所自行制订操作步骤来完成。

4)变电站(发电厂)中变压器检修倒闸操作票

对主变压器的停电,在一般情况下退出一台变压器前要先考虑负荷的重新分配问题,以保证运行的另一台变压器不过负荷。操作票的第一项应是检查负荷分配,这是与线路倒闸操作所不同的。变压器停电时也要根据先停负荷侧、后停电源侧的原则。此类型的操作与线路倒闸操作有些差异,如拉开断路器后,不是接着取合闸熔断器而是拉开另一台(高压侧)断路器。这是因为变电所的主变压器高、低压侧的断路器的操作把手一般都装在控制室的主变压器控制屏面上,为减少往返时间,提高操作效率,可就近分别拉开两个断路器,再拉开相应断路器的两侧隔离开关。

5)电压互感器检修

变电所往往同时检修多台设备,如在检修变压器的同时,也检修电压互感器(以下将电压互感器简称 TV),就需要重新填写一份操作票。因为主变压器与 TV 的停电不是同一个操作任务。TV 的二次电压回路联系示意图如图 2.62 所示。

在进行 TV 检修操作前,有时要考虑继电保护的配置问题,如退出低频率、低电压等保护装置,以防其因失压而误动。还有的变电所应事先对 TV 进行人工切换,倒换 TV 负荷。对于两台 6kV 的 TV 能自动切换的变电所,可不考虑上述问题,直接进行 TV 的停电检修。

当两段母线均正常分段运行时,各段母线上的电压互感器 TV 将通过二次侧熔断器分别提供两段母线的二次 100 V 电压。此时切换继电器 K 断开,两个 TV 分别反映相应的母线电压。当两段母线联络运行(母联断路器运行)时,TV 将通过中央信号屏上 TV 二次并列切换开关切换到并列位置。

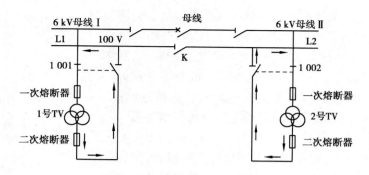

图 2.62　二次电压回路联系示意图

为防止电源向检修设备反送电,必须取下这一设备的二次侧熔断器。在日常操作中 TV 隔离开关虽已拉开,但辅助触点并未断开的情况是有的。上述可能性,还将引起运行的 TV 负荷电流增加,若因此而使运行的 TV 熔断器熔断,将会造成继电保护失压而致使误动作的人为事故,因此这项操作不能忽视。

(3)电气防误操作闭锁装置

防误闭锁装置应实现以下功能(简称五防):防止误分、合断路器;防止带负荷拉、合隔离开关;防止带电挂(合)地线(接地刀闸);防止带地线(接地刀闸)合断路器(隔离开关);防止误入带电间隔。

变电站常用的防误闭锁装置有:机械闭锁;电气闭锁;电磁闭锁;程序锁;微机闭锁等。

1)机械闭锁

机械闭锁是靠机械结构制约而达到闭锁目的的一种闭锁装置,一般有以下 7 种:

①线路(变压器)隔离开关和线路(变压器)接地开关闭锁。

②线路(变压器)隔离开关、断路器与线路(变压器)侧接地开关闭锁。

③母线隔离开关、断路器与母线侧接地开关闭锁。

④电压互感器隔离开关与电压互感器侧接地开关闭锁。

⑤电压互感器隔离开关与所在母线接地开关闭锁。

⑥旁路母线隔离开关与旁路母线接地开关闭锁。

⑦旁路母线隔离开关与断路器旁母侧接地开关闭锁。

2)电气闭锁

电气闭锁是利用断路器、隔离开关的辅助触头,接通或断开电气操作电源,从而达到闭锁目的的一种闭锁装置,普遍应用于断路器与隔离开关、电动隔离开关与电动接地开关闭锁上。一般有以下 7 种:

①线路(变压器)隔离开关或母线隔离开关与断路器闭锁。

②正、副母线隔离开关之间的闭锁。

③母线隔离开关与母联(分段)断路器、隔离开关闭锁。

④所有旁路隔离开关与旁路断路器闭锁。

⑤母线接地开关与所有母线隔离开关闭锁。

⑥断路器母线侧接地开关与母线隔离开关闭锁。

⑦线路(变压器)接地开关与线路(变压器)隔离开关/旁路隔离开关闭锁。

3）电磁闭锁

电磁闭锁是利用断路器、隔离开关、设备网门等设备的辅助触点，接通或断开隔离开关、设备网门的电磁锁电源，从而达到闭锁目的的一种闭锁装置。一般有以下 10 种：

①线路（变压器）隔离开关或母线隔离开关与断路器闭锁。

②双母线系统中各个母线隔离开关之间的闭锁。

③母线隔离开关与母联（分段）断路器、隔离开关闭锁。

④所有旁路隔离开关与旁路断路器闭锁。

⑤母线接地开关与所有母线隔离开关闭锁。

⑥断路器母线侧接地开关与另一母线隔离开关闭锁。

⑦线路（变压器）接地开关与线路（变压器）隔离开关、旁路隔离开关闭锁。

⑧旁路母线接地开关与所有旁路隔离开关闭锁。

⑨母线隔离开关与设备网门闭锁。

⑩线路（变压器）隔离开关与设备网门闭锁。

如图 2.63 所示，当有关断路器（1QF，2QF，3QF）处于合闸状态的，装于隔离手车操作手柄上的电磁锁（DS）回路将被反应有关断路器位置的辅助开关（QF）的常闭接点所切断，电磁锁（DS）线圈失去电源，电磁锁轴销紧锁在 CS6 机构的锁孔内，从而保证了处于工作或实验位置的隔离手车不能被拉动。

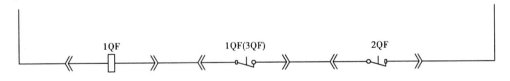

图 2.63　电磁闭锁示意图

4）程序锁

电气防误程序锁（以下简称：程序锁）具有"五防"功能，JSN（W）1 系列防误机械程序锁，如图 2.64 所示。程序锁的锁位与电气设备的实际位置相一致，控制开关、断路器、隔离开关利用钥匙随操作程序传递或置换而达到先后开锁操作的目的。国内生产的程序锁分为两大类：有弹子程序锁和无弹子程序锁。在第 3 次全国五防会议上提出倡导推广无弹子程序锁后，无弹子程序锁得到了一定的应用。无弹子程序锁又分为两种：一种是采用转角度走步法，可实现一把钥匙走到底；另一种是采用钥匙置换法。在"分"或"合"位置时，相应的锁具也须在"分"或"合"的位置，从而达到闭锁目的。

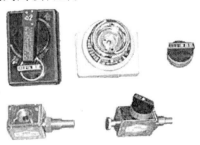

图 2.64　JSN（W）1 系列防误机械程序锁

5)机闭锁

微机型防误操作闭锁装置(电脑模拟盘)是由电脑模拟盘、电脑钥匙、电编码开锁及机械编码锁组成。微机型防误操作闭锁装置,可检验和打印操作票,能对所有一次设备的操作强制闭锁,具有功能强、使用方便、安全简单、维护方便的优点。此装置以电脑模拟盘为核心设备,在主机内预先储存所有设备的操作原则,模拟盘上所有的模拟原件都有一对触头与主机相连。当运行人员接通电源在模拟盘上预演操作时,微机就根据预先储存好的操作原则,对每一项操作进行判断,如果操作正确发出表示正确的声音信号,如果操作错误则通过显示器显示错误操作项的设备编号,并发出持续的报警声,直至将错误操作项复位为止。预演结束后(此时,可通过打印机打印操作票),通过模拟盘上的传输插座,可将正确的操作内容输入电脑钥匙中,然后到现场用电脑钥匙进行操作。操作时,运行人员根据电脑钥匙上显示的设备编号,将电脑钥匙插入相应的编码锁内,通过其探头检测操作的对象(编码锁)是否正确。若正确,电脑钥匙闪烁显示被操作设备的编号,同时开放其闭锁回路或机构,就可以进行操作了,此时,电脑钥匙自动显示下一项操作内容。若走错间隔开锁,电脑钥匙发出持续的报警,提醒操作人员,编码锁也不能够打开,从而达到强制闭锁的目的。使用电脑模拟盘闭锁装置,必须保证模拟盘与现场设备的实际位置完全一致,这样才能达到防误装置的要求,起到防止误操作的作用。

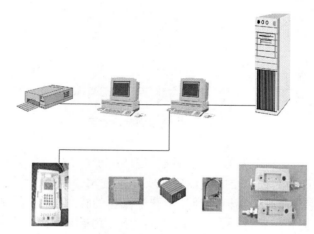

图2.65 RCS9200五防系统结构配置图

根据现场的实际情况对电气设备在其操作机构上或电气操作回路中安装防误锁具,不允许非法的和不符合电气操作规程的操作动作发生。该锁具有其唯一的编码序号,并且可向电脑钥匙提供编码信号和所监视设备的工作状态。其次在系统后台主机上将一次系统的电气设备和其相对应的锁具编号通过数据库关联起来,在进行电气设备的操作之前主机通过采集RTU或综合自动化的实时遥信信息,以及原先电脑钥匙返送的一次设备信息,使主机的五防图与现场电气设备的实际状态保持一致。RCS9200五防系统结构配置图如图2.65所示。在这个基础之上操作人员根据操作任务的要求在五防图上模拟操作过程(见图2.66),主机软件自动利用规则库对每一步骤操作检验其合理性,如果违反操作规程,主机立即报警,如果符合操作规程则生成一步操作票。每步有效操作票的内容(不含提示性操作)有动作形式、操作对象、操作结果、锁的编号或其他提示性的内容。在模拟结束后自动生成完整的操作票供查阅、打印。然后传送给电脑钥匙。操作人员用下载了操作票的电脑钥匙，到现场按照它的各种文字提示按正确顺序和锁号打开锁具，然后再将相应的设备操作到所要求的位置，检查电气设备的最终位置满足操作任务的要求时才能进入下步操作，直至完成整个操作任务。

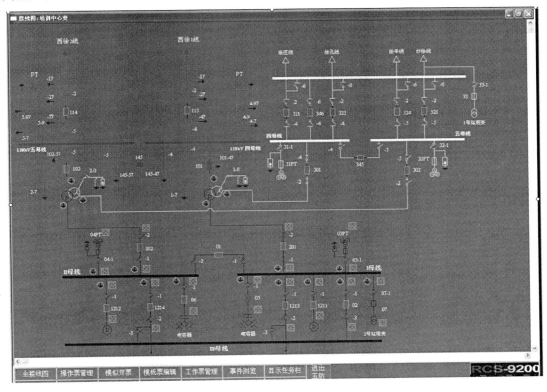

图 2.66 五防闭锁模拟操作图

五防闭锁操作过程分为两步（见图 2.67）：操作票预演生成和实际闭锁操作。

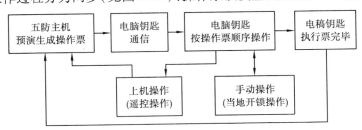

图 2.67 五防闭锁操作流程

①操作票预演生成（见图 2.68）

《电力系统安全运行规程》中明确规定：电气倒闸操作时必须填写倒闸操作票，并进行操作预演。正确无误后，操作人在监护人的监护下严格按所开的倒闸操作票操作。开出符合五防闭锁规则的倒闸操作票是防误操作的基础。RCS9200 五防系统事先将系统参数、元件操作规则、电气防误操作接线图（简称五防图）存入五防主机中，当操作人员在五防图上进行操作预演时，系统会根据当前实际运行状态检验其预演操作是否符合五防规则。若操作违背了五防规则,系统将给出具体的提示信息;若符合五防规则,系统将确认其操作,直至结束。基于元件的操作规则和实时信息,使不满足五防要求的操作项不能出现在操作票中,从而开出满足五防闭锁规则的倒闸操作票。

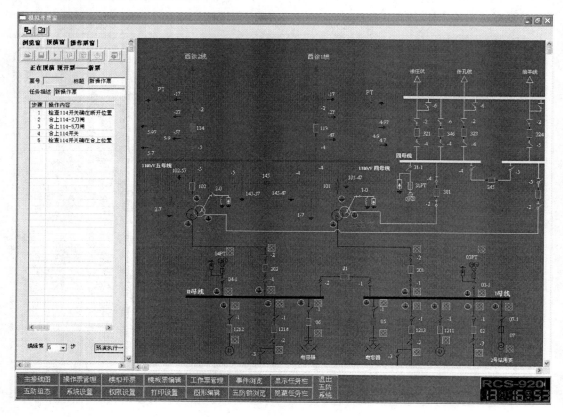

图2.68 操作票预演图版

②实际闭锁操作

五防主机将已校验过的合格操作票通过串行口传送给电脑钥匙,全部实际操作将被强制严格按照预演生成的操作票步骤进行。现场操作时,需用电脑钥匙去开编码锁,只有当编码锁与电脑钥匙中的执行票对应的锁号与锁类型完全一致时,才能开锁,进行操作。电脑钥匙具有状态检测功能,只有当真正进行了所要求的操作,钥匙才确认此项操作完毕,可以进行下一项操作。这样就将操作票与现场实际操作一一对应起来,杜绝了误走间隔、空操作事故的发生,保证现场操作的正确性。操作人员在操作到应该上机操作或现场操作完毕时,电脑钥匙将向五防主机汇报操作情况。五防主机根据电脑钥匙上送的操作报文,结合正执行的操作票,判断是否该进行上机遥控操作。若是,在五防主机上执行操作票项所对应设备的指定遥控操作(选错操作元件将被禁止遥控,同时要求遥控输入的操作人和监护人名称密码与操作票生成时一致,防止误分合断路器的事件发生)。遥控操作完毕且实时遥信状态返回正确后,才可进行下一步操作。在遥控之后还需电脑钥匙进行现场开锁时,五防主机将当前操作步骤传给电脑钥匙,再进行电脑钥匙的操作。如此反复,直到整个操作结束。

可知,整个实际操作过程均在五防主机、电脑钥匙和编码锁的严格闭锁下,强制操作人员按照所开的经过校验合格的操作票进行,从而能够达到软、硬件全方位的防误闭锁操作。

(4)防误闭锁装置管理规定

①防误闭锁装置应与变电站一次设备同时投入运行。在新建、扩建工程中,防误闭锁装置应作为变电站投运前的验收项目之一。

②运行单位应设防误闭锁装置的专职负责人,负责防误闭锁装置的维护、检修、改进计划的制订和审核,负责防误闭锁装置的运行管理工作。

③倒闸操作中发现闭锁装置失灵,不得擅自更改操作顺序。应停止操作,重新核对操作步骤及调度号的正确性,查明原因。

④《变电站现场运行规程》应明确规定闭锁装置操作程序,作为运行人员倒闸操作的依据。

⑤防误闭锁装置出现故障,应作为严重缺陷进行处理。

⑥微机防误闭锁装置出现不对应报警时,必须认真查找原因,不可随意改变逻辑关系。

⑦各种解锁钥匙均应封存在专用箱内,使用时填写"解锁钥匙使用记录"。

⑧任何解锁操作均必须得到有关部门批准;否则,严禁解锁操作。

⑨任何情况下,停用防误闭锁装置时,应经本单位总工程师批准。

小　结

车间变电所按其主变的安装位置分为车间附设变电所、车间内变电所、露天变电所、独立变电所、杆上变电所、地下变电所、楼上变电所、成套变电所及移动式变电所。其中,车间附设变电所、车间内变电所、独立变电所、楼上变电所及地下变电所都属室内型(户内式)变电所;露天变电所和杆上变电所属户外变电所。电力变压器是变电所最关键的一次设备,主要功能是将电力系统的电能升高或降低,以利于电能的合理输送、分配和使用。

变配电所中承担输送和分配电能任务的设备称为一次设备。按其功能分为:变换设备(电力变压器、电压互感器、电流互感器、变频机);控制设备(高低压开关);保护设备(熔断器、避雷器);补偿设备(并联电容器);成套设备(高压开关柜、低压配电屏)。

限流熔断器是指能在其切断额定电流和限流范围内安全地切断所有可能出现的电流的熔断器。熔断器的主要优点和特点:选择性好;限流特性好,分断能力高;相对尺寸较小;价格较便宜。熔断器的主要缺点和弱点:故障熔断后必须更换熔断体;保护功能单一,只有一段过电流反时限特性,过载、短路和接地故障都用此防护;发生一相熔断时,对三相电动机将导致两相运转的不良后果,当然可用带发报警信号的熔断器予以弥补,一相熔断可断开三相;不能实现遥控,需要与电动刀开关组合才有可能。

高压断路器按其采用的灭弧介质,可分为油断路器、真空断路器、六氟化硫断路器及压缩空气断路器等。高压隔离开关(符号 QS)的主要功能是保证高压电器及装置在检修工作时的安全,起隔离电压的作用,但不能用于切断、投入负荷电流和开断短路电流,仅可用于不产生强大电弧的某些切换操作,即是说它不具有灭弧功能;高压负荷开关(符号 QL)具有简单的灭弧装置,能通断一定的负荷电流和过负荷电流,但不能断开短路电流;高压断路器(符号 QF)

不仅能通断正常负荷电流,而且能接通和承受一定时间的短路电流,并能在保护装置作用下自动跳闸,切除短路故障;六氟化硫断路器(SF_6):是利用六氟化硫(SF_6)气体作为灭弧介质和绝缘介质的一种断路器。六氟化硫(SF_6)气体具有很高的介电强度和很好的灭弧性能,它是一种惰性气体,不燃、无毒、无味、性能稳定。六氟化硫气体含水量低;灭弧室、电阻和支柱分成独立气隔,现场安装时不用打开,安装好后用自动接头连通;安装检修方便,并可防止脏物和水分进入断路器内部;高压开关柜是按一定线路方案将有关一、二次设备组装在一起而形成的一种高压成套配电装置,在电力系统中作为控制盒保护高压设备和线路之用。其中,安装有高压开关设备、保护电器、监测仪表和母线、绝缘子等。

低压刀开关(符号 QK)按灭弧结构,可分为不带灭弧罩和带灭弧罩两种。不带灭弧罩的刀开关一般只能在无负荷或小负荷下操作,作隔离开关使用;带灭弧的刀开关,则能通一定的负荷电流。低压熔断器式刀开关(又称刀熔开关,符号 QKF)是一种由低压刀开关和低压熔断器组合的开关电器,故其具有刀开关和熔断器双重功能。低压负荷开关(符号 QL)是由低压刀开关和低压熔断器串联组合而成、外装封闭式铁壳或开启式胶盖的开关电器。低压断路器(又称低压自动开关,符号 QF)既能带负荷通断电路,又能在短路、过负荷和低压下自动跳闸。低压配电屏是按一定线路将有关一、二次设备组装而成的一种低压成套配电装置。按其结构形式,有固定式(PGL,GGL,GGD 型)、抽屉式和组合式。低压配电箱按其安装方式,可分为靠墙式、挂墙式和嵌入式。

主接线图即主电路图,是表示供电系统中电能输送和分配路线的电路图。常见的有内桥式接线和外桥式接线。

选择工厂变配电所的所址时应考虑下列原则:靠近负荷中心,以减少电压损耗、电能损耗及有色金属消耗量;进出线方便;靠近电源侧;避免设在多尘和有腐蚀性气体的场所;避免设在有剧烈振动的场所;运输方便;高压配电所应尽量与车间变电所或有大量高压用电设备的厂房合建在一起;不妨碍工厂或车间的发展,并适当考虑将来扩建的可能。

变配电所总体布置的要求是:便于运行维护和检修;保证运行安全;便于进出线;节约土地和建筑费用;适应发展要求。

变配电室安全操作规程是:在电气设备上进行倒闸操作时,应遵守"倒闸操作票"制度及有关的安全规定,并应严格按程序操作。变压器、电容器等变、配电装置在运行中发生异常情况不能排除时,应立即停止运行。电容器在重新合闸前,必须使断路器断开,将电容器放电。隔离开关接触部分过热,应断开断路器,切断电源。不允许断电时,则应降低负荷并加强监视。在变压器台上停电检修时,应使用工作票。如高压侧不停电,则工作负责人应向全体工作人员说明线路有电,并加强监护。所有的高压电气设备,应根据具体情况和要求,选用含义相符的标示牌,并悬挂在适当的位置上。变压器吸潮剂失效、防爆管隔膜有裂纹,应及时更换、渗漏油应及时处理。有载调压变压器的切换开关动作次数达到规定时,应进行检修。电气设备的绝缘电阻、各种接地装置的接地电阻、应按电业部门的有关规定,定期测定并应对安全用具、变压器油及其他保护电器进行检查或做耐压实验。变压器的保养、检修,应按规定的周期进行。高、低压变、配电装置应在每年春、秋两季各进行一次停电、清扫、检修工作。

习题 2

一、填空题

2.1　工厂变配电所按功能可分为工厂变电所和工厂_____。工厂变电所的作用是：从_____接受电能,经过_____降压,然后按要求把电能分配到各车间供给各类用电设备。

2.2　在工厂变配电系统中,把各电气设备按一定的方案连接起来,担负输送、变换和分配电能任务的电路称为_____;用来控制、指示、监测和保护主电路及其设备运行的电路称为_____。

2.3　高压隔离开关的文字表示符号是_____,图形符号是_____。该开关分断时,具有明显的_____,因此可用作_____。根据高压隔离开关的使用场所,可把高压隔离开关分为_____和_____两类,GN8-10/600 型属于_____。

2.4　高压负荷开关的文字符号是_____,图形符号是_____,它能够带_____通断电,但不能分断_____。它往往与_____配合使用。按安装场所分,有_____和_____两类。FN3-10RT 型属于_____。

2.5　高压断路器的文字表示符号是_____,图形符号是_____,它既能分断_____,也能分断_____。SN10/10 表示_____。

2.6　油断路器可分为_____和_____。

2.7　在少油断路器中,油只作为_____,在多油断路器中,油可作为_____。

2.8　真空断路器的触头开距_____,灭弧室_____,动作速度_____,灭弧时间_____,操作噪声_____,适用于_____操作。

2.9　六氟化硫(SF_6)断路器中是利用 SF_6 气体作为_____和_____的断路器。

2.10　RN1 型高压管式熔断器主要作为_____和_____的短路保护和过负荷保护。RN2 型主要用于_____一次侧短路保护,其熔体电流一般为_____A。

2.11　负荷型跌开式熔断器的表示符号是_____,是在一般跌开式熔断器的上静触头上加装了简单的灭弧装置,灭弧速度_____,不能在短路电流到达冲击电流值前熄灭电弧,属于_____。

2.12　电流互感器的图形表示符号是_____,它的一次绕组匝数_____,二次绕组匝数_____,工作时近乎于_____,高压电流互感器的二次绕组的两个线圈分别用作_____和_____。

2.13　电压互感器的图形表示符号是_____,它的一次绕组匝数_____,二次绕组匝数_____,工作是近乎于_____,使用时二次侧不得_____。

2.14　配电用低压断路器按结构分,有_____式和_____式两种。一般具有_____、_____、_____及_____等几种脱扣器。

2.15　电力变压器按绝缘方式及冷却方式,可分为_____、_____和_____等。

电力变压器绕组的材质有＿＿＿＿＿＿绕组和＿＿＿＿＿＿绕组。

2.16 电力变压器的正常过负荷能力,户外变压器可达到＿＿＿＿＿＿%,户内变压器可达到＿＿＿＿＿＿%。

2.17 防雷变压器通常采用＿＿＿＿＿＿连接组别。

2.18 工厂车间变电所单台主变压器容量一般不宜大于＿＿＿＿＿＿kVA。

2.19 内桥式接线适用于＿＿＿＿＿＿＿＿＿＿＿＿＿＿＿的情况,外桥式接线适用于＿＿＿＿＿＿＿＿＿＿的情况。

2.20 成套式配电装置有＿＿＿＿＿＿、＿＿＿＿＿＿＿＿＿和＿＿＿＿＿＿＿＿＿等。

2.21 高压开关柜中主要设备有:＿＿＿＿＿＿＿＿＿＿＿＿＿＿＿＿＿＿＿＿＿＿。

2.22 母线也称＿＿＿＿＿＿,即＿＿＿＿＿和＿＿＿＿＿电能的硬导线。

2.23 变压器室的门要向＿＿＿＿＿＿开,室内设＿＿＿＿＿窗,不设＿＿＿＿＿窗。

2.24 采用电缆进出线装置GG-1A(F)型开关柜(柜高3.1 m)的高压配电室高度为＿＿＿＿＿m,如果采用架空进线时,高压配电室的高度应在＿＿＿＿＿m以上。开关柜为手车式时,高压配电室的高度可降为＿＿＿＿＿m。

二、判断题(正确的打"√",错误的打"×")

2.25 独立式变电所用于电力系统中的大型变电站或具有腐蚀性物质场所的变电所。
                                                 (   )

2.26 建议高压配电所尽量与车间变电所合建。   (   )

2.27 高压隔离开关不能带负荷通断电。   (   )

2.28 停电时先拉母线侧隔离开关,送电时先合线路侧隔离开关。   (   )

2.29 在操作隔离开关前,先注意检查断路器确实在断开位置,才能操作隔离开关。
                                                 (   )

2.30 如隔离开关误合,应将其迅速合上。   (   )

2.31 高压隔离开关往往与高压负荷开关配合使用。   (   )

2.32 高压隔离开关也可用作高压负荷开关。   (   )

2.33 如果是单级隔离开关,操作一相后发现误拉,对其他两相则不允许继续操作。
                                                 (   )

2.34 少油断路器属于高速断路器。   (   )

2.35 高压真空断路器一般具有多次重合闸要求。   (   )

2.36 检修六氟化硫(SF_6)断路器时要注意防毒。   (   )

2.37 RT型熔断器属于限流式熔断器。   (   )

2.38 RN2型熔断器可用于保护高压线路。   (   )

2.39 RN型熔断器属于限流式熔断器。   (   )

2.40 所用电流互感器和电压互感器的二次绕组应有永久性的、可靠的保护接地。
                                                 (   )

2.41 电流互感器使用时二次侧不能开路。   (   )

2.42 采用交流法测定互感器极性时,可在互感器一次侧加220 V电源电压。 (   )

2.43 电力变压器的防爆管作用是使变压器通风。   (   )

2.44　电力变压器的二次侧电流决定一次侧电流,而电流互感器一次侧电流决定二次侧电流。　　　　　　　　　　　　　　　　　　　　　　　　　　　　　　（　　）

2.45　变电所必须要使用两台电力变压器才能保证供配电要求。　　　　　（　　）

2.46　居住小区变电所内的油浸式变压器单台容量,不宜大于 630 kVA。（　　）

2.47　内桥式接线适用于电源线路较短且变压器需经常操作的系统中。（　　）

2.48　电气主接线图一般以单线图表示。　　　　　　　　　　　　　　　（　　）

三、选择题

2.49　选择合适的器件表示符号填入括号内:高压隔离开关(　　　),高压负荷开关(　　　),高压断路器(　　　),高压熔断器(　　　),电流互感器(　　　),电压互感器(　　　),低压刀开关(　　　),电力变压器(　　　)。

A. QL　　　　　　　B. QF　　　　　　　C. QK　　　　　　　D. QS

E. T　　　　　　　　F. TA　　　　　　　G. FU　　　　　　　H. TV

2.50　RW 型熔断器主要安装在(　　　)。

A. 户内　　　　　　B. 户外

2.51　互感器作为仪用变压器,主要功能有(　　　)。

A. 安全隔离　　　　　　　　　　　　　B. 分配电能

C. 变换电压、电流　　　　　　　　　　D. 分断短路电流

2.52　电流互感器的二次额定电流一般为(　　　)。

A. 20 A　　　　　　B. 10 A　　　　　　C. 5 A　　　　　　　D. 2 A

2.53　下列哪种熔断器属于"非限流式熔断器"?(　　　)

A. RN1 型　　　　　B. RW 型　　　　　C. RL1 型　　　　　D. RT0 型

2.54　变电所装有两台电力变压器时,每台主变压器的额定容量须满足(　　　)。

A. 任一台变压器单独运行时,满足总计算负荷的需要

B. 任一台变压器单独运行时,应满足全部一、二级负荷的需要

C. 任一台变压器单独运行时,满足总计算负荷的需要,同时也要满足全部一、二级负荷的
　　需要

2.55　凡是架空进线,都需安装(　　　)以防雷电侵入。

A. 高压熔断器　　　　　　　　　　　　B. 避雷器

C. 高压隔离开关　　　　　　　　　　　D. 高压断路器

四、技能题

2.56　列写合上隔离开关盒拉开隔离开关,以及误合、误拉隔离开关的操作注意事项。

2.57　使用 400 A/5 A 的钳表测量一条线路的交流电流,将导线在钳口绕了 3 圈,测量数值为 3.75 A,计算电路的交流电流是多少?

2.58　画出用两只电流互感器测量三相三线电路电流的电路图。

2.59　采用两相和接线电流互感器情况下,如同名端接反会造成什么后果? 会有什么现象出现?

2.60　使用一节干电池和小电珠,如何测试单相电流互感器的同名端? 画出示意图。

2.61 如按下分励脱扣器后断路器不能分断,分析可能有哪几种原因? 并说明相应的处理方法。

2.62 如何判断三相电力变压器的同名端?

2.63 列写变压器停电和送电的操作顺序。

2.64 测量变压器的绝缘电阻阻值为零,判断是什么原因,并分析。

第 **3** 章
工厂电力网络

本章主要介绍工厂内电力网络的结构和功能,低压线路的接线方式,工厂架空线路和电缆线路的结构和特点及故障分析,以及车间内配电线路的结构和运行维护等主要内容。

3.1 工厂电力网络的基本接线方式

工厂电力网络的接线应力求简单、可靠,操作维护方便。工厂电力网络包括厂内高压配电网络与车间低压配电网络。高压配电网络是指从总降压变电所或配电所到各个车间变电所或高压设备之间的 6~10 kV 高压配电网络;低压配电网络是指从车间变电所到各低压用电设备的 380/220 V 低压配电网络。

工厂内高低压电力线路的接线方式有 3 种类型:放射式、树干式和环式。

3.1.1 高压配电线路的接线方式

高压配电线路的接线方式常见的有高压放射式接线、高压树干式接线和高压环式接线 3 种,如图 3.1—图 3.3 所示。

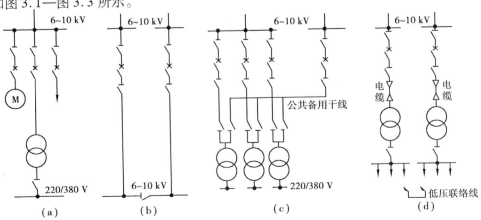

图 3.1 高压放射式接线

(a)高压单回路放射式 (b)高压双回路放射式 (c)有公共备用干线的放射式线路 (d)采用低压联络线供电线路

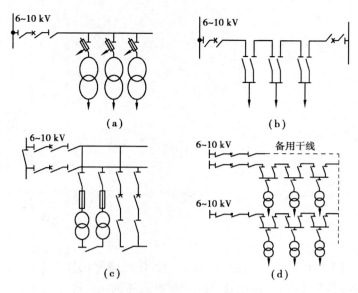

图 3.2　高压树干式接线
（a）单回路树干式　（b）两端供电的单回路树干式
（c）单侧供电的双回路树干式　（d）具有公共备用干线的树干式

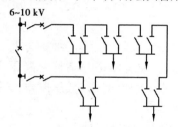

图 3.3　高压环式接线

3.1.2　低压配电线路的接线方式

低压配电线路的接线方式常见的有低压放射式接线、低压母线配电树干式接线、变压器-干线、低压链式接线及低压环形接线 5 种，如图 3.4—图 3.8 所示。

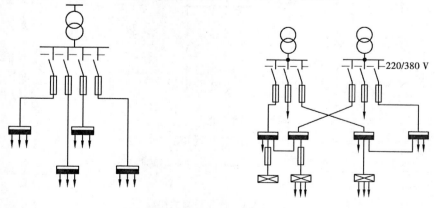

图 3.4　低压放射式接线

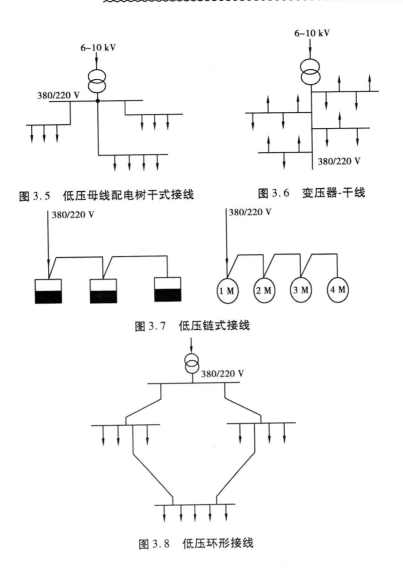

图 3.5　低压母线配电树干式接线　　　图 3.6　变压器-干线

图 3.7　低压链式接线

图 3.8　低压环形接线

3.2　工厂架空线路

工厂常用的电力线路是架空线路和电缆线路,由于架空线路投资费用低,施工容易,维护检修方便,容易发现和排除故障,故工厂采用较多。

3.2.1　工厂架空线路的结构

工厂架空线路的结构如图 3.9 所示。

(1)导线

导线必须具有良好的导电性和足够的机械强度。导线有裸导线和绝缘导线两种。架空线路一般采用裸导线较多。因为裸导线的散热条件比绝缘导线好,可传输较大的电流,同时,裸导线比绝缘导线造价低,因此得到了广泛的使用。导线通常制成绞线,导线的材料有铝、铜

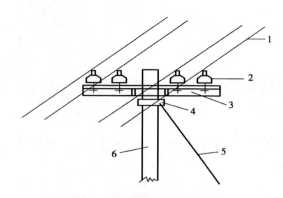

图3.9 架空线路的基本结构

1—导线；2—绝缘子；3—横担；4—金具；5—拉线；6—线杆

和钢。铜的导电性能最好,机械强度大,抗腐蚀能力强,但铜价格高,应尽量少用。铝的导电性能仅次于铜,机械强度差,但铝的质量轻,价格低,所以铝(LJ)绞线是架空线路应用较多的导线。而钢的机械强度较高,价格低,但导电性能差,工厂一般不用钢线。为了加强铝的机械强度,采用多股绞线的钢作为线心,把铝线绞在线心的外面,称钢芯铝绞线(LGJ)。工厂里最常用的是LJ型铝绞线。在负荷较大、机械强度要求高和35 kV及以上的架空线路上,多采用LGJ型钢芯铝绞线,用以增强导线的机械强度。

（2）绝缘子

绝缘子又称瓷瓶,主要用来固定导线,使导线与导线、导线与电杆之间绝缘。因此,要求绝缘子必须具有良好的绝缘性能和足够的机械强度。常见的绝缘子如图3.10所示。

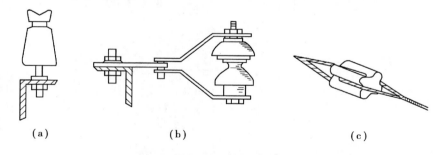

（a）　　　　　　　　（b）　　　　　　　　（c）

图3.10 常见的绝缘子

（a）针式绝缘子　（b）蝴蝶式绝缘子　（c）拉线绝缘子

（3）横担

横担与电杆组装在一起,其作用是支持绝缘子以架设导线,保持导线与导线之间,导线与大地之间有足够的距离。常用的有铁横担、木横担、瓷横担。横担的长度根据导线的根数和导线间距决定。导线间距随电压和相邻电杆间挡距的大小决定。为了防止风吹导线时造成搭线,引起短路故障,表3.1列出了低压线路不同挡距时的最小线间距离。

表3.1 低压线路不同挡距时最小的线间距离

挡距/m	40 及以下	50	60	70
线间距离/m	0.3	0.4	0.45	0.5

（4）电杆

电杆是支持导线的支柱，按照所使用的材料不同，可分为以下 3 种：

①木杆。初期使用的材料。

②水泥杆。也称钢筋混凝土杆，工厂常采用水泥杆。

③金属杆。应用于高压架空线路，低压线路很少使用。

根据电杆在线路中的作用，可分以下 6 种：

①直线杆。又称中间杆，架空线路使用最多的电杆。

②耐张杆。又称承力杆或锚杆，防止线路某处断线。

③终端杆。安装在线路起点和终点的耐张杆。

④转角杆。用在线路改变方向。

⑤分支杆。用于线路的分支处。

⑥特种杆。用于跨越铁路、公路、河流、山谷的跨越杆塔。

3.2.2　工厂架空线路的运行与维护

（1）线路巡视

线路巡视的目的是为了经常掌握线路的运行状况，及时发现设备缺陷和隐患，为线路检修提供依据，以保证线路正常、可靠、安全运行。

（2）事故预防

架空配电线路经常出现故障的设备有电杆、导线、绝缘子等。

（3）线路检修

架空线路长期露天运行，受环境和气候影响会发生断线、污染等故障。

（4）线路巡视的检查方法

1）定期巡视

经常掌握线路各部件的运行状况及沿线情况。

2）特殊巡视

在气候剧烈变化、自然灾害、线路过负荷和其他特殊情况时，对全线或某几段或某些部件进行巡视。

3）夜间巡视

检查导线、引流线接续部分的发热、冒火花或绝缘子的污秽放电等情况。

4）故障巡视

及时查明线路发生故障的原因、故障地点及故障情况。

5）登杆塔巡查

弥补地面巡视的不足而对杆塔上部件的巡查。

（5）预防措施

1）防污

污害能引起绝缘子表面闪络或把绝缘子烧坏。

2）防雷

在雷雨季节到来之前,应做好防雷设备的试验、检查和安装工作,并要按期测试接地装置的电阻以及交换损坏的绝缘子。

3）防暑

天气热,导线满载运行,使导线弧垂增大,以致风吹导线时造成相间放电或短路。

4）防寒防冻

冬季天气寒冷,导线热胀冷缩,会使导线缩短,弧垂太小,拉力增大。

5）防风

大风会增大对电杆的拉力。

6）防汛

雨季到来会使杆根积水,可能发生倒杆事故。

（6）各设备的检修

1）电杆

加固电杆基础,扶直倾斜的电杆,修补有裂纹露钢筋的水泥杆,处理接触不良的接头和松弛、脱落的绑线,紧固电杆各部分的联接螺母,更换或加固腐朽的木杆及横担。

2）导线

调整导线的弧垂,修补或更换损伤的导线,调整交叉跨越距离。

3）绝缘子

清扫,并及时更换劣质或损坏的绝缘子、金具或横担。

3.2.3　架空绝缘线路的特点

（1）绝缘性能好

减少线路相间距离,降低对线路的支持件的绝缘要求,提高同杆架设线路的回路数。

（2）防腐蚀性能好

延长线路的使用寿命。

（3）防外力破坏

减少受树木、飞飘金属膜和灰尘等外在因素的影响。

（4）强度达到要求

除有低压架空绝缘导线外,也有 10 kV 的架空绝缘导线。

3.2.4　架空绝缘线路的种类

架空绝缘导线有铝芯和铜芯,铝材比较轻,较便宜,对线路连接件和支持件的要求低。铜芯线主要是作为变压器及开关设备的引下线。绝缘保护层有厚绝缘（3.4 mm）和薄绝缘（2.5 mm）,厚绝缘的运行时允许与树木频繁接触,薄绝缘的只允许与树木短时接触。绝缘保护层又分为交联聚乙烯和轻型聚乙烯。交联聚乙烯的绝缘性能更优良。10 kV 架空绝缘导线有 TRYJ（软铜芯交联聚乙烯）、LYJ（铝芯交联聚乙烯）。

架空绝缘导线可采用裸导线用的水泥电杆、铁附件及陶瓷绝缘子,按裸导线架设方式进行架设。也可采用特制的绝缘支架把导线悬挂,这种方式可增加架设的回路数,降低线路单位造价。绝缘导线与裸导线在同一个规格内,绝缘导线的载流量比裸导线载流量要小。因为绝缘导线加上绝缘层以后,导线的散热较差,其载流能力差不多比裸导线低一个档次。因此,设计选型时,绝缘导线要选大一挡。架空绝缘线路的导线排列与裸体导线线路基本相同,可分为三角、垂直、水平以及多回路同杆架设。绝缘导线的相间距离。由于架空绝缘导线有良好的绝缘性能,因此,相间距离比裸导线线路要小。

3.3 工厂电缆线路

电力电缆同架空线路一样,主要用于传输和分配电能。它受外界因素(雷电、风害等)的影响小,供电可靠性高,不占路面,发生事故不易影响人身安全,但成本高,查找故障困难,接头处理复杂。一般在建筑或人口稠密的地方或不方便架设架空线的地方采用电力电缆。

3.3.1 电缆的结构、型号及敷设

(1)电缆的结构

电缆线芯要求有良好的导电性,以减少输电时线路上能量的损失。有铜芯电缆和铝芯电缆。电力电缆的基本结构如图3.11所示。

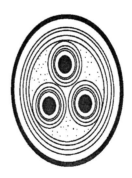

图3.11 电力电缆的基本结构

绝缘层的作用是将线芯导体间及保护层相隔离,因此必须具有良好的绝缘性能、耐热性能。油浸纸绝缘电缆以油浸纸作为绝缘层,塑料电缆以聚氯乙烯或交联聚乙烯作为绝缘层。

保护层又可分为内护层和外护层两部分。内护层直接用来保护绝缘层,常用的材料有铅、铝和塑料等。外护层用以防止内护层免受机械损伤和腐蚀,通常为钢丝或钢带构成的钢铠,外覆沥青、麻被或塑料护套。

(2)电缆的型号

常见电缆的型号及含义见表3.2。

表 3.2　常见电缆的型号及含义

项　目	型　号	含　义	旧符号	项　目	型　号	含　义	旧符号
类别	Z	油浸纸绝缘	Z	外护套	2	聚氯乙烯套	—
	V	聚氯乙烯绝缘	V		3	聚乙烯套	1,11
	YJ	交联聚乙烯绝缘	YJ		20	裸钢带铠装	20,120
	X	橡皮绝缘	X		-21	钢带铠装纤维外被	2,12
导体	L	铝芯	L		22	钢带铠装聚氯乙烯套	22,29
	T	铜芯(一般不注)	T		23	钢带铠装聚乙烯套	
内护套	Q	铅包	Q		30	裸细钢丝铠装	30,130
	L	铝包	L		-31	细圆钢丝铠装纤维外被	3,13
	V	聚氯乙烯护套	V		32	细圆钢丝铠装聚氯乙烯套	23,39
特征	P	滴干式	P		33	细圆钢丝铠装聚乙烯套	
特征	D	不滴流式	D		-40	裸粗圆钢丝铠装	50,150
	F	分相铅包式	F		41	粗圆钢丝铠装纤维外被	
					-42	粗圆钢丝铠装聚氯乙烯套	59,25
					-43	粗圆钢丝铠装聚乙烯套	
					441	双粗圆钢丝铠装纤维外被	

(3)电缆的敷设

1)直接埋地

①特点

施工简单,电缆散热性能好;维护检修困难,易受机械损伤、化学腐蚀等;用于埋设根数不多(少于6根)的地方电缆的敷设(在混凝土管中)。直接埋地的技术要求如图 3.12 所示。

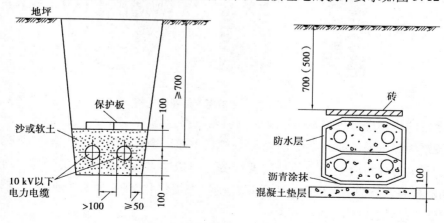

图 3.12　电缆直接埋地敷设的示意图

②最常用、最经济的方法

当电缆数量较多或容易受到外界损伤的场所,为了避免损坏和减少对地下其他管道的影响,可将电缆敷设在混凝土管中。

2)电缆桥架敷设

如图 3.13 所示,汇线桥架使电线、电缆、管缆的敷设更标准、更通用,且结构简单、安装灵活,可任意走向,并且具有绝缘和防腐蚀功能。

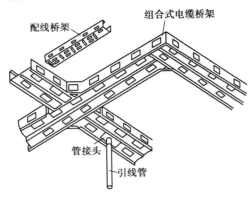

图 3.13 电缆桥架敷设示意图

3)电缆敷设时应注意的事项

①直埋电缆深不应小于 0.7 m,四周用细纱埋设,与地下构筑物距离不小于 0.3 m,埋设时要比较松弛,电缆长度比实际线路长 5% ~10% 并作波浪形埋设。对非铠装电缆在下列地点应穿管保护:电缆引入或引出建筑物或穿过楼板处;当电缆与道路交叉时;从电缆沟引出到电杆或墙外面敷设的电缆距地面高 2 m 或埋入地下 0.25 m 深度的一段。

②电缆与热力管道交叉时应有隔热层保护。

③电缆金属外皮及金属电缆支架应可靠接地。

3.3.2 电缆的种类

电缆的分类如下:

①按电压可分为高压电缆、低压电缆。

②按线芯数,可分为单芯、双芯、三芯和四芯等。

③按绝缘材料,可分为油浸纸绝缘电缆、塑料绝缘电缆、橡胶绝缘电缆及交联聚乙烯绝缘电缆等。

3.3.3 电缆线路的运行维护

(1)电缆线路的运行

①塑料电缆不允许浸水。

②要经常测量电缆的负荷电流,防止电缆过负荷运行。

③防止受外力损坏。

④防止电缆头套管出现污闪。

(2)电缆线路的维护

①必须了解电缆的敷设方式、结构布置、路径走向及电缆头的位置。

②包括巡视、负载检测、温度检测、预防腐蚀、绝缘预防性试验。

3.3.4　常见的电缆故障

(1)故障分类

①接地故障。又分为高、低阻接地。

②短路故障。有两芯或三芯短路。

③断线故障。电缆一芯或数芯形成完全或不完全断线。

④闪络性故障。大多在预防性试验中发生,并多数出现在电缆中间接头和终端头处。当所加电压达到某一值时击穿,电压低至某一值时绝缘又恢复。

⑤综合性故障。即同时具有两种或两种以上性质的故障。

电力电缆线路常见故障和预防方法见表3.3。

表3.3　电力电缆线路常见故障和预防方法表

故障种类	故障原因	预防方法
漏油	1.敷设电缆时违反安装规程,将电缆的铅包皮折伤或电缆遭受机械力损伤	1.敷设电缆时,应按安装规程施工,不得碰伤电缆外护层。若地下埋有电缆,动土时必须采取防止电缆损伤的有效措施
	2.制作电缆头、中间接线盒,扎锁不紧,不合工艺要求,封焊不好	2.制作电缆头、中间接线盒,应按工艺要求操作。扎锁处和三叉口处的封焊应符合工艺要求
	3.电缆过载运行,温度太高,产生很大油压	3.不应过载运行
	4.注油的电缆头套管(瓷或玻璃的)裂纹或垫片未垫好,把劲不紧	4.注油的电缆头、接线盒垫片要垫好,把劲要紧
接地	1.地下动土刨伤、损坏绝缘	1.动土时防止损坏绝缘
	2.人为的接地未拆除	2.加强责任心,竣工后细心检查
	3.负载大,温度高,造成绝缘老化	3.按允许的负载和温度运行
	4.套管脏污和裂纹受潮(或漏雨进水)而放电	4.加强检查,保证检修质量,定期作预防性试验
短路崩烧	1.多相接地或接地线、短路线未拆除	1.加强责任心,认真检查
	2.相间绝缘老化和机械力损伤	2.不要过载或超温度运行。注意电缆绝缘,不要造成人为的机械力损伤
	3.电缆头太松(如铜卡子接得不紧)而造成过热和接地崩烧	3.加强维护、检修工作
	4.电缆选择得不合理,动稳定度和热稳定度不够,造成绝缘损坏,发生短路崩烧	4.合理选择电缆

(2)电缆故障的鉴定和确定

1)鉴定故障性质

测量每根电缆芯线对地绝缘电阻、各电缆芯线间的绝缘电阻和每根芯线的直流电阻。

测试仪表为兆欧表。

2）确定故障性质

用兆欧表测量绝缘电阻,并将电缆一端所有相线短接接地,在另一端重作相对地及相与相之间的绝缘电阻遥测,测量的结果与过去正常运行时的数据或与该等级电缆的绝缘电阻水平相比较。

3）判断故障

判断是对地高阻漏电,还是断线接地故障。

4）故障点距离的测量

直流电桥法进行距离粗测,利用电缆沿线均匀,其长度与阻值成正比的特点,将电缆短路接地,故障点两侧引入电桥。根据测得的比值和电缆全长,计算出测量端到故障点的距离。其测量原理如图 3.14 所示。

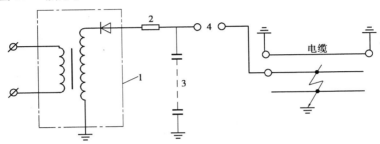

图 3.14　直流电桥法故障点距离测量原理图

音频感应法或电容放电声测法进行故障定点,声测法比较常用,它可很精确地判定故障点,减少挖掘量。

（3）用兆欧表测量电缆绝缘电阻

依据电缆绝缘电阻的数值,可判定电缆是否有缺陷。运行中的电缆首先要充分放电,拆除一切对外连线,并用清洁干燥的布擦净电缆头,然后将非被试相线芯与铅皮一同接地,逐相测量。遥测电缆和绝缘导线的绝缘电阻时,应将其绝缘层接到兆欧表的"保护环"（屏蔽环）,以消除其表面漏电电流的影响。摇动兆欧表的速度要均匀。测量完毕,应先断开火线再停止摇动,并且应立即使线路短路放电,以免线路的充电电压伤人。当线路发生接地、短路、断线及闪络故障后应按电业安全工作规程进行修复。清除故障部分后,必须对电缆进行绝缘电阻测试和耐压试验,并核对相位。试验合格后,才可恢复运行。

（4）三相线路的核相

1）测定相序

测定三相线路的相序,可采用电容式或电感式指示灯相序表,如图 3.15 所示。

2）相位核对

核对相位最常用的方法为兆欧表法和指示灯法,如图 3.16 所示。

3）电源核相

两个电源能否进行并列运行,在技术上主要取决于它们的电压、频率和相位是否相同。必须经过检测,确认两个电源的电压、频率和相位均相同时,才能进行并列运行方式。同一个电力系统的两路电源,由于线路走向不同,各相导线间交叉换位以及电缆引入户内的过程中,都可能造成相位排列上的不一致。因此,在变电所必须对两个以上的电源进行核相,以免彼

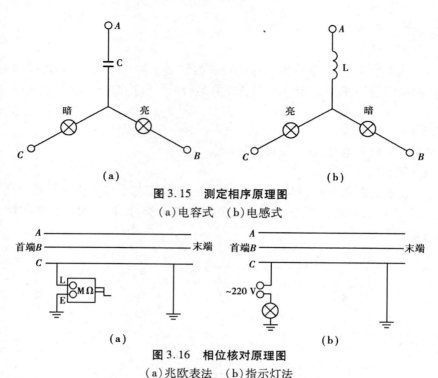

图 3.15 测定相序原理图

（a）电容式 （b）电感式

图 3.16 相位核对原理图

（a）兆欧表法 （b）指示灯法

此的相序或相位不一致,致使投入运行时造成短路或环流而损坏设备。

电源核相的方法常见的有电压表或灯泡核相、核相杆核相、通过电压互感器核相等。

①电压表或灯泡核相

电源电压在 380 V 及 380 V 以下的两个电源,核相时可采用 2 倍额定电压的电压表或指示灯进行。首先将电压表的一支笔或灯泡的一端搭接于电源Ⅰ的一相不动,而将另一端分别搭接到电源Ⅱ的三相上。当电压表(或指示灯)接于不同电源的两个相线时,如电压表的指示值接近于零(或指示灯不亮)时,表明这两个相是属于同相位的,否则即不同相,如图 3.17 所示。

②核相杆核相

电源电压在 3 ~ 10 kV 的两电源上进行核相时,可用核相杆来进行。将一个高压验电器中的霓虹灯去掉,换装入一个约 2.5 MΩ 的电阻,再用带有相应绝缘等级的导线连接两个验电器上的接地端子即可。核相杆用两个高压验电器制成,如图 3.18 所示。

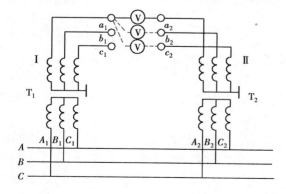

图 3.17 电压表核相原理图

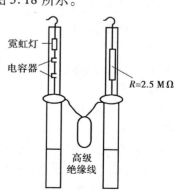

图 3.18 核相杆核相原理图

③电压互感器核相

通过电压互感器进行核相的方法用于 3 kV 及 3 kV 以上的电源中,核相前,先对接于两个电源上的电压互感器核相。将一个电源停下,合上两个电源的母联开关,用一个电源接通这两组电压互感器,然后用电压表鉴定电压互感器的二次侧相位应完全相同,即接线排列顺序一一对应。电压互感器核相后,切断母联开关,合上另一电源,把电压互感器分别接在两个电源上,如图 3.19 所示。

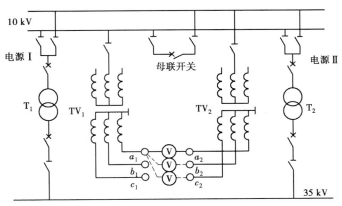

图 3.19　电压互感器核相原理图

(5)核相时应注意的事项

①必须执行工作票、操作票等安全制度。

②应由 3 人以上进行,工作过程中应始终有专人监护。

③必须检查所用的核相器具,其绝缘线应良好,指示应正确有效。核相杆使用前,还应遥测工具绝缘电阻是否合格,然后开始核相。先检查两个电源的三相电压是否平衡,如果严重不平衡,则不进行核相。

④核相人员均应使用辅助安全用具,并保持与带电体的安全距离。

⑤中性点不接地系统的两个电源,如发生一相接地时,则应停止核相工作。必须作好记录,不得凭记忆判断。在两个电源的各相调整到相互对应的排列后,再作一次最后核定,才算全部完成。

3.3.5　车间线路的结构和敷设(绝缘导线)

(1)车间线路的结构分类

按线芯材料分,有铜芯和铝芯两种。一般优先采用铝芯导线。在易燃、易爆或其他有特殊要求的场所采用铜芯绝缘导线。

按其外皮的绝缘材料分橡皮绝缘和塑料绝缘两种。塑料绝缘导线绝缘性能良好,且价格较低,在户内明敷或穿管敷设。橡皮绝缘在户外使用。

(2)车间线路的敷设方式

绝缘导线的敷设方式有明配线和暗配线两种。沿墙壁、天花板、桁架及柱子等敷设导线称明敷,又称明配线。

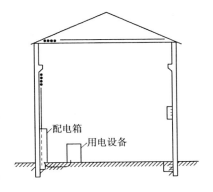

图 3.20　车间线路的敷设方式

导线穿管埋设在墙内、地坪内及房屋的顶棚内称暗敷,又称暗配线。所用的保护管可以是钢管或塑料管,管径的选择按穿入导线连同外皮包护层在内的总截面,不超过管子内孔截面40%确定。穿管敷设也有明敷和暗敷两种,如图3.20所示。

(3)裸导线和封闭型母线

车间内常用的裸导线为 LMY 型硬铝母线。在干燥、无腐蚀性气体的高大厂房内,当工作电流较大时,可采用 LMY 型硬铝母线作载流干线。按规定,裸导线 A,B,C 三相涂漆的颜色分别对应为黄、绿、红 3 种颜色,N 线或 PEN 线为淡蓝色,PE 线为黄绿双色。车间内的吊车滑触线通常采用角钢,但新型安全滑触线的载流导体则为铜排,且外面有保护罩。车间配电线路中还有一种封闭型母线(插接式母线),适用于设备布置均匀紧凑而又需要经常调整位置的场合。

(4)车间电力线路敷设的安全要求

①离地面 3.5 m 以下的电力线路应采用绝缘导线,离地面 3.5 m 以上的允许采用裸导线。

②离地面 2 m 以下的导线必须加机械保护。

③根据机械强度的要求,绝缘导线的线芯截面应不小于表 3.4 所列数值。

表 3.4　绝缘导线线芯的最小截面面积

导线用途或敷设方式			线芯最小截面/mm²	
			铜 芯	铝 芯
照明用灯头引下线			1	2.5
敷设在绝缘支持件上的绝缘导线,其支持点间距 L	室内	L≤2 m	1	2.5
	室外	L≤2 m	1.5	2.5
		2 m≤L≤6 m	2.5	4
		6 m≤L≤16 m	4	6
		16 m≤L≤25 m	6	10
穿管敷设的绝缘导线,沿墙明敷的塑料护套线,板孔穿线敷设的绝缘导线			1	2.5
PE 线和 PEN 线	有机械保护时		2.5	2.5
	无机械保护时		4(干线 10)	4(干线 16)

④为了确保安全用电,车间内部的电气管线和配电装置与其他管线设备间的最小距离应符合要求。

⑤车间照明线路每一单相回路的电流不应超过 15 A。除花灯和壁灯等线路外,一个回路灯头和插座总数不超过 25 个。当照明灯具的负载超过 30 A 时,应用 380/220 V 的三相四线制供电。对于工作照明回路,在一般环境的厂房内穿管配线时,一根管内导线的总根数不得超过 6 根,而有爆炸、火灾危险的厂房内不得超过 4 根。

(5)车间动力电气平面布线图

车间动力电气平面布线图是表示供电系统对车间动力设备配电的电气平面布线图。它反映动力线路的敷设位置、敷设方式、导线穿管种类、线管管径、导线截面及导线根数,同时还反映各种电气设备及用电设备的安装数量、型号及相对位置。如图 3.21 所示为某机械加工车间局部动力电气平面布线图。

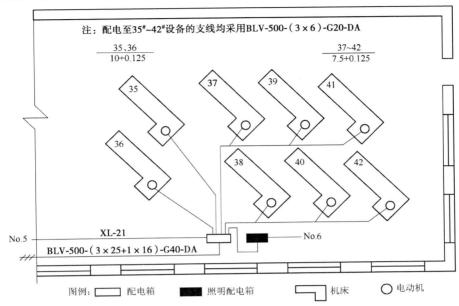

图 3.21　车间局部动力电气平面布线图

3.3.6　车间内照明供电方式

常见的有一台变压器供电方式和两台变压器供电方式两种,如图 3.22 所示。

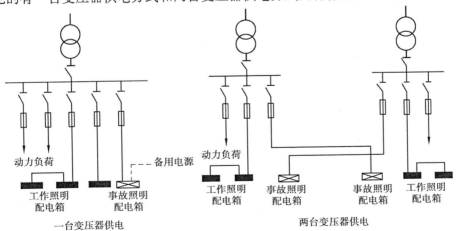

图 3.22　车间内照明供电方式

3.3.7　车间配电线路的运行维护

车间配电线路的运行维护如下:
①用钳表检查线路的负荷情况有无过载。
②检查配电箱、分线盒、开关、熔断器、母线槽及接地、接零等装置的运行情况,接线有无

松脱、放电,螺栓是否紧固,母线接头有无氧化和腐蚀现象。

③检查线路上和线路周围有无影响线路安全运行的异常情况。

④对敷设在潮湿、有腐蚀性物质的场所的线路和设备,要作定期的绝缘检查。

3.4 线路运行时突然停电的处理

线路运行时突然停电的处理如下:

①进线没有电压时,说明是电力系统方面暂时停电。总开关不必拉开,但出线开关应该全部拉开。

②两条进线中的一条进线停电时,应立即进行切换操作,将负荷转移给另一条进线供电。

③厂内配电线路发生故障使开关跳闸时,可试合一次,由于多数故障属暂时性的,试合成功。如果失败,开关再次跳闸,说明线路上故障尚未消除,这时应该对线路进行停电检修。

④车间线路在使用中发生故障。首先向用电人员了解故障情况,找出原因。查看用电设备是否损坏及熔断器中的保险丝是否烧断。若保险丝未烧断,则是断电故障。在用试电笔测试电源端,氖泡不亮表示电源无电,说明是上一级的线路或开关出了故障,也可能是电源中断供电。用试电笔测试电源端,氖泡发亮表示电源有电,说明是本熔断器以下的故障。

小 结

工厂高、低压电力线路的基本接线方式有 3 种类型:放射式、树干式和环式。放射式接线简捷,操作维护方便,保护简单,便于实现自动化,但开关设备用得多,投资高,线路故障时,停电范围大;树干式接线方式高压开关设备用得少,配电干线少,可节约有色金属,但供电可靠性差,干线故障或检修将引起干线上的全部用户停电;环式供电方式接线运行灵活,供电可靠性高。

工厂户外的电力线路多采用架空线路。这种供电线路投资费用低,施工容易,故障易查找,便于检修,但可靠性差,受外界环境的影响大,需要足够的线路走廊,有碍观瞻。

电力电缆受外界因素影响小,供电可靠性高,不占路面,发生事故不易影响人身安全,但成本高,查找故障困难,接头处理复杂。一般在建筑或人口稠密的地方或不方便架设空线的地点采用电力电缆。

车间配电线路的敷设方式有明配线和暗配线两种。所使用的导线多为绝缘线和电缆,也可用母排或裸导线,塑料绝缘导线绝缘性能良好,且价格较低,用于户内明敷或穿管敷设,但不宜在户外使用。

工厂配电线路及车间内配电线路。在运行中发生突然停电,要按不同情况分别处理。

习题 3

一、填空题

3.1　工厂高低压配电线路的接线方式有_____、_____和_____3 种类型。

3.2　变压器-干线式接线方式是由_____的二次侧引出线经过_____直接引至车间内的干线上,然后由干线引出_____配电。

3.3　电杆是支持_____的支柱,根据电杆在线路中的作用,可分为_____、_____和_____等。

3.4　电缆是一种特殊的导线,它的芯线材质是_____或_____,它由_____、_____和_____3 部分组成。

3.5　同一线路上两邻电杆的水平距离称_____,又称_____。弧垂是指在一个_____导线在电杆上的悬挂点与导线最低点间的_____距离。

3.6　两个电源能否进行并列运行,在技术上主要取决于它们的_____、_____和_____是否相同。

3.7　车间线路绝缘导线的敷设方式有_____和_____。

3.8　某车间电气平面布线图上,某一线路旁标注有 BLV-500-(3 × 50 + 1 × 25)-VG65-DA,这些符号表示_____。

3.9　某车间某线路采用额定电压 500 V 的塑料绝缘铝芯线,穿钢管沿墙暗敷,线路采用 TN-C 系统,相线截面 50 mm²,零线截面 25 mm²,穿管管径 40 mm。试写出其表示标号为:_____

_____。

二、判断题(正确的打"√",错误的打"×")

3.10　工厂高压放射式接线是指由工厂变配电所高压母线上引出的单独线路,直接供电给高压用电设备,在该线路上不再分接其他高压用电设备。　　　　　　　(　　)

3.11　采用高压树干式接线配电时,一般干线上连接的车间变电所不得超过 3 个。(　　)

3.12　环形供电方式一般采用开环运行方式。　　　　　　　　　　　　　(　　)

3.13　架空线一般采用绝缘导线。　　　　　　　　　　　　　　　　　　(　　)

3.14　工厂架空线路上常用的绝缘子表面都做成波纹状,这样能够起到阻断电弧的作用。　　　　　　　　　　　　　　　　　　　　　　　　　　　　　　　　　(　　)

3.15　为了防止热胀冷缩,架空线路的弧垂尽量要大些。　　　　　　　　(　　)

3.16　车间内敷设的导线多采用绝缘导线。　　　　　　　　　　　　　　(　　)

3.17　只要不影响保护正常运行,交、直流回路可共用一个电缆。　　　　(　　)

3.18　放射式供电比树干式供电的可靠性大。　　　　　　　　　　　　　(　　)

3.19　架空线一般采用的是 TJ(铜绞线)。　　　　　　　　　　　　　　(　　)

3.20　核相工作应由 4 人以上进行,工作过程始终应有专人监护。　　　　(　　)

3.21 裸导线 A,B,C 三相涂漆的颜色分别对应为黄、红、绿 3 色。 （　　）

3.22 电缆是一种既有绝缘层，又有保护层的导线。 （　　）

3.23 电缆头是电缆线路的薄弱环节，必须由专业人员操作。 （　　）

3.24 强电和弱电回路可以合用一根电缆。 （　　）

3.25 采用钢管穿线时不能分相穿管。 （　　）

三、选择题

3.26 车间变电所配电采用放射式接线多用于（　　），采用树干式接线多用于（　　）。

A. 用电设备数量多，负荷分布均匀

B. 用电设备容量大，负荷分布较集中

C. 用电设备容量大，负荷分布在车间不同方向

D. 用电设备容量小，负荷分布均匀

E. 用电设备容量小，距离近

3.27 35 kV 及以上的架空线路，多采用（　　）型线。

A. LJ　　　　　　　B. LGJ　　　　　　　C. TJ　　　　　　　D. BLX

3.28 不需要使用拉线的电杆有（　　）。

A. 直线杆　　　　B. 耐张杆　　　　　C. 终端杆　　　　　D. 转角杆　　　　　E. 分支杆

3.29 高压与高压线路同杆架设时，直线横担间垂直距离不小于（　　）。高压与低压线路同杆架设时，直线横担间垂直距离不小于（　　）。

A. 0.6 m　　　　B. 0.8 m　　　　　C. 1.0 m　　　　D. 1.2 m

3.30 车间配电时，离地面（　　）以上的线路允许采用裸导线，离地面（　　）以下的导线必须加装机械防护。

A. 2 m　　　　　B. 2.5 m　　　　　C. 3 m　　　　　D. 3.5 m

四、技能题

3.31 工厂发生突然停电事故，变配电所值班人员应如何处理？

3.32 调查一家小型企业的车间供配电情况，并画出其车间电力平面布线图。

第 **4** 章
工厂电力负荷的计算和短路计算

本章介绍中小型工厂电力负荷的运用情况和短路计算方法;确定用电设备组计算负荷的常用方法;工厂计算负荷的确定方法;照明负荷的分析计算。对工厂供电系统中的短路现象和短路效应进行了系统的分析,短路计算的方法。

4.1 工厂的电力负荷和负荷曲线

"电力负荷"在不同的场合可以有不同的含义,它可指用电设备或用电单位,也可指用电设备或用电单位的功率或电流的大小。

4.1.1 工厂常用的用电设备

工厂常用的用电设备有生产加工机械的拖动设备、电焊和电镀设备、电热设备及照明设备。

(1)生产加工机械的拖动设备

拖动设备是机械加工类工厂的主要用电设备,也是工厂电力负荷的主要组成部分。它可分为机床设备和起重运输设备两种。

1)机床设备是工厂金属切削和金属压力加工的主要设备

这些设备的动力,一般都由异步电动机供给,根据工件加工需要,有的机床上可能有几台甚至十几台电动机。这些电动机一般都要求能长期连续工作,电动机的总功率可从几百瓦到几十千瓦不等。

2)起重运输设备是工厂中起吊和搬运物料、运输客货的重要工具

空压机、通风机、水泵等也是工厂常用的辅助设备,它们的动力都由异步电动机供给,工作方式属于长期连续工作方式,设备的容量可从几千瓦到几十千瓦,单台设备的功率因数在0.8以上。

(2)电焊设备

电焊设备是车辆、锅炉、机床等制造厂的主要用电设备,在中小型机械类工厂中通常只作

为辅助加工设备,负荷量不会太大。电焊包括利用电弧的高温进行焊接的电弧焊,利用电流通过金属连接处产生的电阻高温进行焊接的电阻焊(接触焊),利用电流通过熔化焊剂产生的热能进行焊接的电渣焊等。

电焊机的工作特点如下:

①工作方式呈一定的同期性,工作时间和停歇时间相互交替。

②功率较大,380 V单台电焊机功率可达400 kVA,三相电焊机功率最大的可达1 000 kVA以上。

③功率因数很低,电弧焊机的功率因数为0.3~0.35,电阻焊机的功率因数为0.4~0.85。

④一般电焊机的配置不稳定,经常移动。

(3)电镀设备

电镀的作用是防止腐蚀,增加美观,提高零件的耐磨性或导电性等,如镀铜、镀铬。另外,塑料、陶瓷等非金属零件表面,经过适当处理形成导电层后,也可进行电镀。

电镀设备的工作特点如下:

①工作方式是长期连续工作的。

②供电采用直流电源,需要晶闸管整流设备。

③容量较大,功率从几十千瓦到几百千瓦,功率因数较低,为0.4~0.62。

(4)电热设备

电热设备按其加热原理和工作特点,可分为电阻加热炉、电弧炉、感应炉及其他加热设备,如红外线加热设备、微波加热设备和等离子加热设备等。它可用于各种零件的热处理,矿石熔炼、金属熔炼,以及熔炼和金属材料热处理等。

电热设备的工作特点如下:

①工作方式为长期连续工作方式。

②电力装置一般属二级或三级负荷。

③功率因数都较高,小型的电热设备可达到1。

(5)照明设备

电气照明是工厂供电的重要组成部分,合理的照明设计和照明设备的选用是工作场所得到良好的照明环境的保证。常用的照明灯具有白炽灯、卤钨灯、荧光灯、高压汞灯、高压钠灯、钨卤化物灯及单灯混光灯等。

照明设备的工作特点如下:

①工作方式属长期连续工作方式。

②除白炽灯、卤钨灯的功率因数为1外,其他类型的灯具功率因数均较低。

③照明负荷为单相负荷,单个照明设备容量较小。

④照明负荷在工厂总负荷中所占比例通常在10%左右。

(6)工厂用电负荷的分类

工厂用电负荷的分类见表4.1。

表 4.1　厂用电负荷的分类表

序号	车间	用电设备	负荷级别
1	金属加工车间	价格昂贵、作用重大、稀有的大型数控机床	一级
		价格贵、作用大、数量多的数控机床	二级
2	铸造车间	冲天炉鼓风机、30 t 及以上的浇铸起重机	二级
3	热处理车间	井式炉专用淬火起重机、井式炉油槽抽油泵	二级
4	锻压车间	锻造专用起重机、水压机、高压水泵、油压机	二级
5	电镀车间	大型电镀用整流设备、自动流水作业生产线	二级
6	模具成型车间	隧道窑鼓风机、卷扬机	二级
7	层压制品车间	压塑料机及供热锅炉	二级
8	线缆车间	冷却水泵、鼓风机、润滑泵、高压水泵、水压机、真空泵、液压泵、收线用电设备、漆泵电加热设备	二级
9	空压站	单台 60 m³/min 以上空压机	二级
		有高位油箱的离心式压缩机、润滑油泵	二级
		离心式压缩机润滑油泵	一级

4.1.2　工厂用电设备容量的确定

用电设备的铭牌上都有一个"额定功率",但是由于各用电设备的额定工作条件不同,如有的是长期工作制,有的是短时工作制。因此,这些铭牌上规定的额定功率不能直接相加来作为全厂的电力负荷,而必须首先换算成同一工作制下的额定功率,然后才能相加。经过换算至统一规定工作制下的"额定功率",称为设备容量,用 P_e 表示。

(1)用电设备的工作制

1)长期连续工作制设备

能长期连续运行,每次连续工作时间超过 8 h,而且运行时负荷比较稳定,在计算其设备容量时,可直接查取其铭牌上的额定容量(额定功率),不用经过转换。

2)短时工作制设备

工作时间较短,而停歇时间相对较长,在工厂负荷中所占比例很小,在计算其设备容量时,也是直接查取其铭牌上的额定容量(额定功率)。

3)反复短时工作制设备

工作呈周期性,时而工作时而停歇,如此反复,且工作时间与停歇时间有一定比例,用负荷持续率(或称暂载率)来表示工作周期内的工作时间与整个工作周期的百分比值。

(2)设备容量的确定

①长期连续工作制和短时工作制的设备容量就是设备的铭牌额定功率,即

$$P_e = \sum P_{ei}$$

②反复短时工作制设备的设备容量是将某负荷持续率下的铭牌额定功率换算到统一负

荷持续率下的功率。负荷持续率可用一个工作周期内工作时间占整个周期的百分比来表示,即

$$\varepsilon = \frac{t}{t + t_0} \times 100\%$$

式中　t——工作时间;

　　t_0——停歇时间。

起重电动机设备的标准暂载率有 15%,25%,40%,60% 这 4 种。要求统一换算到 $e = 25\%$,其换算公式为

$$P_e = P_N \sqrt{\frac{\varepsilon_N}{\varepsilon_{25}}} = 2P_N \sqrt{\varepsilon_N}$$

式中　P_N——(换算前)设备铭牌额定功率;

　　P_e——换算后设备容量;

　　ε_N——设备铭牌暂载率;

　　ε_{25}——值为 25% 的暂载率(计算中用 0.25)。

电焊设备的标准暂载率有 50%,65%,75%,100% 这 4 种。要求统一换算到 $e = 100\%$,换算公式为

$$P_e = P_N \sqrt{\varepsilon_N} = S_N \cos \varphi_N \sqrt{\varepsilon_N}$$

式中　S_N——设备铭牌额定容量;

　　$\cos \varphi_N$——设备铭牌功率因数。

电炉变压器组:设备容量是指在额定功率下的有功功率,即

$$P_e = S_N \cos \varphi_N$$

式中　S_N——电炉变压器的额定容量;

　　$\cos \varphi_N$——电炉变压器的因数。

4.1.3　负荷曲线

负荷曲线是表示电力负荷随时间变动情况的曲线。负荷曲线按负荷对象,可分为工厂、车间或某台设备的负荷曲线;按负荷的功率性质,可分为有功和无功负荷曲线;按表示的时间,可分为年、月、日和工作班的负荷曲线;按绘制方式,可分为依点连成的负荷曲线和梯形负荷曲线,如图 4.1 所示。

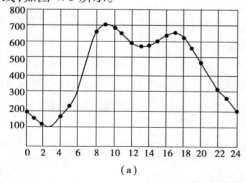
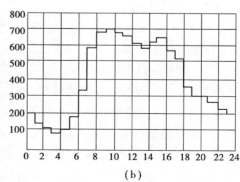

(a)　　　　　　　　　　　(b)

图 4.1　负荷曲线图种类

(a)依点连成的负荷曲线　(b)梯形负荷曲线

（1）负荷曲线的绘制

负荷曲线通常都绘制在直角坐标上,横坐标表示负荷变动时间,纵坐标表示负荷大小(功率 kW,kvar),如图 4.2 所示。

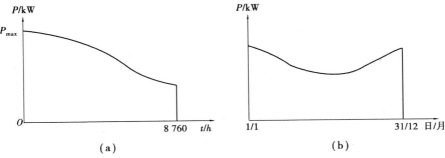

图 4.2 负荷曲线的绘制方法

(a)年负荷持续时间曲线 (b)年每日最大负荷曲线

（2）与负荷曲线有关的参数(见图 4.3)

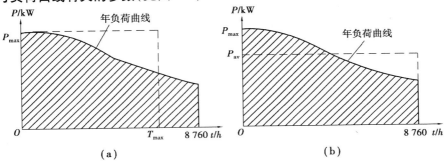

图 4.3 负荷曲线的绘制参数

(a)年最大负荷和年最大负荷利用小时 (b)年平均负荷

4.2 工厂计算负荷的确定

"计算负荷"是指用统计计算求出的,用来选择和校验变压器容量及开关设备、连接该负荷的电力线路的负荷值。它是选择仪器仪表、整定继电保护的重要数据。

计算负荷确定过大,将使变压器容量、电器设备和导线截面选择过大,造成投资浪费;计算负荷确定过小,则会引起所选变压器容量不足或电气设备、电力线路运行时电能损耗增加,并产生过热、绝缘加速老化等现象,甚至发生事故。

"计算负荷"通常用 P_{30},Q_{30},S_{30},I_{30} 分别表示负荷的有功计算负荷、无功计算负荷、视在计算负荷及计算电流。

负荷计算的目的主要是确定"计算负荷"。常用方法有需要系数法和二项式系数法。需要系数法比较简便,使用广泛。因该系数是按照车间以上的负荷情况来确定的,故适用于变配电所的负荷计算。二项式系数法考虑了用电设备中几台功率较大的设备工作时对负荷影响的附加功率,计算结果往往偏大,一般适用于低压配电支干线和配电箱的负荷计算。

4.2.1 需要系数法

一个用电设备组中的设备并不一定同时工作,工作的设备也不一定都工作在额定状态下,考虑到线路的损耗、用电设备本身的损耗等因素,设备或设备组的计算负荷等于用电设备组的总容量乘以一个小于1的系数,称为需要系数(K_d)。

在所需计算的范围内,将用电设备按其设备性质不同分成若干组,对每一组选用合适的需要系数,首先计算出每组用电设备的计算负荷,然后由各组计算负荷求总的计算负荷,这种方法称为需要系数法。需要系数法一般用来求多台三相用电设备的计算负荷。

需要系数法的基本公式为

$$P_{30} = k_d P_e \qquad P_e = \sum P_{ei}$$

(1)单组用电设备组的计算负荷确定

有功计算负荷为

$$P_{30} = k_d P_e$$

无功计算负荷为

$$Q_{30} = P_{30} \tan \varphi$$

视在计算负荷为

$$S_{30} = \sqrt{P_{30}^2 + Q_{30}^2}$$

计算电流为

$$I_{30} = \frac{S_{30}}{\sqrt{3}\, U_N}$$

(2)多组用电设备的计算负荷确定

总的有功计算负荷为

$$P_{30} = K_\Sigma \sum P_{30i}$$

总的无功计算负荷为

$$Q_{30} = K_\Sigma \sum Q_{30i}$$

总的视在计算负荷为

$$S_{30} = \sqrt{P_{30}^2 + Q_{30}^2}$$

总的计算电流为

$$I_{30} = \frac{S_{30}}{\sqrt{3}\, U_N}$$

式中　K_Σ——同时系数,其取值见表4.2。

表4.2　同时系数 K_Σ

应用范围	K_Σ
确定车间变电所低压线路最大负荷	
冷加工车间	0.7 ~ 0.8
热加工车间	0.7 ~ 0.9

续表

应用范围	K_{Σ}
动力站	0.8 ~ 1.0
确定配电所母线的最大负荷	
负荷小于 5 000 kW	0.9 ~ 1.0
计算负荷为 5 000 ~ 10 000 kW	0.85
计算负荷大于 10 000 kW	0.8

4.2.2 二项式系数法

在计算设备台数不多,而且各台设备容量相差较大的车间干线和配电箱的计算负荷时宜采用二项式系数法。其基本公式为

$$P_{30} = bP_e + cP_x$$

其余的计算负荷 Q_{30}、S_{30} 和 I_{30} 的计算公式与前述需要系数法相同。对 1 或 2 台用电设备可认为 $P_{30} = P_e$,即 $b = 1$,$c = 0$。用电设备组的有功计算负荷的求取直接应用式,其余的计算负荷与需要系数法相同。

确定多组用电设备的负荷:多组用电设备的总计算负荷时,也要考虑各组用电设备的最大负荷不同时出现的因素。与需要系数法不同的是,这里不是计入一个小于 1 的综合系数,而是在各组用电设备中取其中一组最大的附加负荷 $(cP_x)_{max}$,再加上各组平均负荷 bP_e,由此求出设备组的总计算负荷。先求出每组用电设备的计算负荷 P_{30i}、Q_{30i},则总的有功计算负荷为

$$P_{30} = \sum (bP_e)_i + (cP_x)_{max}$$

例 4.1 某小批量生产车间 380 V 线路上接有金属切削机床共 20 台(其中,10.5 kW 的 4 台,7.5 kW 的 8 台,5 kW 的 8 台),车间有 380 V 电焊机 2 台(每台容量 20 kVA,$e_N = 65\%$,$\cos \varphi_N = 0.5$),车间有吊车 1 台(11 kW,$e_N = 25\%$),试计算此车间的设备容量。

解 1)计算车间的设备容量

①金属切削机床的设备容量。金属切削机床属于长期连续工作制设备,故 20 台金属切削机床的总容量为

$$P_{e1} = \sum P_{ei} = 4 \times 10.5 \text{ kW} + 8 \times 7.5 \text{ kW} + 8 \times 5 \text{ kW} = 142 \text{ kW}$$

②电焊机的设备容量。电焊机属于反复短时工作制设备,它的设备容量应统一换算到 $e = 100\%$,故 2 台电焊机的设备容量为

$$P_{e2} = 2s_N \sqrt{\varepsilon_N} \cos \varphi_N = 2 \times 20 \times \sqrt{0.65} \times 0.5 \text{ kW} = 16.1 \text{ kW}$$

③吊车的设备容量。吊车属于反复短时工作制设备,它的设备容量应统一换算到 $e = 25\%$,故 1 台吊车的容量为

$$P_{e3} = P_N \sqrt{\frac{\varepsilon_N}{\varepsilon_{25}}} = P_N = 11 \text{ kW}$$

④车间的设备总容量为

$$P_e = 142 + 161.1 + 11 = 169.1 \text{ kW}$$

2）车间的计算负荷

①金属切削机床组的计算负荷,查附表1,取需要系数和功率因数为

$$K_d = 0.2 \qquad \cos\varphi = 0.5 \qquad \tan\varphi = 1.73$$

$$P_{30(1)} = 0.2 \times 142 \text{ kW} = 28.4 \text{ kW}$$

$$Q_{30(1)} = 28.4 \times 1.73 \text{ kvar} = 49.1 \text{ kvar}$$

$$S_{30(1)} = \sqrt{28.4^2 + 49.1^2} \text{ kVA} = 56.8 \text{ kVA}$$

$$I_{30(1)} = \frac{56.8}{\sqrt{3} \times 0.38} \text{ A} = 86.3 \text{ A}$$

②电焊机组的计算负荷。查附表1,取需要系数和功率因数为

$$K_d = 0.35 \qquad \cos\varphi = 0.35 \qquad \tan\varphi = 2.68$$

$$P_{30(2)} = 0.35 \times 16.1 \text{ kW} = 5.6 \text{ kW}$$

$$Q_{30(2)} = 5.6 \times 2.68 \text{ kvar} = 15.0 \text{ kvar}$$

$$S_{30(2)} = \sqrt{5.6^2 + 15.0^2} \text{ kVA} = 16.0 \text{ kVA}$$

$$I_{30(2)} = \frac{16}{\sqrt{3} \times 0.38} \text{ A} = 24.3 \text{ A}$$

③吊车组的计算负荷。查附表1,取需要系数和功率因数为

$$K_d = 0.15 \qquad \cos\varphi = 0.5 \qquad \tan\varphi = 1.73$$

$$P_{30(3)} = 0.15 \times 11 \text{ kW} = 1.7 \text{ kW}$$

$$S_{30(3)} = \sqrt{1.7^2 + 2.9^2} \text{ kVA} = 3.4 \text{ kVA}$$

$$I_{30(3)} = \frac{3.4}{\sqrt{3} \times 0.38} \text{ A} = 5.2 \text{ A}$$

④全车间的总计算负荷。根据同时系数 K_Σ 表,取同时系数,所以全车间的计算负荷为:

$$P_{30} = K_\Sigma \sum P_{30i} = 0.8 \times (28.4 + 5.6 + 1.7) \text{ kW} = 28.6 \text{ kW}$$

$$Q_{30} = K_\Sigma \sum Q_{30i} = 0.8 \times (49.1 + 15 + 2.9) \text{ kvar} = 53.6 \text{ kvar}$$

$$S_{30} = \sqrt{28.6^2 + 53.6^2} \text{ kVA} = 60.8 \text{ kVA}$$

$$I_{30} = \frac{60.8}{\sqrt{3} \times 0.38} \text{ A} = 92.4 \text{ A}$$

3）用二项式系数法

查附表1,取二项式系数为

$$b = 0.14 \qquad c = 0.4 \qquad x = 5 \qquad \cos\varphi = 0.5 \qquad \tan\varphi = 1.73$$

$$P_x = P_5 = 10.5 \text{ kW} \times 4 + 7.5 \text{ kW} \times 1 = 49.5 \text{ kW}$$

$$P_{30} = bP_e + cP_x = 0.14 \times 142 \text{ kW} + 0.4 \times 49.5 \text{ kW} = 39.7 \text{ kW}$$

$$Q_{30} = 39.7 \times 1.73 \text{ kvar} = 68.7 \text{ kvar}$$

$$S_{30} = \sqrt{39.7^2 + 68.7^2} \text{ kVA} = 79.4 \text{ kVA}$$

$$I_{30} = \frac{79.4 \text{ kVA}}{\sqrt{3} \times 0.38 \text{ kV}} = 120.6 \text{ A}$$

4.2.3 单相用电设备计算负荷的确定

单相设备接于三相线路中,应尽可能地均衡分配,使三相负荷尽可能平衡。如果均衡分配后,三相线路中剩余的单相设备总容量不超过三相设备总容量的 15%,可将单相设备总容量视为三相负荷平衡进行负荷计算。如果超过 15%,则应先将这部分单相设备容量换算为等效三相设备容量,再进行负荷计算。

(1) 单相设备接于相电压时

等效三相设备容量 P_e 按最大负荷相所接的单相设备容量 P_{emj} 的 3 倍计算,即

$$P_e = 3P_{em\varphi}$$

(2) 单相设备接于线电压时

容量 P_{ej} 为单相设备接于线电压时,其等效三相设备容量 P_e 为

$$P_e = \sqrt{3} P_{e\varphi}$$

4.2.4 工厂电气照明容量的确定

①不用镇流器的照明设备(如白炽灯、碘钨灯),其设备容量指灯头的额定功率,即

$$P_e = P_N$$

②用镇流器的照明设备(如荧光灯、高压汞灯、金属卤化物灯),其设备容量要包括镇流器中的功率损失,故一般略高于灯头的额定功率,即

$$P_e = 1.1P_N$$

③照明设备的额定容量还可按建筑物的单位面积容量法估算,即

$$P_e = \frac{\omega S}{1\ 000}$$

4.2.5 工厂电气照明负荷的确定

照明设备通常都是单相负荷,在设计安装时应将它们均匀地分配到三相上,力求减少三相负荷不平衡状况。设计规范规定,如果三相电路中单相设备总容量不超过三相设备容量的 15% 时,则单相设备可按三相平衡负荷考虑;如果三相电路中单相设备总容量超过三相设备容量的 15%,且三相明显不对称时,则首先应将单相设备容量换算为等效三相设备容量。换算的简单方法是:选择其中最大的一相单相设备容量乘 3 倍,作为等效三相设备容量,再与三相设备容量相加,应用需要系数法计算其计算负荷。

通常,车间的照明设备容量都不会超过车间三相设备容量的 15%。因此,可在确定了车间照明设备总容量后,按需要系数法单独计算车间照明设备的计算负荷。

4.2.6 用需要系数法计算全厂负荷

(1) 用需要系数法计算全厂计算负荷

在已知全厂用电设备总容量 P_e 的条件下,乘以一个工厂的需要系数 K_d 即可求得全厂的有功计算负荷(K_d 的取值见表 4.3),即

$$P_{30} = K_d P_e$$

表 4.3 工厂需要系数 K_d 的取值表

工厂类别	需要系数	功率因数	工厂类别	需要系数	功率因数
汽轮机制造厂	0.38	0.88	石油机械制造厂	0.45	0.78
锅炉制造厂	0.27	0.73	电线电缆制造厂	0.35	0.73
柴油机制造厂	0.32	0.74	电器开关制造厂	0.35	0.75
重型机床制造厂	0.32	0.71	橡胶厂	0.5	0.72
仪器仪表制造厂	0.37	0.81	通用机械厂	0.4	0.72
电机制造厂	0.33	0.81			

用逐级推算法计算全厂的计算负荷,如图 4.4 所示。

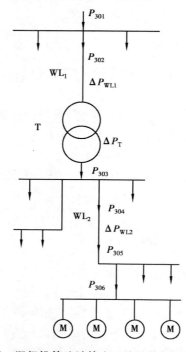

图 4.4 逐级推算法计算全厂的计算负荷示意图

P_{305} 应为其所有出线上的计算负荷 P_{306} 等之和,再乘上同时系数 K_Σ。而 P_{304} 要考虑线路 WL_2 的损耗,因此 $P_{304} = P_{305} + \Delta P_{WL2}$。$P_{303}$ 由 P_{304} 等几条干线上计算负荷之和乘以一个同时系数 K_Σ 而得。P_{302} 还要考虑变压器的损耗,因此 $P_{302} = P_{303} + \Delta P_T + \Delta P_{WL1}$。$P_{301}$ 由 P_{302} 等几条高压配电线路上计算负荷之和乘以一个同时系数 K_Σ 而得。对中小型工厂来说,厂内高低压配电线路一般不长,其功率损耗可略去不计。

(2)电力变压器的功率损耗

有功功率损耗为

$$\Delta P_T \approx 0.015 S_{30}$$

无功功率损耗为

$$\Delta Q_T \approx 0.06 S_{30}$$

110

（3）按年产量和年产值估算全厂的计算负荷

已知工厂的年产量 A 或年产值 B，根据工厂的单位产量耗电量 a 或单位产值耗电量 b，工厂的全年耗电量 W_a 为

$$W_a = Aa = Bb$$

全厂的有功计算负荷为

$$P_{30} = \frac{W_a}{T_{max}}$$

4.2.7　工厂的功率因数

功率因数是供用电系统的一项重要的技术经济指标，它反映了供用电系统中无功功率消耗量在系统总容量中所占的比重，反映了供用电系统的供电能力。

（1）功率因数的分类

其分类如下：

1）瞬时功率因数

瞬时功率因数是指运行中的工厂供用电系统在某一时刻的功率因数值。

瞬时功率因数为

$$\cos \varphi = \frac{P}{\sqrt{3}\,UI}$$

2）平均功率因数

平均功率因数是指某一规定时间段内功率因数的平均值。

平均功率因数为

$$\cos \varphi = \frac{W_P}{\sqrt{W_P^2 + W_Q^2}}$$

3）自然功率因数

自然功率因数是指用电设备或工厂在没有安装人工补偿装置时的功率因数。

4）总的功率因数

总的功率因数是指用电设备或工厂设置了人工补偿后的功率因数。

最大负荷时的功率因数为

$$\cos \varphi = \frac{P_{30}}{S_{30}}$$

（2）无功功率补偿

无功功率补偿原理如图 4.5 所示。

工厂中的用电设备多为感性负载，在运行过程中，除了消耗有功功率外，还需要大量的无功功率在电源至负荷之间交换，导致功率因数降低，给工厂供配电系统造成不利影响。

提高功率因数的方法是：提高自然功率因数；人工补偿无功功率；安装移相电容器。

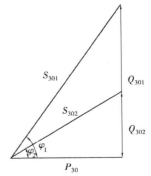

图 4.5　无功功率补偿原理图

（3）补偿容量和补偿后计算负荷的计算

补偿容量的计算为

$$Q_c = P_{30}(\tan \varphi_1 - \tan \varphi_2)$$

补偿后计算负荷的计算为

$$n = \frac{Q_c}{q_c}$$

总的无功计算负荷为

$$Q'_{30} = Q_{30} - Q_c$$

补偿后的视在计算负荷为

$$S'_{30} = \sqrt{P_{30}^2 + Q_{30}'^2} = \sqrt{P_{30}^2 + (Q_{30} - Q_c)^2}$$

尖峰电流是指持续时间 $1 \sim 2$ s 的短时最大负荷电流。它主要用来选择熔断器和低压断路器,整定继电保护,以及检验电动机自启动条件等。

单台用电设备尖峰电流的计算为

$$I_{pk} = I_{st} = K_{SI}I_N$$

多台用电设备尖峰电流的计算为

$$I_{pk} = K_\Sigma \sum_{i=1}^{n-1} I_{Ni} + I_{st\ max}$$
$$I_{pk} = I_{30} + (I_{st} - I_N)_{max}$$

4.3 短 路 计 算

4.3.1 短路故障的原因

运行中的电力系统或工厂供配电系统的相与相或者相与地之间发生的金属性非正常连接。系统中带电部分的电气绝缘出现破坏,而引起这种破坏的原因有过电压、雷击、绝缘材料的老化,以及运行人员的误操作和施工机械的破坏、鸟害、鼠害等。

4.3.2 短路计算的目的

为了正确选择和校验电气设备,准确地整定供配电系统的保护装置,避免在短路电流作用下损坏电气设备,保证供配电系统中出现短路时,保护装置能可靠动作。

无限大容量电力系统是指其容量相对于用户供电系统容量大得多的电力系统,当用户供电系统的负荷变动甚至发生短路时,电力系统变电所馈电母线上的电压能基本保持不变。如果电力系统的电源总阻抗不超过短路电路总阻抗的 $5\% \sim 10\%$,或电力系统容量超过用户供电系统容量的 50 倍时,可将电力系统视为无限大容量系统。最严重情况时短路全电流的波形曲线如图 4.6 所示。

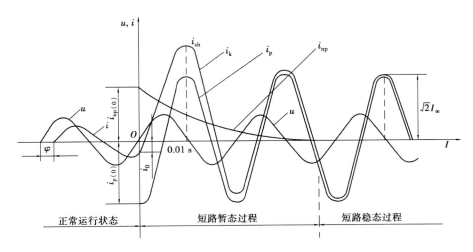

图 4.6　无限大容量电力系统短路全电流波形曲线

4.3.3　短路计算的短路参数

（1）$I''^{(3)}$

短路后第一个周期的短路电流周期分量的有效值,称为次暂态短路电流有效值。

（2）$i_{sh}^{(3)}$

短路后经过半个周期（即 0.01 s）时的短路电流峰值,是整个短路过程中的最大瞬时电流。这一最大的瞬时短路电流称为短路冲击电流。

（3）$I_{sh}^{(3)}$

它是指三相短路冲击电流有效值,短路后第一个周期的短路电流的有效值。

（4）$I_K^{(3)}$

它是指三相短路电流稳态有效值。

（5）$S_K''^{(3)}$

它是指次暂态三相短路容量。

4.3.4　短路计算的公式

（1）**对于高压电路的短路**

其短路计算的公式为

$$i_{sh}^{(3)} = 2.55I''^{(3)} \qquad I_{sh}^{(3)} = 1.51I''^{(3)}$$

（2）**对于低压电路的短路**

其短路计算的公式为

$$i_{sh}^{(3)} = 1.84I''^{(3)} \qquad I_{sh}^{(3)} = 1.09I''^{(3)}$$

4.3.5　短路计算的方法简介

当供配电系统中某处发生短路时,其中一部分阻抗被短接,网路阻抗发生变化。因此在进行短路电流计算时,应先对各电气设备的参数（电阻或电抗）进行计算。

①有名值法。电气设备的电阻和电抗及其他电气参数用有名值（即有单位的值）表示。

②标幺值法。电气设备的电阻和电抗及其他电气参数用相对值表示。

③短路容量法。电气设备的电阻和电抗及其他电气参数,用短路容量表示。

有名值法进行短路计算的步骤如下:

①绘制短路回路等效电路。

②计算短路回路中各元件的阻抗值。

③求等效阻抗,化简电路。

④计算三相短路电流周期分量有效值及其他短路参数。

⑤列短路计算表。

标幺值法进行短路计算的步骤如下:

①选择基准容量、基准电压、计算短路点的基准电流。

②绘制短路回路的等效电路。

③计算短路回路中各元件的电抗标幺值。

④求总电抗标幺值,化简电路。

⑤计算三相短路电流周期分量有效值及其他短路参数。

4.3.6 无限大容量电源供电系统短路电流计算

(1)无限大容量电源供电系统短路电流计算的步骤

①绘出计算电路图。

②确定短路计算点。

③按所选择的短路计算点绘出等效电路图。

④计算电路中各主要元件的阻抗。

⑤等效电路化简。

⑥求出其等效总阻抗。

⑦计算短路电流和短路容量。

(2)采用欧姆法进行短路计算

①三相短路时,三相短路电流周期分量有效值为

$$I_k^{(3)} = \frac{U_C}{\sqrt{3}\,|Z_\Sigma|} = \frac{U_C}{\sqrt{3}\sqrt{R_\Sigma^2 + X_\Sigma^2}}$$

②不计电阻,则三相短路电流的周期分量有效值为

$$I_k^{(3)} = \frac{U_C}{\sqrt{3}\,X_\Sigma}$$

③三相短路容量为

$$S_k^{(3)} = \sqrt{3}\,U_C I_K^{(3)}$$

④电力系统的电抗为

$$X_S = \frac{U_C^2}{S_{OC}}$$

⑤断流容量如下

$$S_{OC} = \sqrt{3}\,I_{OC} U_N$$

⑥电力变压器的功率损耗为

$$\Delta P_x \approx 3I_N^2 R_T \approx 3\left(\frac{S_N}{\sqrt{3}\,U_C}\right)^2 R_T = \left(\frac{S_N}{U_C}\right)^2 R_T$$

⑦变压器的电阻 R_T 为

$$R_T \approx \Delta R_K \left(\frac{U_C}{S_N}\right)^2$$

⑧变压器的电抗 X_T 为

$$U_K\% \approx \left(\frac{\sqrt{3}\,I_N X_T}{U_C}\right) \times 100\% \approx \left(\frac{S_N X_T}{U_C^2}\right) \times 100\%$$

$$X_T \approx \frac{U_k\% \times U_c^2}{S_N}$$

⑨线路的电阻 R_{WL} 为

$$R_{WL} = R_o l$$

⑩线路的电抗 X_{WL} 为

$$X_{WL} = X_o l$$

电力线路每相的单位长度电抗平均值可查表4.4。

表4.4　电力线路每相的单位长度电抗平均值

线路结构	线路电压		
	35 kV 及以上	6~10 kV	220/380 V
架空线路	0.4	0.35	0.32
电缆线路	0.12	0.08	0.066

阻抗等效换算的条件是元件的功率损耗不变,即

$$\Delta P = \frac{U^2}{R} \qquad \Delta Q = \frac{U^2}{X}$$

阻抗换算的公式为

$$R' = R\left(\frac{U'_C}{U_C}\right)^2 \qquad X' = X\left(\frac{U'_C}{U_C}\right)^2$$

(3)采用标幺制法进行短路计算

标幺制法即相对单位制法,因其短路计算中的有关物理量是采用标幺值而命名。任一物理量的标幺值,为该物理量的实际值与所选定的标准值的比值,即

$$A_d^* = \frac{A}{A_d}$$

按标幺制法进行短路计算时,一般是先选定基准容量 S_d 和基准电压 U_d。工程设计中通常取基准电压,通常取元件所在处的短路计算电压,即取选定了基准容量 S_d 和基准电压 U_d 之后,基准电流 I_d 为

$$I_d = \frac{S_d}{\sqrt{3}\,U_d} = \frac{S_d}{\sqrt{3}\,U_C}$$

基准电抗 X_d 为

$$X_d = \frac{U_d}{\sqrt{3}\,I_d} = \frac{U_C^2}{S_d}$$

各主要元件的电抗标幺值如下：

①电力系统的电抗标幺值为

$$X_S^* = \frac{X_S}{X_d} = \frac{\dfrac{U_C^2}{S_{OC}}}{\dfrac{U_C^2}{S_d}} = \frac{S_d}{S_{OC}}$$

②电力变压器的电抗标幺值为

$$X_T^* = \frac{X_T}{X_d} = \frac{\dfrac{U_K\% \times U_C^2}{S_N}}{\dfrac{U_C^2}{S_d}} = \frac{U_K\% \times S_d}{S_N}$$

③电力线路的标幺值为

$$X_{WL}^* = \frac{X_{WI}}{X_d} = \frac{X_o l}{\dfrac{U_C^2}{S_d}} = X_o l\,\frac{S_d}{U_C^2}$$

无限大容量系统三相短路电流周期分量有效值的标幺值为

$$I_k^{(3)*} = \frac{I_k^{(3)}}{I_d} = \frac{\dfrac{U_d}{\sqrt{3}\,X_\Sigma}}{\dfrac{S_d}{\sqrt{3}\,U_C}} = \frac{U_C^2}{S_d X_\Sigma} = \frac{1}{X_\Sigma^*}$$

三相短路容量为

$$S_k^{(3)} = \sqrt{3}\,U_C I_k^{(3)} = \frac{\sqrt{3}\,U_C I_d}{X_\Sigma^*}$$

4.3.7 短路的效应及危害

电力系统中出现短路故障后,由于负载阻抗被短接,电源到短路点的短路阻抗很小,使电源至短路点的短路电流比正常时的工作电流大几十倍甚至几百倍。在大的电力系统中,短路电流可达几万安培至几十万安培,强大的电流所产生的热和电动力效应将使电气设备受到破坏,短路点的电弧将烧毁电气设备,短路点附近的电压会显著降低,严重情况将使供电受到影响或被迫中断。不对称短路所造成的零序电流,还会在邻近的通信线路内产生感应电动势干扰通信,也可能危及人身和设备的安全。

(1)一般电器

要求电器的极限通过电流(动稳定电流)峰值大于最大短路电流峰值,即

$$i_{max} \geqslant i_{sh}$$

(2)绝缘子

要求绝缘子的最大允许抗弯载荷大于最大计算载荷,即

$$F_{al} \geqslant F_C$$

(3)短路电流的热效应

对成套电气设备,因导体材料及截面均已确定,故达到极限温度所需的热量只与电流及通过的时间有关。常用导体和电缆的最高允许温度表见表4.5,即

$$I_t^2 t \geq I_\infty^2 t_{\text{ima}}$$

表4.5 常用导体和电缆的最高允许温度表

导体的材料和种类		最高允许温度/℃	
		正常时	短路时
硬导体	铜	70	300
	铜(镀锡)	85	200
	铝	70	200
	钢	70	300
油浸纸绝缘电缆	铜芯 10 kV	60	250
	铝芯 10 kV	60	200
交联聚乙烯绝缘电缆	铜芯	80	230
	铝芯	80	200

(4)导体和电缆

对导体和电缆为

$$S_{\text{min}} = I_\infty \sqrt{\frac{t_{\text{ima}}}{C}}$$

导体和电缆的选择截面大于等于 S_{min},即热稳定合格。

小 结

电力负荷一方面是指耗用电能的用电设备和用户;另一方面是指用电设备或用户耗用的功率或电流大小。电力负荷等级分为一级负荷:中断供电将造成人身伤亡时;中断供电将在政治、经济上造成重大损失时;中断供电将影响有重大政治、经济意义的用电单位的正常工作。一级负荷两路电源供电,增设应急电源;二级负荷:中断供电将在政治、经济上造成较大损失时;中断供电将影响重要用电单位的正常工作。二级负荷两回路供电;不属于一级和二级负荷者应为三级负荷,三级负荷无特殊要求。年最大负荷是指全年中负荷最大的工作班内消耗电能最大的半小时的平均功率,故年最大负荷也称为半小时最大负荷。年最大负荷利用小时是指一个假想的时间,在此时间内电力负荷按年最大负荷持续运行所消耗的电能,恰好等于该电力负荷全年消耗的电能。平均负荷是指电力负荷在一定时间内平均消耗的功率,也就是电力负荷在时间内消耗的电能除以时间的值。负荷曲线是表示电力负荷随时间变动情况的曲线。负荷曲线按负荷对象,可分为工厂、车间或某台设备的负荷曲线;按负荷的功率性质,可分为有功和无功负荷曲线;按表示的时间,可分为年、月、日和工作班的负荷曲线;按绘

制方式,可分为依点连成的负荷曲线和梯形负荷曲线。负荷计算的目的主要是确定"计算负荷"。常用方法有需要系数法和二项式系数法。

短路是指不同电位的导电部分包括导电部分对地之间的低阻性短接。短路电流是指电力系统在运行中相与相之间或相与地(或中性线)之间发生非正常连接(短路)时流过的电流。造成短路的主要原因有:线路老化,绝缘破坏而造成短路;电源过电压,造成绝缘击穿;小动物(如蛇、野兔、猫等)跨接在裸线上;人为的多种乱拉乱接造成;室外架空线线路松弛,大风作用下碰撞;线路安装过低与各种运输物品或金属物品相碰造成短路。短路的后果有:产生很大的电动力和很高的温度,使故障元件和短路电路中其他元件损坏,甚至引起火灾;电路的电压骤降,严重影响电气设备的运行;保护装置动作,将故障电路切除,从而造成停电,造成损失;影响电力系统运行额稳定性,可使并列运行的发电机组失去同步,造成系统解列;短路电流产生不平衡交变磁场,对通信线路、电子设备等产生电磁干扰,影响其正常运行,甚至发生误动作。三相系统中发生的短路有三相短路、两相短路、单相对地短路及两相对地短路。

无限大容量电力系统是指供电容量相对于用户供电系统容量大得多的电力系统。当供配电系统中某处发生短路时,其中一部分阻抗被短接,网路阻抗发生变化,常见的短路电流计算方法有:有名值法——电气设备的电阻和电抗及其他电气参数用有名值(即有单位的值)表示;标幺值法——电气设备的电阻和电抗及其他电气参数用相对值表示;短路容量法——电气设备的电阻和电抗及其他电气参数用短路容量表示。

习题 4

一、填空题

4.1　工厂常用的用电设备工作制有_____、_____和_____。

4.2　起重机械在计算额定容量时暂载率应换算到_____%。

4.3　日负荷曲线是表明电力负荷在_____内的变化情况。

4.4　变压器的有功功率损耗一般为_____,无功功率损耗为_____。

4.5　负荷计算的方法有_____和_____。

4.6　某 380 V 用电设备组的用功计算负荷为 560 kW,功率因数为 0.8,则该厂的无功计算负荷是_____,视在计算负荷是_____,计算电流为_____。

4.7　某电焊机在 $\varepsilon = 60\%$ 时的额定容量为 50 kVA,那么,在 $\varepsilon = 100\%$ 时的等效容量为_____。

4.8　需要系数法适用于计算_____的计算负荷,而二项式系数法适用于计算_____范围的计算负荷。

4.9　工厂主要采用_____的方法来提高功率因数。

4.10　短路故障的原因主要有_____,短路形式_____、_____、_____及_____。_____短路电流最大。

二、判断题(正确的打"√",错误的打"×")

4.11　车间所有用电设备的额定功率之和就是该车间的额定容量。　　　　　　(　　)

4.12 年最大负荷利用小时越少越好。 （   ）

4.13 需要系数是一个小于1的系数。 （   ）

4.14 瞬时功率因数一般用来作为电业部门调整收费标准的依据。 （   ）

4.15 在变压器高压侧和低压侧补偿相同容量的电容可以达到同样的补偿效果。 （   ）

4.16 单相设备容量换算为等效三相设备容量,将其单相容量乘以3即可。 （   ）

4.17 设备的总容量就是计算负荷。 （   ）

4.18 轧亚书店线路的故障,绝大部分是单相接地故障。 （   ）

三、选择题

4.19 下列（   ）设备属于长期连续工作制设备。

A. 电梯　　　　　B. 电焊机　　　　　C. 空压机　　　　　D. 机床辅助电机

E. 照明设备

4.20 计算车间设备容量时,电焊机设备要统一换算到（   ）,起重机要统一换算到（   ）。

A. 15%　　　　　B. 25%　　　　　C. 75%　　　　　D. 100%

4.21 使用需要系数法确定计算负荷,主要适用于（   ）。二项式系数法主要适用于（   ）。

A. 配电支干线和配电箱的负荷计算　　　B. 变配电所的负荷计算

4.22 某车间生产线只有一台电动机,其功率为20 kW,功率因数0.8,效率为0.9,其额定容量为（   ）。

A. 16 kW　　　　　B. 18 kW　　　　　C. 20 kW

D. 22.2 kW　　　　　E. 25 kW

4.23 我国有关规程规定,高压供电的工厂,最大负荷时的功率因数不得低于（   ）,其他工厂不得低于（   ）。

A. 0.8　　　　　B. 0.85　　　　　C. 0.9　　　　　D. 0.95

4.24 选择下列合适的表示符号填入括号内:次暂态短路电流有效值（   ）,三相冲击电流峰值（   ）,三相冲击电流有效值（   ）,三相短路电流稳态有效值（   ）。

A. $I_{sh}^{(3)}$　　　　　B. $I_{sh}^{(3)}$　　　　　C. $I_K^{(3)}$　　　　　D. $I''^{(3)}$

四、计算题

4.25 一个大批量生产的机械加工车间,拥有380 V金属切削机床50台,总容量为650 kW,试确定此车间的计算负荷。

4.26 有一个380 V三相线路,供电给35台小批量生产的冷加工机床电动机,总容量为85 kW,其中较大容量的电动机有7.5 kW 1台,4 kW 3台,3 kW 12台。试分别用需要系数法和二项式系数法确定其计算负荷。

4.27 一机修车间,有冷加工机床30台,设备总容量为150 kW,电焊机5台,共15.5 kW（暂载率为65%）,通风机4台,共4.8 kW,车间采用380/220 V线路供电,试确定该车间的计算负荷。

4.28 某工厂有功计算负荷为2 200 kW,功率因数为0.55,现计划在10 kV母线上安装补偿电容器,使功率因数提高到 0.9,问电容器的安装容量为多少? 安装电容器后工厂的视在负荷有何变化?

4.29 某厂变电所装有一台 630 kVA 变压器,其二次侧(380 V)的有功计算负荷为 420 kVA,无功计算负荷为 350 kvar。试求此变电所一次侧(10 kV)的计算负荷及其功率因数。如果功率因数未达到 0.9,问此变电所低压母线上应装设多大并联电容器容量才能满足要求?

4.30 有一地区变电所通过一条长 4 km 的 10 kV 电缆线路供电给某厂一个装有两台并列运行的 SL7-800 型变压器的变电所,地区变电所出口处断路器断流容量为 300 MVA。试用标幺值法求该厂变电所 10 kV 高压侧和 380 V 低压侧的短路电流 i_{sh},I_{sh},I'',I_∞,I_K,S_K 等,并列出短路计算表。

第 **5** 章
供配电线路的导线和电缆

导线的截面通常是由发热条件、机械强度、经济电流密度、电压损失及导线长期允许安全载流量等因素决定的。

5.1 导线和电缆型号的选择

5.1.1 导线和电缆的组成

(1)电线电缆的组成

电线电缆由导体、绝缘层、屏蔽层及保护层4部分组成。

1)导体

导体是电线电缆的导电部分,用来输送电能,是电线电缆的主要部分。

2)绝缘层

绝缘层是将导体与大地以及不同相的导体之间在电气上彼此隔离,保证电能输送,是电线电缆结构中不可缺少的组成部分。

3)屏蔽层

15 kV 及以上的电线电缆一般都有导体屏蔽层和绝缘屏蔽层。

4)保护层

保护层的作用是保护电线电缆免受外界杂质和水分的侵入,以及防止外力直接损坏电力电缆。

(2)架空线的组成

架空导线是架空电力线路的主要组成部件,其作用是传输电流,输送电功率。由于架设在杆塔上面,导线要承受自重及风、雪、冰等外加荷载,同时还会受到周围空气所含化学物质的侵蚀。因此,不仅要求导线有良好的电气性能、足够的机械强度及抗腐蚀能力,还要求尽可能质轻且价廉。

1)架空导线材料

架空导线的材料有铜、铝、钢、铝合金等。其中,铜的导电率高、机械强度高,抗氧化抗腐蚀能力强,是比较理想的导线材料,但由于铜的蕴藏量相对较少,且用途广泛,价格昂贵,故一般不采用铜导线。铝的导电率次于铜,密度小,也有一定的抗氧化抗腐蚀能力,且价格比较低,故广泛应用于架空线路中。但由于铝的机械强度低,不适应大跨度架设,因此,采用铜芯铝绞线或铜芯铝合金绞线可提高导线的机械强度。

2)架空导线结构

架空导线的结构总的可分为3类:单股导线、多股绞线和复合材料多股绞线。单股导线由于制造工艺上的原因,当截面增加时,机械强度下降,因此单股导线截面一般都在 10 mm² 以下,目前广为使用最大到 6 mm²。多股绞线由多股细导线绞合而成,多层绞线相邻层的绞向相反,防止放线时打卷扭花。其优点是机械强度较高、柔韧,适于弯曲。常见的是钢芯铝绞线,其线芯部位由钢线绞合而成,外部再绞合铝线,综合了钢的机械性能和铝的电气性能,成为目前广泛应用的架空导线。

5.1.2 工厂常用架空线路裸导线的选择

所谓裸导线,是指用铝、铜或钢制成,外面没有包覆层,导电部分能触摸或看到的导线。铜导电性能好,抗腐蚀能力强,容易焊接,但铜线的价格高;铝线的最大缺点是机械强度低,允许应力小,为了加强铝线的机械强度,往往采用绞线,有时用抗张强度为 1 200 N/mm² 的钢作为芯线,铝线绞在钢芯外面,作导电主体,这种线称为钢芯铝绞线。

(1)分类

1)铜绞线(TJ)

导电性能好,对风雨及化学腐蚀的抵抗力强,但造价高且密度过大,选用时根据实际需要。常用于人口稠密的城市配电网、军事设施及沿海易受海水潮气腐蚀的地区电网。

2)铝绞线(LJ)

户外架空线路采用的铝绞线带导电性能好、质量轻,对风雨的抵抗能力强,但对化学腐蚀的抵抗能力的强。常用与 35 kV 以下的配电线路,且常作分支线使用。

3)钢芯铝绞线(LGJ)

解决了铝绞线机械强度差的缺点,由于交流电的趋肤效应实际上交流电只从铝线通过,所钢芯铝绞线的截面积实际上是指外围用的铝线部分的面积。因此,广泛应用在机械强度要求较高和 35 kV 以上的架空高压线路上。

4)轻型钢芯铝绞线(LGJQ)

一般用于平原地区且气象条件较好的高压电网中。

5)加强型钢芯铝绞线(LGJJ)

多用于输电线路中的大跨越地段或对机械强度要求很高的场合。

6)铝合金交心(LHJ)

常用于 110 kV 及以上的输电线路上。

7)钢绞线(GJ)

常用作架空地线、接地引下线及杆塔的拉线。

(2)工厂常用的电力电缆型号的选择

架空电力线路一般都采用多股裸导线,但近几年来城区内的 10 kV 架空配电线路逐步改用架空绝缘导线。运行证明其优点较多,线路故障明显降低,一定程度上解决了线路与树木间的矛盾,降低了维护工作量,线路的安全可靠性明显提高。

架空绝缘导线按电压等级,可分为中压(10 kV)绝缘线和低压绝缘线;按绝缘材料,可分为聚氯乙烯绝缘线、聚乙烯绝缘线和交链聚乙烯绝缘线。聚氯乙烯绝缘线(JV)有较好的阻燃性能和较高的机械强度,但介电性能差、耐热性能差;聚乙烯绝缘线(JY)有较好的介电性能,但耐热性能差,易延燃、易龟裂;交链聚乙烯绝缘线(JKYJ)是理想的绝缘材料,有优良的介电性能,耐热性好,机械强度高。

电线电缆主要包括裸电线、绕组线、电力电缆、通信电缆与光缆、电气装备用。常用绝缘导线的型号、名称及主要用途见表5.1。

表5.1 常用绝缘导线的型号、名称及主要用途

型号		名称	主要用途
铜芯	铝芯		
BX	BLX	棉纱编织橡胶绝缘电线	固定敷设,可明敷、暗敷
BXF	BLXF	氯丁橡胶绝缘电线	固定敷设,可明敷、暗敷,尤其适用室外
BXHF	BLXHF	橡胶绝缘氯丁橡胶护套电线	固定敷设,适用于干燥或潮湿场所
BV	BLV	聚氯乙烯绝缘电线	室内、外固定敷设
BVV	BLVV	聚氯乙烯绝缘聚氯乙烯护套电线	室内、外固定敷设
BVR		聚氯乙烯绝缘软电线	同 BV 型,安装要求较柔软时用
RV		聚氯乙烯绝缘软线	交流额定电压 250 V 以下日用电器,照明灯头接线,无线电设备等
RVB		聚氯乙烯绝缘平型软线	
RVS		聚氯乙烯绝缘铰型软线	

5.2 导线截面的选择

5.2.1 导线和电缆截面选择的条件

工厂电力线路的导线和电缆截面的选择必须满足下列条件:

(1)发热条件

导线和电缆在通过计算电流时产生的发热高温,不应超过其正常运行时的最高允许温度。

(2)电压损耗

导线和电缆在通过计算电流时产生的电压损耗,不应超过正常运行时允许的电压损耗值。对于工厂内较短的高压线路,可不进行电压损耗校验。

(3)经济电流密度

高压线路及特大电流的低压线路,一般应按规定的经济电流密度选择和电缆的截面,以使线路的年运行费用(包括电能损耗费)接近于最小,节约电能和有色金属。但对工厂内的很短的 10 kV 及以下的高压线路和母线,可不按经济电流密度选择。

(4)机械强度

根据设计经验,低压动力线,因其负荷电流较大,故一般先按发热条件来选择截面,再校验电压损耗和机械强度。低压照明线,因照明对电压水平要求较高,所以一般先按允许电压损耗来选择截面,然后校验其发热条件和机械强度。而高压线路则往往先按经济电流密度来选择截面(除很短的厂内高压配电线路外),再校验其他条件。按以上经验选择,通常较易满足要求,较少返工。

5.2.2 导线截面的选择

导线截面的选择,即根据实际工况给出满足技术与经济条件的电线或电缆截面。导线选择的内容可概括为两方面:一方面,确定供电网络结构,导线型号、使用环境和敷设方式;另一方面,选择确定导线截面实际截面大小。从导线安全运行的角度考虑,要求架空线路有足够的承受机械强度的能力和导线发热最高允许的工作温度。承受机械强度能力决定了导线的最小允许截面。此外,还要校验线路电压损失大小,即按电压损失要求选择截面法及依据初投资与年运行费综合经济方案比较和经济电流密度法选导线截面等。

(1)依据发热选择导线截面

假如线路中的最大计算负荷为

$$P = p_1 + p_2 = 20 \text{ kW} + 30 \text{ kW} = 50 \text{ kW}$$

$$Q = q_1 + q_2 = 15 \text{ kvar} + 30 \text{ kvar} = 45 \text{ kvar}$$

$$S = \sqrt{P^2 + Q^2} = \sqrt{50^2 + 45^2} \text{ kVA} = 67.3 \text{ kVA}$$

$$I = \frac{S}{\sqrt{3} U_N} = \frac{67.3 \text{ kVA}}{\sqrt{3} \times 0.38 \text{ kV}} = 102 \text{ A}$$

则按计算得的电流值查表,可得 BV 型导线 $S = 25 \text{ mm}^2$,在环境温度 35 ℃时的允许载流 $I_{al} = 110 \text{ A} = 102 \text{ A}$;考虑近期扩容及其他因素,可选 BV-500-1×35 型导线 3 根作相线及 BV-500-1×25 型导线 1 根作保护中性线(PEN 线),通常保护线截面为相线截面的 1/2 左右。

导线传输一定负荷时,其电流通过线路电阻,耗能使导线温度升高,会导致绝缘老化和机械强度降低。因此,各类导线通常都规定其允许长期工作的最高温度。当周围介质温度一定时,某一截面的导线必然有其最大允许电流,这一电流(载流量)通常是由导线生产厂家列表给出,以备查用。

依据发热要求,截面为 S 的导线,在实际介质温度下的载流量必须满足

$$I_{al} \geqslant I_c = I_{30}$$

式中　I_{al}——导线允许载流量;

　　　I_c——计算电流。

①周围介质温度按下述条件确定:

a.空气温度按最热月份下午 1 点的平均温度确定。

b.地下温度按 0.8 m 深处的土壤月平均最高温度考虑,若电缆穿钢管则应按空气温度考虑。

②当导线敷设地点实际环境温度 θ_1' 不同于表中规定的导线允许载流量基准数值 θ_1 时,

需用下式对导线所能通过的允许电流进行修正,即

$$I'_{al} = \sqrt{\frac{\theta_2 - \theta'_1}{\theta_2 - \theta_1}} \times I_{al}$$

式中　I'_{al}——实际介质温度 θ'_1 下导线允许通过的电流;

　　　I_{al}——表中所列基准介质允许通过的电流;

　　　θ_2——导线正常工作时允许的最高温度。

③在供、配电设计时,导线截面应根据计算电流和导线敷设地实际环境温度查表确定,如杭州地区温度为 37 ℃。选用电缆线还需作在短路故障条件下的发热校验。

例 5.1　设有一回 10 kV LJ 型架空线路向两个负荷点供电,线路长度和负荷情况如图 5.1 所示。已知架空线的线间均距为 1 m,最高环境温度为 37 ℃,试按发热选择 AB 段导线截面。

解　设线路 AB 和 BC 段选同一截面 LJ 型铝绞线,AB 段导线负荷最大电流为

$$I = \frac{\sqrt{p^2 + q^2}}{\sqrt{3}\,U_N} = \frac{\sqrt{(1\,800)^2 + (800)^2}}{\sqrt{3}\cdot 10}\,A \approx 114\,A$$

查附表:户外裸绞线 LJ-25 在 35 ℃ 条件下,载流量为 119 A,40 ℃ 条件下载流量为 109 A,现求 37 ℃ 条件下的载流量,由附表查得,该导线 25 ℃ 条件下的载流量 135 A。

依据

$$I_{37°} = \sqrt{\frac{\theta_2 - \theta'_1}{\theta_2 - \theta_1}}\,I_{25°} = \sqrt{\frac{70 - 37}{70 - 25}}\cdot 135\,A = 115\,A$$
$$> 114\,A$$

若不考虑其他因素选 LJ-25 导线能满足发热条件,且满足机械强度要求。

(2)按经济电流密度选择校验导线和电缆的截面

导线(包括电缆)的截面越大,电能损耗就越小,但是线路投资,维修管理费用和有色金属消耗量却要增加。因此从经济方面考虑,导线应选择一个比较合理的截面,既使电能损耗小,又不致过分增加线路投资、维修管理费和有色金属消耗量。

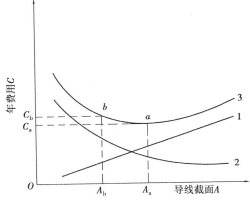

图 5.2　线路的年费用和导线截面的关系曲线

如图 5.2 所示为线路年费用和导线截面的关系曲线。其中,曲线 1 表示线路的年折旧费(线路投资除以折旧年限之值)和线路的年维修管理费之和与导线截面的关系曲线;曲线 2 表示线路的年电能损耗费与导线截面的关系曲线;曲线 3 为曲线 1 与曲线 2 的叠加,表示线路的年运行费用(包括线路的年折旧费、维修费、管理费和电能损耗费)与导线截面的关系曲线。由曲线 3 可知,与年运行费最小值 C_a(a 点)相对应的导线截面 A 不一定是最经济合理的导线截面,因为 a 点附近,曲线 3 比较平坦,如果将导线截面再选小一些,如选为 A(b 点),年运行费用 C_b 增加不多,但导线截面即有色金属消耗量却显著地减少。因此,从全面的经济效益来考虑,导线截面选为 A_b 比选 A_a 更为经济合理。这种从全面的经济效益考虑,使线路的年运行费用接近最小同时又适当考虑有色金属节约的导线截面,称为经济截面,用符号 A_{ec} 表示。

各国根据其具体国情特别是有色金属资源的情况规定了各自的导线和电缆的经济电流密度。所谓经济电流密度,是指与经济截面对应的导线电流密度。我国现行的经济电流密度规定见表 5.2。

表 5.2　经济电流密度规定表

线路类别	导线材质	年最大负荷利用小时		
		3 000 h 以下	3 000～5 000 h	5 000 h 以上
架空线路	铝	1.65	1.15	0.90
	铜	3.00	2.25	1.75
电缆线路	铝	1.92	1.73	1.54
	铜	2.50	2.25	2.00

1)导线和电缆的经济电流密度

按经济电流密度 j_{ec} 计算经济截面 A_{ec} 的公式为

$$A_{ec} = \frac{I_{30}}{j_{ec}}$$

式中　I_{30}——线路的计算电流。

按上式计算出 A_{ec} 后,应选最接近的标准截面(可取较小的标准截面),然后检验其他条件。

例 5.2　有一条用 LJ 型铝绞线架设的 5 km 长的 10 kV 架空线路,计算负荷为 1 380 kW,$\cos \varphi = 0.7$,$T = 4\ 800$ h,试选择其经济截面,并校验其发热条件和机械强度。

解　1)选择经济截面

$$I_{30} = \frac{P_{30}}{\sqrt{3}\ U_{N\cos\varphi}}$$

$$= \frac{1\ 380\ kW}{\sqrt{3} \times 10\ kV \times 0.7}$$

$$= 114\ A$$

由表查得 $j_{ec} = 1.51$ A/mm²,因此 $A_{ec} = 114$ A/(1.15 A/ mm²)$ = 99$ mm²,故初选的标准截面为 95 mm²,即 LJ-95 型铝绞线。

2)校验机械强度

导线的截面应不小于最小允许截面,如导线的最小允许截面见表 5.3。由于电缆的机械强度很好,因此电缆不校验机械强度,但需校验短路热稳定度。此外,对于绝缘导线和电缆,还需满足工作电压的要求。

表 5.3　导线的最小允许截面表

导线种类	最小允许截面/mm²			备　注
	35 kV	3 ~ 10 kV	低压	
铝及铝合金线	35	35	16*	与铁路交叉时跨越时应为 35 mm²
钢芯铝绞线	35	25	16	

5.3　线路电压损失计算

5.3.1　带一个集中负荷线路的电压损失

三相负荷平衡时,三相供电线路中每相的电流值相等,且每相电流、电压相位也相同。线路电压损失的分析方法是:先计算出一相的电压损失,再换算成三相线路的电压损失。

如图 5.3(a)所示为单个集中负荷的供电线路单线图,如图 5.3(b)所示为相应的电压相量图。

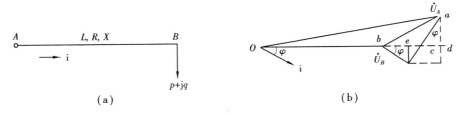

图 5.3　单个集中负荷的供电线路单线图及相应的电压相量图
(a)单线图　(b)向量图

电压降落($\Delta \dot{U}_X$)表示线路始端电压 $\dot{U}_A$ 与末端电压 $\dot{U}_B$ 的几何差(矢量)为 $\overrightarrow{ba}$,其值为

$$\Delta \dot{U}_X = \dot{U}_A - \dot{U}_B = \overrightarrow{ba}$$

电压损失(ΔU_X)表示线路中阻抗元件两端电压的数值差,即 U_A 与 U_B 的差值,记为 $\overline{bd}$,即

$$\Delta U_X = U_A - U_B = \overline{bd}$$

在工程计算中,由于 $\overline{cd}$ 值很小,$\overline{bc}$,即

$$\Delta U_X = \overline{bd} \approx \overline{bc} = \overline{be} + \overline{ec} = IR \cos \varphi + IX \sin \varphi$$

由于实际运算时,负荷一般用功率表示,$P_B = \sqrt{3} U_N I \cos \varphi$,即 $I = \dfrac{P_B}{\sqrt{3} U_N \cos \varphi}$;由上式得

$$\Delta U_X = \frac{(IR \cos \varphi + IX \sin \varphi) U_B}{U_B} = \frac{p_B \cdot R + q_B \cdot X}{\sqrt{3} U_N}$$

式中　p_B——B 点的三相有功功率,kW;

　　　q_B——B 点的三相无功功率,kvar;

　　　R,X——线路 AB 之间的电阻和感抗,Ω;

　　　I——负荷电流,kA;

　　　$\cos\varphi$——B 点负荷的功率因数;

　　　U_B——B 点相电压,kV;

　　　ΔU_X——单相相电压损失,V。

线电压的损失 $\Delta U = \sqrt{3}\,\Delta U_X$,即

$$\Delta U = \sqrt{3}\,\Delta U_X = \frac{p}{U_N}\cdot R + \frac{q}{U_N}\cdot X$$

式中　p——B 点的三相有功功率,kW;

　　　Q——B 点的三相无功功率,kvar。

电压损失也常用相对于额定电压 U_N 的百分数表示,即

$$\delta_u = \frac{\Delta U}{1\,000U_N}\times 100\% = \frac{1}{10U_N^2}[p\cdot R + q\cdot X]\%$$

式中　U_N——额定线电压,kV;

　　　δ_u——电压损失相对值或百分数。

5.3.2　带 n 个集中负荷线路的电压损失

如图 5.4 所示为两个集中负荷的线路,P_1,Q_1 和 P_2,Q_2 为线段 l_1 和 l_2 上通过的有功、无功功率;r_1,x_1 和 r_2,x_2 分别为线段 l_1 和 l_2 的电阻与电抗;p_1,q_1 和 p_2,q_2 为支线 1 和 2 引出的有功、无功负荷;R_1,X_1 和 R_2,X_2 分别是线段 L_1 和 L_2 的电阻、电抗。

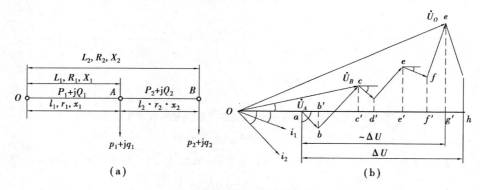

图 5.4　带两个集中符合的线路示意图

（a)线路图　（b)多个负荷相量图

由图 5.4 可知

$$P_1 = p_1 + p_2,\ Q_1 = q_1 + q_2$$
$$P_2 = p_2,\ Q_2 = q_2$$

线路 OB 总的电压损失为各线段电压损失之和,即

$$\Delta U = \Delta U_1 + \Delta U_2$$
$$= \frac{P_1 r_1 + Q_1 x_1}{U_N} + \frac{P_2 r_2 + Q_2 x_2}{U_N}$$

$$= \frac{P_1 r_1 + P_2 r_2}{U_N} + \frac{Q_1 x_1 + Q_2 x_2}{U_N}$$

由此可推得 n 个集中负荷线路的电压损失表达式为

$$\Delta U = \sum_{i=1}^{n} \frac{P_i r_i}{U_N} + \sum_{i=1}^{n} \frac{Q_i x_i}{U_N}$$

对于全长用同一截面导体的线路,又可表达为

$$\Delta U = \frac{1}{U_N} \left[r_0 \sum_{i=1}^{n} P_i l_i + x_0 \sum_{i=1}^{n} Q_i l_i \right]$$

若用百分数表示则为

$$\delta_u = \frac{1}{10 U_N^2} \left[r_0 \sum_{i=1}^{n} P_i l_i + x_0 \sum_{i=1}^{n} Q_i l_i \right] \%$$

式中　P_i, Q_i——通过第 i 段干线的有功和无功负荷,kW,kvar;

　　　　l_i——第 i 段导线长度,km;

　　　　r_0, x_0——单位长度导线的电阻与电抗,Ω/km,可查表或通过下式算出,即

$$r_0 = \frac{\rho}{s} \quad \Omega/\text{km}$$

$$x_0 = 0.144 \lg \frac{a_{av}}{r} + 0.016 \quad \Omega/\text{km}$$

式中　ρ——导线材料的电阻率(铜为 18.8,铝为 31.7)($\Omega \cdot \text{mm}^2$/km);

　　　　r——导线的外半径,mm;

　　　　s——导线截面,mm^2;

　　　　a_{av}——三相导线间的几何平均距离,如三相线间距离不等且分别为 a_1, a_2, a_3 时,则

$$a_{av} = \sqrt[3]{a_1 \cdot a_2 \cdot a_3} \quad \text{mm 或 cm}$$

可见,x_0 的计算值是变化不大的,对于架空线一般 $x_0 = 0.4$ Ω/km,电缆线 6～10 kV 一般 $x_0 = 0.08$ Ω/km 左右。线路的电压损失和通过线路的有功、无功功率及线路电阻、电抗有关,可表示为

$$\Delta u = \Delta u_{rl} + \Delta u_{xl}$$

式中　Δu_{rl}——有功功率及线路电阻造成的电压损失;

　　　　Δu_{xl}——无功功率及线路电抗造成的电压损失。

$$\Delta u_{rl} = \Delta u - \Delta u_{xl} = 5\% U_N - \Delta u_{xl} = 5\% U_N - \sum_{i=1}^{n} \frac{Q_i x_i}{U_N}$$

$$\Delta u_{rl} = \frac{p}{U_N} \cdot R = r_{0l} \frac{p}{U_N}$$

而

$$r_0 = \frac{1}{\gamma s}$$

也即对于同一截面导线的 s 可表达为

$$s = \frac{P_i l_i}{\gamma \Delta u_{rl} U_N}$$

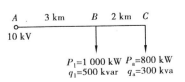

图 5.5　线路长度和计算负荷

例 5.3　设有一回 10 kV 架空线路,LJ 型导线向两个负荷点供电,如图 5.5 所示。已知架空线线间几何均距为 1 m,

空气中最高温度为 40 ℃,试按电压损失要求选择该导线截面。

解 设线路 AB 段和 BC 段选取同一截面铝绞线 LJ 型,初取 $x_0 = 0.4$ Ω/km,则

$$\Delta U_{x1} = \frac{[x_0 l_1(q_1 + q_2) + x_0 l_2 q_2]}{U_N}$$

$$= \frac{0.4 \times [3 \times (500 + 300) + 2 \times 300]}{10} \text{V} = 120 \text{ V}$$

可得

$$\Delta u_{rl} = 5\% U_N - \Delta u_{xl} = 500 \text{ V} - 120 \text{ V} = 380 \text{ V}$$

$$s = \frac{p_i l_i}{\gamma \Delta u_{rl} U_N} = \frac{1\,800 \times 3 + 800 \times 2}{0.032 \times 380 \times 10} \text{mm}^2 \approx 57.6 \text{ mm}^2$$

选取 LJ-70 铝绞线,查表可得:$r_0 = 0.46$ Ω/km,$x_0 = 0.344$ Ω/km。将参数代入可得

$$\Delta U_{AC}\% = 4.252 \leqslant 5$$

LJ-70 型导线可满足电压损失要求。以下按发热条件进行校验。

导线输送最大负荷电流在 AB 段,查表得 LJ-70 型导线在 40 ℃ 条件下的载流量为 215 A,大于导线所载最大负荷电流,故满足发热条件。

例 5.4 已知如图 5.6 所示为配电线路,额定电压为 10 kV,导线每千米电阻为 0.64 Ω,电抗为 0.36 Ω,各支线路负荷为 $p_1 = 50$ kW,$p_2 = 100$ kW,$p_3 = 30$ kW,所有用电设备功率因数为 0.8,试求 AB 线路的电压损失。

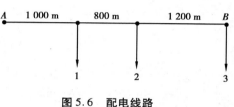

图 5.6 配电线路

解 依题意得

$$\delta_u = \frac{1}{10 U_N^2}\left[r_0 \sum_{i=1}^{3} q_i L_i + x_0 \sum_{i=1}^{3} q_i L_i\right]\%$$

$$= \frac{1}{10 U_N^2}[r_0 + x_0 \tan \varphi] \sum_{i=1}^{3} p_i L_i \%$$

$$= \frac{1}{10 \times 10^2}[0.64 + 0.36 \times 0.75] \times [50 \times 1 + 100 \times 1.8 + 30 \times 3]\%$$

$$\approx 0.282\%$$

全线路总的电压损失 δ_u 为 $0.282\% U_N$。

5.3.3 均匀分布负荷线路的电压损失

如图 5.7 所示为均匀分布负荷线路。设单位导线长度 l_0 流过负荷电流为 i_0,则该电流通过 l 长度线路产生的电压损失为

$$d(\Delta U) = \sqrt{3}(i_0 dl) r_0 l$$

线路 L 负荷整条均匀分布时产生的电压损失为

$$\Delta U = \int_0^L d(\Delta U) = \int_0^L \sqrt{3} i_0 r_0 l dl = \sqrt{3} i_0 r_0 \left[\frac{l^2}{2}\right]\bigg|_0^L = \sqrt{3} i_0 r_0 \frac{L^2}{2}$$

$$= \sqrt{3} r_0 I \frac{L}{2} = \frac{Pr_0}{U_N} \cdot \frac{L}{2}$$

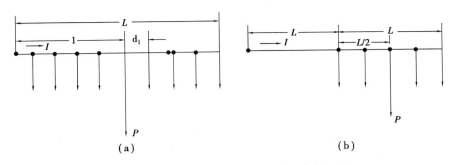

图 5.7　均匀分布负荷的线路示意图

(a)条线路负荷均匀分布　(b)段线路负荷均匀分布

式中　r_0——导线电阻,Ω/km;

　　　P——线路均匀分布的有功负荷,kW;

　　　L——导线长度,km。

由上述可知,计算均匀分布载荷的线路电压损失时,可将均匀分布负荷集中在分布线段的中点,而后按集中负荷方法计算电压损失。

当负荷均匀分布于某一段线路时(见图 5.7(b)),电压损失可表达为

$$\Delta U = \sqrt{3}\, r_0 I\Big(L_0 + \frac{L}{2}\Big)$$

$$= \frac{Pr_0}{U_\mathrm{N}}\Big(L_0 + \frac{L}{2}\Big)$$

式中　L_0——载荷线路长度,km。

例 5.5　TN-C 型 220/380 V 线路如图 5.8 所示。线路拟采用 BV 型导线明敷,环境温度为 35 ℃,允许电压损耗为 5%U_N。试按同一截面法选择导线截面。

解　线路负荷等效变换

将如图 5.8(a)所示线路的均匀分布负荷等效变换成集中负荷,如图 5.8(b)所示。

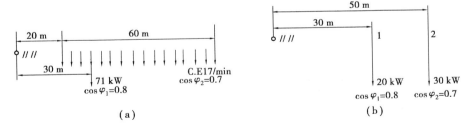

(a)　　　　　　　　　　　　**(b)**

图 5.8　配电线路

图 5.8(a)中,集中负荷 $p_1 = 20$ kW,$\cos\varphi_1 = 0.8$,$\tan\varphi_1 = 0.75$,故

$$q_1 = p_1 \cdot \tan\varphi_1 = 20 \times 0.75 \ \mathrm{kvar} = 15 \ \mathrm{kvar}$$

将分布负荷变换成集中负荷 $p_2 = 0.5 \ \mathrm{kW/m} \times 60 \ \mathrm{m} = 30 \ \mathrm{kW}$,$\cos\varphi_2 = 0.7$,$\tan\varphi_2 = 1$,故

$$q_2 = p_2 \cdot \tan\varphi_2 = 30 \times 1 \ \mathrm{kvar} = 30 \ \mathrm{kvar}$$

其负荷重构分布如图 5.8(b)所示。

5.4　母线的选择

母线应按下列条件进行选择：

①对一般汇流母线按持续工作电流选择母线截面，即

$$I_{al} \geqslant I_{30}$$

式中　I_{al}——汇流母线允许载流量，A；

　　　I_{30}——母线上的计算电流，A。

②对年平均负荷、传输容量较大的母线，宜按经济电流密度选择其截面。

③硬母线动稳定校验为

$$\sigma_{al} \geqslant \sigma_{c}$$

式中，硬铝母线（LMY）$\sigma_{al} = 70$ MPa，硬铜母线（TMY）$\sigma_{al} = 140$ MPa；σ_c 为母线短路时三相短路冲击电流 $i_{sh}^{(3)}$ 产生的最大计算应力。

④母线热稳定校验。最小允许截面来校验其热稳定度，计算公式为

$$A_{min} = i_{\infty}^{(3)} \times 10^3 \sqrt{\frac{t_{min}}{C}}$$

式中　$i_{\infty}^{(3)}$——三相短路稳态电流，A；

　　　t_{min}——假想时间，s；

　　　C——导体的热稳定系数，$A_s^{\frac{1}{2}}/mm^2$，铝母线 $C = 87 A_s^{\frac{1}{2}}/mm^2$，铜母线 $C = 171 A_s^{\frac{1}{2}}/mm^2$。

小　结

电线电缆由导体、绝缘层、屏蔽层及保护层 4 部分组成。架空导线是架空电力线路的主要组成部件，其作用是传输电流，输送电功率。由于架设在杆塔上面，导线要承受自重及风、雪、冰等外加荷载，同时还会受到周围空气所含化学物质的侵蚀。因此，不仅要求导线有良好的电气性能、足够的机械强度及抗腐蚀能力，还要求尽可能质轻且价廉。所谓裸导线，是指用铝、铜或钢制成，外面没有包覆层，导电部分能触摸或看到的导线。铜导电性能好，抗腐蚀能力强，容易焊接，但铜线的价格高；铝线的最大缺点是机械强度低，允许应力小。为了加强铝线的机械强度，往往采用绞线，有时用抗张强度为 1 200 N/mm² 的钢作为芯线，铝线绞在钢芯外面，作导电主体，这种线称为钢芯铝绞线。

工厂电力线路的导线和电缆截面的选择必须满足下列条件：发热条件；电压损耗；经济电流密度；机械强度。导线选择的内容可概括为两方面：一方面，确定供电网络结构，导线型号、使用环境和敷设方式；另一方面，选择确定导线截面实际截面大小。导线选择的方法：依据发热选择导线截面；按经济电流密度选择校验导线和电缆的截面。

三相负荷平衡时，三相供电线路中每相的电流值相等，且每相电流、电压相位也相同。线路电压损失的分析方法是：先计算出一相的电压损失，再换算成三相线路的电压损失。

母线的选择：对一般汇流母线按持续工作电流选择母线截面；对年平均负荷、传输容量较

大的母线,宜按经济电流密度选择其截面;硬母线动稳定校验;母线热稳定校验。

习题 5

一、填空题

5.1　工厂常用的架空线型有_____、_____和_____等。

5.2　一般在 35 kV 以上的架空线路上采用_____型导线。

5.3　_____型电缆可敷设在有较大高度差,甚至是垂直,倾斜的环境中。

5.4　BLV 型导线表示_____。

5.5　低压动力线路通常是按照_____条件来选择导线和电缆截面的。低压照明线路通常是按照_____条件来选择导线和电缆的截面。

5.6　对于室内明敷的绝缘导线,其最小截面不得小于_____ mm^2;对于低压架空导线,其最小截面不得小于_____ mm^2。

5.7　高压配电线路的允许电压损耗不得超过线路额定电压的_____%。

二、判断题(正确的打"√",错误的打"×")

5.8　钢芯铝绞线的抗腐蚀能力比较强。　　　　　　　　　　　　　　　　　(　　)

5.9　通过导线的计算电流或正常运行方式下的最大负荷电流应小于它的允许载流量。

　　　　　　　　　　　　　　　　　　　　　　　　　　　　　　　　　(　　)

5.10　在相同截面条件下,铜的载流能力是铝的 1.3 倍。　　　　　　　　　(　　)

5.11　三相四线线路中,中性线截面面积应该与相线截面面积相同。　　　　(　　)

5.12　塑料绝缘导线不宜在户外使用。　　　　　　　　　　　　　　　　　(　　)

5.13　明敷导线比穿硬塑料管暗敷时的导线允许载流量要大。　　　　　　　(　　)

5.14　三相五线回路的导线可分别穿管敷设。　　　　　　　　　　　　　　(　　)

5.15　一般三相负荷基本平衡的低压线路的中性线截面 A_0,不宜小于相线截面 A_{φ} 的 50%。　　　　　　　　　　　　　　　　　　　　　　　　　　　　　　　(　　)

5.16　对年平均负荷高,传输容量较大的母线,宜按发热条件选择其截面。　(　　)

三、选择题

5.17　选择照明电路(　　),选择车间动力负荷线路(　　),选择 36 kV 高压架空线路(　　)。

A.按发热条件选择导线　　　　　　　　　　B.按电压损耗条件选择导线

C.按经济电流容密度选择导线　　　　　　　D.按机械强度条件选择导线

5.18　某 TN-S 线路中,相线截面选择为 10 mm^2,则其 N 线应选择为(　　),PE 线应选择为(　　)。

A.5 mm^2　　　　　　　B.6 mm^2　　　　　　　C.10 mm^2　　　　　　　D.16 mm^2

5.19　选择合适的电压损耗值填入括号,高压配电线路的电压损耗(　　),低压输配电线路的电压损耗(　　)。

　　A. 2% ~3%　　　　　　B. 5%　　　　　　　　C. 7%　　　　　　　　D. 10%

四、计算题

5.20　试按发热条件选择 220/380 V,TN-C 系统中的相线和 PEN 线截面及穿线钢管(G)的直径。已知线路的计算电流为 150 A,安装地点的环境温度为 25 ℃,拟用 BLV 铝心塑料线穿钢管埋地敷设,请选择导线并写出导线线型。

5.21　如果上题所述 220/380 V 线路为 TN-S 系统,试按发热条件选择其相线 N 线和 PE 线的截面及穿线钢管(G)的直径。

第 **6** 章
工厂供配电系统的继电保护

6.1 继电保护装置的作用和要求

6.1.1 继电保护装置的作用

（1）故障时跳闸

在供电系统出现短路故障时，作用于前方最近保护装置动作控制保护装置，使之迅速跳闸，切除故障部分，恢复其他无故障部分的正常运行，同时发出信号，以便提醒值班人员检查，及时消除故障。

（2）异常状态发出报警信号

在供电系统出现不正常工作状态，如过负荷或有故障苗头时发出报警信号，提醒值班人员注意并及时处理，以免发展为故障。

6.1.2 断电保护装置的基本要求

（1）选择性

继电保护动作的选择性是指在供电系统发生故障时，只使电源一侧距离故障点最近的继电保护装置动作，通过开关电器将故障切除，而非故障部分仍然正常运行。如图 6.1 所示，当k-1 点发生短路时，则继电保护装置动作只应使断路器 1QF 跳闸，切除电动机 M。而其他断路器都不跳闸。

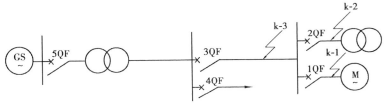

图 6.1 继电保护装置动作选择性示意图

（2）速动性

当系统内发生短路故障时，保护装置应尽快动作，快速切除故障。速动性是指继电保护装置应能尽快地切除故障，以减少设备及用户在大电流、低电压运行的时间，降低设备的损坏程度，提高系统并列运行的稳定性。

一般必须快速切除的故障有：

①使发电厂或重要用户的母线电压低于有效值（一般为0.7倍额定电压）。

②大容量的发电机、变压器和电动机内部故障。

③中、低压线路导线截面过小，为避免过热不允许延时切除的故障。

④可能危及人身安全、对通信系统或铁路信号造成强烈干扰的故障。

故障切除时间包括保护装置和断路器动作时间，一般快速保护的动作时间为0.04~0.08 s，最快的可达0.01~0.04 s，一般断路器的跳闸时间为0.06~0.15 s，最快的可达0.02~0.06 s。

对于反应不正常运行情况的继电保护装置，一般不要求快速动作，而应按照选择性的条件，带延时地发出信号。

（3）可靠性

可靠性是指保护装置该动作时就应该动作（不拒动），不该动作时不误动。可靠性包括安全性和信赖性，是对继电保护最根本的要求。

1）安全性

要求继电保护在不需要它动作时可靠不动作，即不发生误动。

2）信赖性

要求继电保护在规定的保护范围内发生了应该动作的故障时可靠动作，即不拒动。

继电保护的误动作和拒动作都会给电力系统带来严重危害。

即使对于相同的电力元件，随着电网的发展，保护不误动和不拒动对系统的影响也会发生变化。

（4）灵敏性

灵敏性是指电气设备或线路在被保护范围内发生短路故障或不正常运行情况时，保护装置的反应能力。能满足灵敏性要求的继电保护，在规定的范围内故障时，不论短路点的位置和短路的类型如何，以及短路点是否有过渡电阻，都能正确反应动作，即要求不但在系统最大运行方式下三相短路时能可靠动作，而且在系统最小运行方式下经过较大的过渡电阻两相或单相短路故障时也能可靠动作。

1）系统最大运行方式

被保护线路末端短路时，系统等效阻抗最小，通过保护装置的短路电流为最大运行方式。

2）系统最小运行方式

在同样短路故障情况下，系统等效阻抗为最大，通过保护装置的短路电流为最小的运行方式。

保护装置的灵敏性是用灵敏系数来衡量。灵敏性是指保护装置在其保护范围内对故障和不正常运行状态的反应能力。灵敏性通常用灵敏系数来衡量的。对于过电流保护装置，其灵敏系数 S_p 为：

$$S_p = \frac{I_{k \cdot min}}{I_{op \cdot 1}}$$

式中　$I_{k \cdot min}$——被保护区内最小运行方式下的最小短路电流；

　　　$I_{op \cdot 1}$——保护装置的一次侧动作电流。

对于低电压保护装置，其灵敏系数 S_p 为

$$S_p = \frac{U_{op \cdot 1}}{U_{k \cdot max}}$$

式中　$U_{k \cdot max}$——被保护区内发生短路时，连接该保护装置的母线上最大残余电压；

　　　$U_{op \cdot 1}$——保护装置的一次动作电压，V，即保护装置动作电压换算到一次电路的电压。

6.2　常用的保护继电器

继电器的分类按其应用，可分为控制继电器和保护继电器两大类。机床控制电路应用的继电器多属于控制继电器；供电系统中应用的继电器多属于保护继电器。在供电系统中，常用的保护继电器有电磁型继电器、感应型继电器以及晶体管继电器。前两种是机电式继电器，它们工作可靠，而且有成熟的运行经验，所以目前仍普遍使用。晶体管继电器具有动作灵敏、体积小、能耗低、耐振动、无机械惯性、寿命长等一系列优点，但由于晶体管元件的特性受环境温度变化影响大，元件的质量及运行维护的水平都影响到保护装置的可靠性，目前国内较少采用。电力系统中已向集成电路和微机保护发展。这里主要介绍以机电式保护继电器。常用的机电式继电器可分为电磁型和感应型两种。

6.2.1　电磁式继电器

(1)电磁式电流电压继电器

电磁式电流继电器在继电保护装置中，通常用作启动元件，故又称启动继电器。

常用的 DL-10 系列电磁式继电器其内部接线和图形符号如图 6.2 所示。能使过电流继电器动作(触点闭合)的最小电流，称继电器的"动作电流"，用 I_{op} 表示。使继电器由动作状态返回到起始位置的最大电流，称为继电器的"返回电流"，用 I_{re} 表示。继电器"返回电流"与"动作电流"的比值，称为继电器的返回系数，用 K_{re} 表示，即

$$K_{re} = \frac{I_{re}}{I_{op}}$$

对于过量继电器，返回系数总是小于 1 的(欠量继电器则大于 1)，返回系数越接近于 1，说明继电器越灵敏，如果返回系数过低，可能使保护装置误动作。

DL-10 系列继电器的返回系数一般不小于 0.8。DL-10 系列电磁式继电器的电流时间特性如图 6.3 所示。只要通入继电器的电流超过某一预先整定的数值时，它就能动作，动作时限是固定的，与外加电流无关，这种特性称作定时限特性。

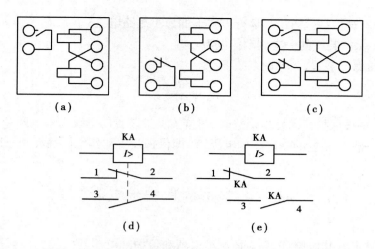

图 6.2　DL-10 系列电磁式继电器其内部接线和图形符号

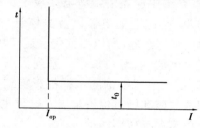

图 6.3　电磁式电流继电器的定时限特性

(2)电磁式时间继电器

供电系统中常用的 DS-110,DS-120 系列电磁式时间继电器的内部结线和图形符号如图 6.4 所示。

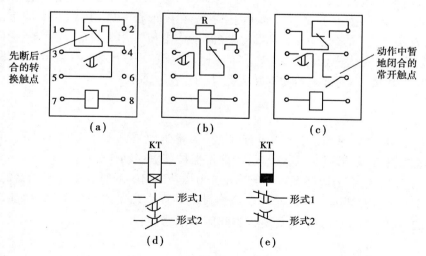

图 6.4　DS-110,DS-120 系列时间继电器的内部结线和图形符号

(3)电磁式信号继电器

供电系统中常用的 DX-11 型电磁式信号继电器,有电流型和电压型两种,如图 6.5 所示。电流型可串联在二次回路中而不影响其他二次元件的动作。电压型必须并联在二次回路内。

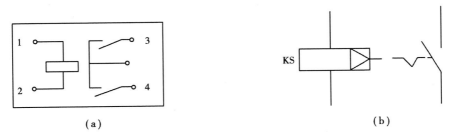

图6.5　DX-11型电磁式信号继电器的内部结构和图形符号

（a）DX-11型电磁式信号继电器的内部结线　（b）DX-11型电磁式信号继电器的图形符号

（4）电磁式中间继电器

电磁式中间继电器常用在保护装置的出口回路中,用来接通断路器的跳闸回路,故又称为出口继电器。工厂供电系统中常用的DZ-10系列中间继电器的内部结线和图形符号如图6.6所示。

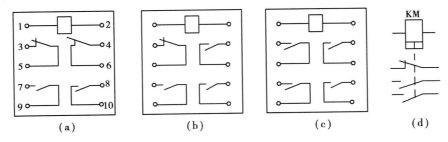

图6.6　DZ-10系列中间继电器的内部结线和图形符号

6.2.2　感应式电流继电器

供电系统中常用GL-$^{10}_{20}$感应式电流继电器的内部结构如图6.7所示。

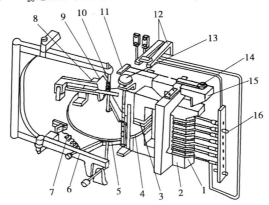

图6.7　感应式电流继电器的内部结构

1—线圈;2—电磁铁;3—短路环;4—铝盘;5—钢片;6—铝框架;7—调节弹簧;
8—制动永久磁铁;9—扇形齿轮;10—蜗杆;11—扁杆;12—触点;13—时限调节螺钉

感应系统的工作原理可参看图6.8。当线圈1有电流I_{ka}流过时,电磁铁2在短路环3的作用下,产生在时间和空间位置上$\propto \phi_1 \phi_2 \sin \Psi$不相同的两个磁通$\phi_1$和$\phi_2$,且$\phi_1$超前于$\phi_2$。

这两个磁通均穿过铝盘4,根据电磁感应原理,这两个磁通在磁盘上产生一个始终由超前磁通 ϕ_1 向落后磁通 ϕ_2 方向的转动力矩 M_1。根据电能表的工作原理可知,此时作用于铝盘上的 $M_1 \propto \phi_1 \phi_2 \sin \Psi$。式中,$\Psi$ 为 ϕ_1 与 ϕ_2 之间的相位差,此值为一常数由于 $\phi_1 \propto I_{KA}$,$\phi_2 \propto I_{KA}$ 且 Ψ 为常数,因此 $M_1 \propto 12 \ kA$。在它的作用下,铝盘开始转动。铝盘转动后,切割永久磁铁8,产生反向的制动力矩。由电度表工作原理可知,与铝盘的转速成正比,即 $M_2 \propto n$ 这个制动力矩在某一转速下,与电磁铁产生的转动力矩相平衡,因而在一定的电流下保持铝盘匀速旋转。在上述的作用下,铝盘受力虽有使框架6和铝盘4向外推出的趋势,但由于受到弹簧7的拉力,仍保持在初始位置,如图6.8所示。

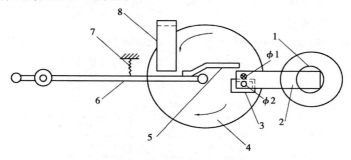

图6.8 感应式电流继电器的转动力矩、制动力矩

1—线圈;2—电磁铁;3—短路环;4—铝盘;

5—钢片;6—铝框架;7—调节弹簧;8—制动永久磁铁

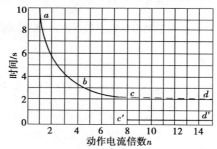

图6.9 感应式电流继电器的反时限特

当继电器线圈的电流增大到继电器的动作电流时,由电磁铁产生的转动力矩也增大,并使铝盘转速随之增大,永久磁铁产生的制动力矩也随之增大。这两个力克服弹簧的反作用力矩,从而使铝盘带动框架前偏(见图6.7),使蜗杆10与扇形齿轮9与啮合,这称为"继电器动作"。由于铝盘继续转动,使扇形齿轮沿着蜗杆上升,最后使触点12切换,同时使信号牌(图6.7上未表示)掉下,从观察孔内看到其红色或白色的信号指示,表示继电器已经动作。

通入线圈的电流越大,铝盘转得越快,扇形齿轮沿蜗杆上升的速度也越快,则动作时间越短,这就是感应式电流继电器的"反时限特性",如图6.9所示曲线的 abc 部分。随着电流增大,继电器铁芯磁路饱和,特性曲线逐渐过渡到"定时限特性",如图6.9所示曲线的 cd 部分。

这种继电器还装有瞬动元件,当流入继电器线圈的电流继续增加到某一预先整定的倍数(如为8倍)时,则瞬动元件启动,继电器的电流时间特性如图6.9所示曲线的 $c'd'$,这就是"瞬时速断特性"。故这种电磁元件又称为电流速断元件。动作曲线上对应于开始速断时间的动作电流倍数,称速断电流倍数,即

$$n_{qb} = \frac{I_{qb}}{I_{op}}$$

式中　I_{op}——感应式电流继电器的动作电流;

　　　　I_{qb}——感应式电流继电器的速断电流,即继电器线圈中使速断元件动作的最小电流。

实际的 GL-$^{1115}_{2125}$ 系列电流继电器的速断电流整定为动作电流的 $n_{qb} = 2 \sim 8$ 倍,在速断电流调节螺钉上面标度。感应式电流继电器的这种有一定限度的反时限动作特性,称为"有限反时限特性"。继电器的动作电流的调节可详见实物。

注意,继电器动作时限调节螺杆的标度尺,是以 10 倍动作电流的动作时限来标度的,也就是标度尺上所标示的动作时间,是继电器线圈通过的电流为其整定的动作电流的 10 倍时的动作时间。因此,继电器实际的动作时间与实际通过继电器线圈的电流大小无关,须从相应的动作特性曲线上去查得. 如图 6.10 所示为 GL-$^{1115}_{2125}$ 列感应式电流继电器的电流时间特性曲线族,横坐标是动作电流倍数,曲线族上的根曲线都标明有动作时限,0.5,0.7,1.0 s 等,是表示继电器通过 10 倍的整定作电流所对应的动作时限。例如,某继电器被调整至 10 倍整定动作电流时动作时限为 2.0 s 的曲线上时,若其线圈通入 3 倍的整定动作电流值,可从该曲线上查得此时继电器的动作时限 $t_{op} = 3.5$ s。

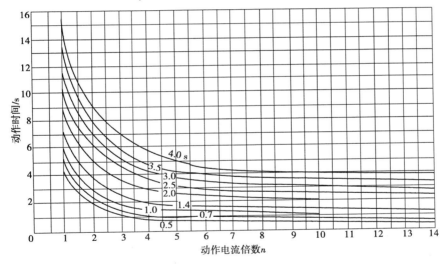

图 6.10　GL-$^{1115}_{2125}$ 系列感应式电流继电器电流时间特性曲线图

感应式电流继电器机械结构复杂,精度不高,瞬动时限误差大,但它的触点容量大,它同时兼有电磁式电流继电器、时间继电器、信号继电器和中间继电器的功能,即它在继电保护装置中,既能作为启动元件,又能实现延时、给出信号和直接接通跳闸回路;既能实现带时限的过电流保护,又能同时实现电流速断保护,从而使保护装置时元件减少,接线简单。此外,感应式电流继电器采用交流操作电源,可减少投资。因而在 $6 \sim 10$ kV 供电系统中应用广泛。GL-$^{1115}_{2125}$ 型感应式电流继电器的内部接线及图形符号和文字符号如图 6.11 所示。至于晶体管式继电器完全可利用电子元件模拟上述的特性,国内已有定型产品,在此不赘述。

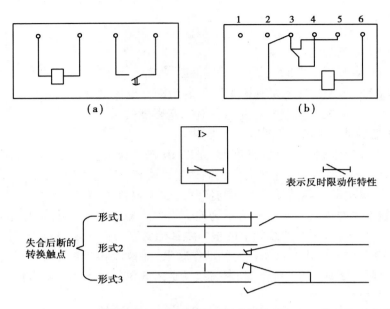

图 6.11 GL-$_{2125}^{1115}$型感应式电流继电器的内部接线及图形符号和文字符号

6.3 高压配电电网的继电保护

高压线路的相间短路保护,主要采用带时限的过电流保护和瞬时动作的电流速断保护,动作于断路器的跳闸机构,使断路器跳闸,切除短路故障部分。常见的有以下类型。

①单相接地保护:绝缘监视装置,装设在变配电所的高压母线上,动作于信号。有选择性的单相接地保护(零序电流保护),也动作于信号,但当危及人身和设备安全时,则应动作于跳闸。

②对可能经常过负荷的电缆线路,应装设过负荷保护,动作于信号。

6.3.1 保护装置的结线方式

(1)两相两继电器式结线(见图6.12)

这种结线,如一次电路发生三相短路或任意两相短路,至少有一个继电器动作,且流入继电器的电流就是电流互感器的二次电流 I_2,如图6.12所示。

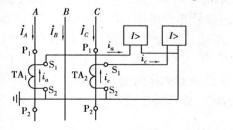

图6.12 两相两继电器式结线图

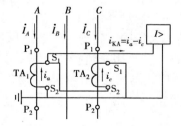

图6.13 两相一继电器式结线图

为了表征继电器电流 I_{KA} 与电流互感器二次电流 I_2 间的关系,特引入一个结线系数 K_W:

$$K_{\mathrm{W}} = \frac{I_{\mathrm{KA}}}{I_2}$$

两相两继电器式结线属相电流结线,$K_{\mathrm{W}}=1$,即保护灵敏度都相同

(2)两相一继电器式结线(见图 6.13)

这种结线,又称两相电流差结线,或两相交叉结线。正常工作和三相短路时,流入继电器的电流为 A 相和 C 相两相电流互感器二次电流的相量差,即 $I_a - I_c$,如图 6.14(a)所示。在 A,C 两相短路时,流进继电器的电流为电流互感器二次侧电流的 2 倍,如图 6.14(b)所示。在 A,B 或 B,C 两相短路时,流进电流继电器的电流等于电流互感器二次侧的电流,如图 6.14(c)所示。可知,两相电流差结线的结线系数与一次电路发生短路的形式有关,不同的短路形式,其结线系数不同。

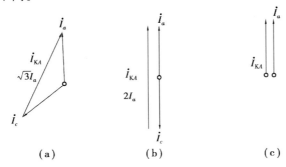

图 6.14　两相电流差结线在不同短路形式下电流
(a)三相短路　(b)A 相,C 相短路　(c)A 相,B 相短路

6.3.2　带时限过电流保护

(1)定时限过电流保护装置

1)定时限过电流保护装置的组成及动作原理

定时限过电流保护装置的组成及动作原理如图 6.15 所示。

当一次电路发生相间短路时,电流继电器 KA_1,KA_2 中至少一个瞬时动作,闭合其动合触点,使时间继电器 KT 启动。KT 经过整定限时后,其延时触点闭合,使串联的信号继电器(电流型)KS 和中间继电器 KM 动作。KM 动作后,其触点接通断路器的跳闸线圈 YR 的回路,使断路器 QF 跳闸,切除短路故障。与此同时,KS 动作,其信号指示牌掉下,接通灯光和音响信号。在断路器跳闸时,QF 的辅助触点随之断开跳闸回路,以切断其回路中的电流,在短路故障被切除后,继电保护装置中除 KS 外的其他所有继电器均自动返回起始状态,而 KS 可手动复位。

2)动作电流的整定

过动作电流的整定必须满足以下面两个条件:

①应该躲过线路的最大负荷电流(包括正常过负荷电流和尖峰电流)$I_{\mathrm{L}\cdot\max}$,以免在最大负荷通过时保护装误动作。

②保护装置的返回电流 I_{re} 也应该躲过线路的最大负荷电流 $I_{\mathrm{L}\cdot\max}$,以保证保护装置在外部故障切除后,能可靠地返回到原始位置。

电流保护动作整定公式为

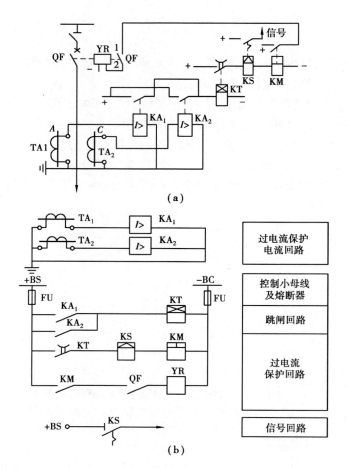

图 6.15　定时限过电流保护的原理电路图

（a）原理图　（b）展开图

QF—高压断路器；TA₁,TA₂—电流互感器；KA₁,KA₂—Dl 型电流继电器

$$I_{op} = \frac{K_{rel}K_W}{K_{re}K_i}I_{L·max}$$

式中　K_{rel}——保护装置的可靠系数,对 DL 型继电器可取 1.2,对 GL 型继电器可取 1.3;

K_W——保护装置的结线系数,按三相短路来考虑,对两相两继电器结线（相电流结线）

为 1,对两相二继电器结线（两相电流差结线）为 $\frac{\sqrt{3}}{2}$;

$I_{L·max}$——线路的最大负荷电流（含尖峰电流）。

3）动作时间整定

为了保证前后级保护装置动作时间的选择性,过电流保护装置的动作时间（也称动作时限）,应按"阶梯原则"进行整定,也就是在后一级保护装置所保护的线路首端发生三相短路时,前一级保护的动作时间应比后一级保护中最长的动作时间都要大一个时间差 Δt。即 $\Delta t = t_1 - t_2$,Δt 为 0.5 ~ 0.7 s。对于定时限过电流保护,可取 $\Delta t = 0.5$ s;对于反时限过电流保护,可取 $\Delta t = 0.7$ s。

（2）反时限过电流保护装置

1）电路组成及原理

如图6.16所示为一个交流操作的反时限过电流保护装置图。当一次电路发生相间短路时，电流继电器 KA$_1$，KA$_2$ 至少有一个动作，经过一定时延时后（延时长短与短路电流大小成反比关系），其常开触点闭合，紧接着其常闭触点断开，这时断路器跳闸线圈 YR 因"去分流"而通电，从而使断路器跳闸，切除短路故障部分。在继电器去分流跳闸的同时，其信号牌自动掉下，指示保护装置已经动作。在短路故障被切除后，继电器自动返回，信号牌则需手动复位。

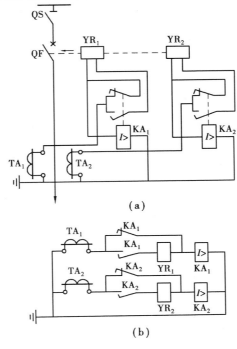

（a）

（b）

图6.16　反时限过电流保护的原理
（a）按集中表示法绘制　（b）按分开表示法绘制

一般继电器转换触点的动作顺序都是常闭触点先断开后，常开触点再闭合。而这种继电器的常开、常闭触点，动作时间的先后顺序必须是：常开触点先闭合，常闭触点后断开（见图6.17）。这里采用具有特殊结构的先合后断的转换触点，不仅保证了继电器的可靠动作，而且还保证了在继电器触点转换时电流互感器二次侧不会带负荷开路。

2）动作电流的整定

动作电流的整定与定时限过电流保护相同。

3）动作时间的整定

GL 型继电器的时限调节机构是按 10 倍动作电流的动作时间来标度的，而实际通过继电器

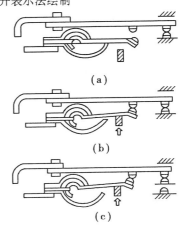

图6.17　先合后断转换触点的结构及动作说明
（a）正常位置　（b）动作后常开触点先闭合
（c）接着常闭触点断开

145

的电流一般不会恰恰为动作电流的 10 倍,因此,必须根据继电器的动作特性曲线来整定。

(3)过电流保护的灵敏度及提高灵敏度的措施——低电压闭锁保护

①过电流保护的灵敏度按规定过电流保护的灵敏系数必须满足的条件为

$$S_p = \frac{K_W I_{K\cdot min}^{(2)}}{K_i I_{op}} \geqslant 1.5$$

当过电流保护灵敏系数达不到上述要求时,可采用下述的低电压闭锁保护来提高灵敏度。

②低电压闭锁的过电流保护,如图 6.18 所示。

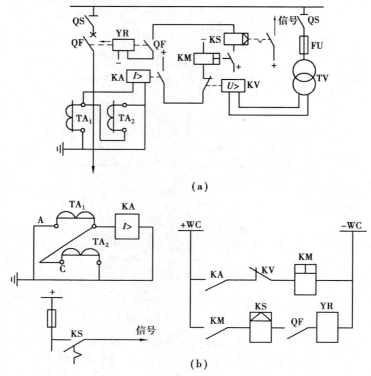

图 6.18　低电压闭锁的过电流保护电路

(a)接线图　(b)展开图

QF—高压断路器;TA—电流互感器;TV—电压互感器;KA—电流继电器;KM—中间继电器;
KS—信号继电器; KV—低电压继电器;YR—断路器跳闸线圈

6.3.3　电流速断保护

(1)电流速断保护的组成及速断电流的整定

对于采用 GL 型电流继电器,直接利用继电器本身结构,既可完成反时限过电流保护,又可完成电流速断保护,不用额外增加设备,非常简单经济。对于采用 DL 型电流继电器,其电流速断保护电路如图 6.19、图 6.20 所示。

图 6.19、图 6.20 是同时具有电流速断和定时限电流保护的结线图和展开图。

定时限过电流保护由 KA$_1$,KA$_2$,KT,KS$_1$,KM 构成。

电流速断保护由 KA$_3$,KA$_4$,KS$_2$,KM 构成。

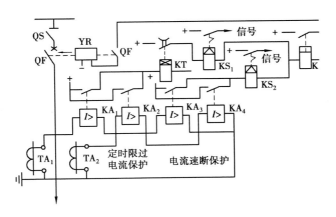

图6.19　电力线路定时限过电流保护和电流速断
保护电路图（按集中表示法绘制）

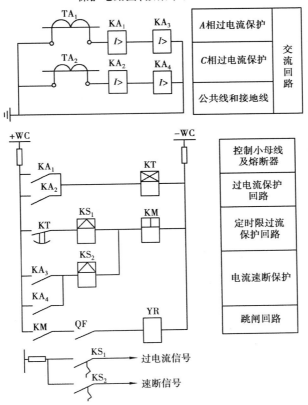

图6.20　电力线路定时限过电流保护和电流速断保护展开图

　　为了保证保护装置动作的选择性,电流速断保护继电器的动作电流(即速断电流)应按躲过它所保护线路末端的最大短路电流(即三相短路电流)来整定。只有这样,才能避免在后一级速断保护所保护线路的首端发生三相短路时,它可能发生的误跳闸(因后一段线路距离很近,阻抗很小,所以速断电流应躲过其保护线路末端的最大短路电流)。

　　在如图6.21所示的电路中,WL_1末端k-1点的三相短路电流,实际上与其后一段WL_2首端k-2点的三相短路电流是近乎相等的。因此,可得电流速断保护动作电流(速断电流)的整

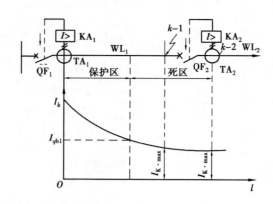

图 6.21 线路电流速断保护的保护区和死区

定计算公式为

$$I_{qb} = \frac{K_{rel}K_W}{K_i}I_{K \cdot max}$$

式中　K_{rel}——可靠系数,对 DL 型继电器,取 1.2 ~ 1.3;对 GL 型继电器,取 1.4 ~ 1.5;对脱扣器,取 1.8 ~ 2。

(2)电流速断保护的"死区"及其弥补

在速断保护区内,速断保护作为主保护,过电流保护作为后备保护;而在速断保护的"死区"内,则过电流保护为基本保护。

(3)电流速断保护的灵敏度

电流速断保护的灵敏度必须满足的条件为

$$S_p = \frac{K_W I_K^{(2)}}{K_{iIqb}} \geq 1.5 - 2$$

式中　$I_K^{(2)}$——线路首端在系统最小运行方式下的两相短路电流。

例 6.1　试整 GL-15/10 型电流继电器的电流速断倍数。

解　已知线路末端 $I_K^{(3)} = 1\,300\ A$,$K_W = \sqrt{3}$ 且 $K_i = 315/5$,取 $K_{rel} = 1.5$,故可得

$$I_{qb} = \frac{1.5 \times \sqrt{3}}{315/5} \times 1\,300\ A = 53.6\ A$$

已整定为 8 A,故速断电流倍数应整定为

$$n_{qb} = \frac{53.6\ A}{8\ A} = 6.7$$

由于 GL 型电流继电器的速断电流倍数在 $n_{qb} = 2 ~ 8$ 可平滑调节,因此,n_{qb} 不必修约为整数。

6.3.4　中性点不接地的单相接地保护

(1)绝缘监测装置

如图 6.22 所示,在变压所的母线上接一个三相五芯式电压互感器,其二次侧的星形联结绕组接有电压表,以测量各相对地电压,通过转换开关测量相间电压;另一个二次对地绕组接成开口三角形,接入电压继电器,用来反应线路单相接地时出现的零序电压。

系统正常运行时,三相电压对称,开口三角形两端电压接近于零,继电器不动作,在系统

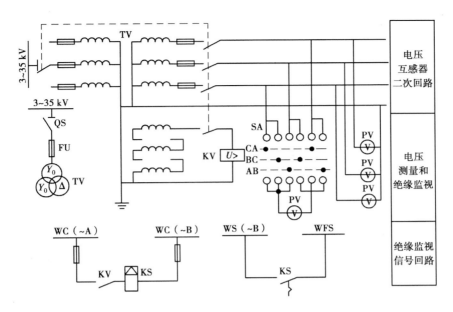

图 6.22　绝缘监测装置接线图

发生一相接地时,接地相电压为零,其他两相对地电压升高到 $\sqrt{3}$ 倍,开口处出现 100 V 的零序电压,使继电器动作,发出报警的灯光和音响信号。

　　这种保护装置简单,虽给出故障信号,但没有选择性,难以找到故障线路。值班人员根据信号和电压表指示可以知道发生了接地故障且知道故障的相别,但不能判断哪一条线路发生了接地故障。因此这种监视装置可用于出线不太多、并且允许短时停电的供电系统中。

（2）有选择性的单相接地保护装置

1）单相接地保护

　　如图 6.23 所示,在电力系统正常运行及三相对称短路时,因在零序电流互感器二次侧由三相电流产生的三相磁通相量之和为零,即在零序电流互感器中不会感应出零序电流,继电器不动作。当发生单相接地时,就有接地电容电流通过,此电流在二次侧感应出零序电流,使继电器动作,并发山信号。架空线路的单相接地保护,一般采用由三个电流互感器同极性并联所组成的零序电流互感器。如图 6.23（a）图但一般供电用户的高压线路不长,很少采用。

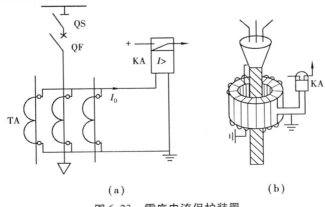

（a）　　　　　　　　　　　　（b）

图 6.23　零序电流保护装置

（a）架空线路用　（b）电缆线路用

对于电缆线路,则采用图 6.23(b)和专用零序电流互感器的接线。注意电缆头的接地线必须穿过零序电流互感器的铁芯,否则零序电流(不平衡电流)不穿过零序电流互感器的铁芯,保护就不会动作。

2)单相接地保护动作电流的整定

对于架空线路,电流继电器的整定值需要躲过正常电流负荷下产生的不平衡电流 I_{dql} 和其他线路接地时在本线路上引起的电容电流 I_C,即:

$$I_{op(E)} = K_{rel}\left(I_{dql \cdot K} + \frac{I_C}{K_i}\right)$$

式中 K_{rek}——可靠系数,其值取 4~5,保护装置带时限时,其值取 1.5~2;

$I_{dql \cdot K}$——正常运行负荷电流不平衡在零序电流互感器输出端出现的不平衡电流;其他

线路接地时,在本线路的电容电流。如果是架空电路, $I_C \approx \dfrac{U_{Nl}}{350}$ A,若是电缆

线路 $I_C \approx \dfrac{U_{Nl}}{10}$ A 其中, U_N 为线路的额定电压,kV; l 为线路长度,km;

K_i——零序电流互感器的变流比。

对于电缆电路,整定动作电流只需躲过本线路的电容电流即可,则

$$I_C \approx \frac{U_{Nl}}{10} \text{ A}$$

$$I_{op(E)} = \frac{K_{rel} I_C}{K_i}$$

3)单相接地保护的灵敏度

单相接地保护的灵敏度为

$$S_p = \frac{I_{C\sum} - I_C}{K_i I_{op(E)}} \geq 1.2$$

式中 $I_{C\sum}$——被保护电路有电气联系的总电网电容电流;

I_C——线路本身电容电流;

K_i——零序电流互感器的变流比。

$I_{C\sum}$ 和 I_C 计算同上。

6.4 电力变压器的保护

6.4.1 概述

①高压侧为 6~10 kV 的车间变电所的主变压器,通常装设有带时限的过电流保护和电流速断保护。如果过电流保护的动作时间范围为 0.5~0.7 s,也可不装设电流速断保护。

②容量在 800 kVA 及以上的油浸式变压器(如安装在车间内部,则容量在 400 及以上时),还需装设瓦斯保护。

③并列运行的变压器容量(单台)在 400 kVA 及以上,以及虽为单台运行但又作为备用电

源用的变压器有可能过负荷时,还需装设过负荷保护,但过负荷保护只动作于信号,而其他保护一般动作于跳闸。

④如果单台运行的变压器容量在 10 000 kVA 及以上、两台并列运行的变压器容量(单台)在 6 300 kVA 及以上时,则要求装设纵联差动保护来取代电流速断保护。高压侧为 35 kV 及以上的工厂总降压变电所主变压器,一般应装设过电流保护、电流速断保护和瓦斯保护。

本节只介绍中小型工厂常用的 6 ~ 10 kV 配电变压器的继电保护,包括过电流保护、电流速断保护和过负荷保护,着重介绍变压器的瓦斯保护。

6.4.2　变压器的瓦斯保护

变压器的瓦斯保护是保护油浸变压器内部故障的一种基本保护。瓦斯继电保护的主要元件是瓦斯继电器,它装在变压器的油箱和油枕之间的联通管上,

如图 6.24 所示为 FJ-80 型开口杯式瓦斯继电器的结构示意图。

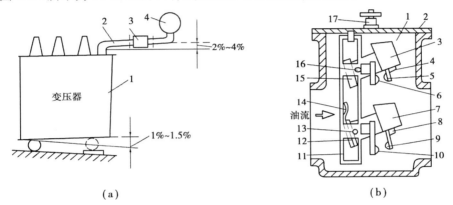

（a）　　　　　　　　　　　　　　（b）

图 6.24　瓦斯继电器的安装及结构示意图
（a）瓦斯继电器在变压器上的安装　（b）FJa-80 瓦斯继电器的结构示意图
1—变压器油箱;2—联通管;3—瓦斯继电器;4—油枕
1—容器;2—盖;3—上油杯;4—永久铁;5—上动触点;6—上静触点;7—下油杯;
8—永久磁铁;9—下动触点;10—下静触点;11—架;12—下油杯平衡锤;13—下油杯转轴;
14—挡板;15—上油杯平衡锤;16—上油杯转轴;17—放气阀

在变压器正常工作时,瓦斯继电器的上下油杯中都是充满油的,油杯因其平衡锤的作用使其上下触点都是断开的。当变压器油箱内部发生轻微故障致使油面下降时,上油杯因其中盛有剩余的油使其力矩大于平衡锤的力矩而降落,从而使上触点接通,发出报警信号,这就是轻瓦斯动作。当变压器油箱内部发生严重故障时,由于故障产生的气体很多,带动油流迅猛地由变压器油箱通过联通管进入油枕,在油流经过瓦斯继电器时,冲击挡板,使下油杯降落,从而使下触点接通,直接动作于跳闸。这就是"重瓦斯动作"。

如果变压器出现漏油,将会引起瓦斯继电器内的油也慢慢流尽。这时继电器的上油杯先降落,接通上触点,发出报警信号,当油面继续下降时,会使下油杯降落,下触点接通,从而使断路器跳闸。

瓦斯继电器只能反映变压器内部的故障,包括漏油、漏气、油内有气、匝间故障、绕组相间短路等。而对变压器外部端子上的故障情况则无法反映。因此,除设置瓦斯保护外,还需设置过流、速断或差动等保护。

6.4.3 变压器的过电流保护、电流速断保护和过负荷保护

(1)变压器的过电流保护

变压器的过电流保护装置一般都装设在变压器的电源侧。无论是定时限还是反时限,变压器过电流保护的组成和原理与电力线路的过电流保护完全相同。

如图6.25(a)所示为变压器的定时限过电流保护、电流速断保护和过负荷保护的综合电路,全部继电器均为电磁式。如图6.25(b)所示为按分开表示法绘制。

变压器过电流保护的动作电流整定计算公式,也与电力线路过电流保护基本相同,只是最大负荷电流 $I_{L \cdot max}$ 应取为 $(1.5 \sim 3)I_{1N}$,这里的 I_{1N} 为变压器的额定一次电流。

变压器过电流保护的动作时间,也按"阶梯原则"整定。但对车间变电所来说,由于它属于电力系统的终端变电所,因此其动作时间可整定为最小值0.5 s。

变压器过电流保护的灵敏度,按变压器低压侧母线在系统最小运行方式时发生两相短路(换算到高压侧的电流值)来校验。其灵敏度的要求也与线路过电流保护相同,即 $S_p \geq 1.5$;当作为后备保护时可以 $S_p \geq 1.2$。

(2)变压器电流速断保护

变压器过电流保护动作实现大于0.5 s时,必须装设电流速断保护。电流速断保护的组成、原理,也与电力线路的电流速断保护完全相同。

图6.25 变压器的定时限过电流保护、电流速断保护和过负荷保护的综合电路(集中法) KA_1,KA_2,KT_1,KS,KM——定时限过电流保护;KA_3,KA_4,KS_2,KM——电流速断保护;KT_2,KS_3——过负荷保护。

变压器电流速断保护的动作电流(速断电流)的整定计算公式,也与电力线路的电流速断保护基本相同,$I_{K \cdot max}$ 应取低压母线三相短路电周期分量有效值换算到高压侧的电流值,即变压器电流速断保护的动作电流按躲过低压母线三相短路电流来整定。

变压器速断保护的灵敏度,按变压器高压侧在系统最小运行方式时发生两相短路的短路电流 $I_K^{(2)}$ 来校验,要求 $S_p \geq 1.5$。变压器的电流速断保护,与电力线路的电流速断保护一样,也有死区(不能保护变压器的全部绕组)。弥补死区的措施,也是配备带时限的过电流保护。

考虑到变压器在空载投入或突然恢复电压时将出现一个冲击性的励磁涌流,为避免速断保护误动作,可在速断保护整定后,将变压器空载试投若干次,以检验速断保护是否会误动作。根据经验,当速断保护的一次动作电流比变压器额定一次电流大 $2 \sim 3$ 倍时,速断保护一般能躲过励磁涌流,不会误动作。

例6.2 某降变压电所装有一台 $10/0.4$ kV,$1\,000$ kVA 的电力变压器。已知变压器低压母线三相短路电流 $I_K^{(3)} = 13$ kA,高压侧继电保护用电流互感器电流比为 $100/5$,继电器采用 GL-25 型,接成两相两继电器式。试整定该继电器的反时限过电流保护的动作电流、动作时间及电流速断保护的速断电流倍数。

解 1)过电流保护的动作电流整定

取 $K_{rel} = 1.3$,$K_W = 1$,$K_{re} = 0.8$,$K_i = 100/5 = 20$,则

$$I_{L \cdot max} = 2I_{1N \cdot T} = \frac{2 \times 100 \text{ kVA}}{\sqrt{3} \times 10 \text{ kV}} = 115.5 \text{ A}$$

故按公式得

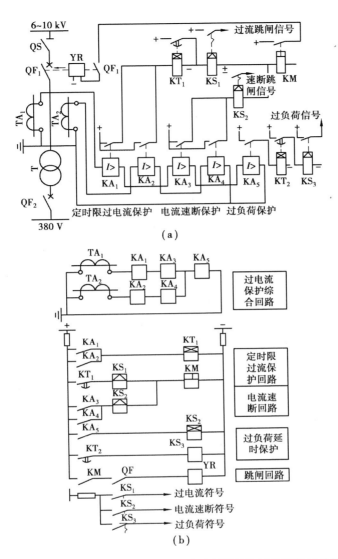

图 6.25 变压器的定时限过电流保护、电流速断保护和过负荷保护的综合电路(集中法)

(a)变压器的定时限过电流保护、电流速断保护和过负荷保护的综合电路原理图

(b)变压器的定时限过电流保护、电流速断保护和过负荷保护的综合电路展开图

$$I_{op} = \frac{1.3 \times 1}{0.8 \times 20} \times 115.5 \text{ A} = 9.38 \text{ A}$$

动作电流 I_{op} 整定为9A。

2)过电流保护动作时间的整定

考虑此为终端变电所的过电流保护,故其10倍动作电流的动作时间整定为最小值0.5 s。

3)电流速断保护速断电流的整定

取 $K_{rel} = 1.5$,则

$$I_{K \cdot max} = 13 \text{ kA} \times \frac{0.4 \text{ kV}}{10 \text{ kV}} = 520 \text{ A}$$

故

$$I_{qb} = \frac{1.5 \times 1}{20} \times 520 \text{ A} = 39 \text{ A}$$

因此,速断电流倍数整定为

$$n_{qb} = \frac{39}{9} \approx 4.3$$

(3)变压器的过负荷保护

变压器的过负荷保护是用来反应变压器正常运行时出现的过负荷情况,只在变压器确有过负荷可能的情况下才予以装设,一般动作于信号。

变压器的过负荷在大多数情况下都是三相对称的,因此过负荷保护只需要在一相上装一个电流继电器。在过负荷时,电流继电器动作,再经过时间继电器给予一定延时,最后接通信号继电器发出报警信号。

过负荷保护的动作电流按躲过变压器额定一次电流 $I_{1N \cdot T}$ 来整定。其计算公式为

$$I_{op(OL)} = (1.2 \sim 1.5)\frac{I_{1N \cdot T}}{K_i}$$

式中　K_i——电流互感器的电流比。动作时间一般取 $10 \sim 15$ s。

6.4.4　变压器低压侧的单相短路保护

①低压侧装设三相均带过电流脱扣器的低压断路器。

②低压侧三相装设熔断器保护单相短路,但由于熔断器熔断后更换熔体需要在变压器中性点引出线上装设零序过电流保护如图 6.26 所示。

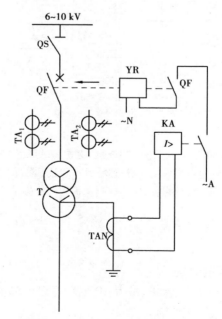

图 6.26　变压器的零序过电流保护

QF—高压断路器;TNA—零序电流互感器;KA—电流继电器;YR—断路跳闸线圈

③采用两相三继电器结线或三相三继电器结线的过电流保护,如图 6.27 所示为结线短路保护。图 6.27 适用于变压器低压侧单相短路保护的两种结线方式。

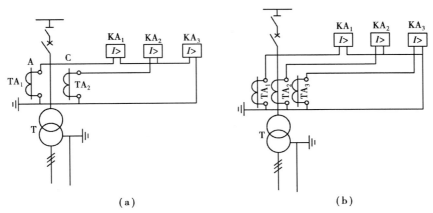

图 6.27　YynO 联结的变压器,高压侧采用两相一继电器的过电流保护

(a)两相三继电器式　(b)三相三继电器式

6.4.5　变压器的差动保护

(1)变压器差动保护的基本原理

如图 6.28 所示为变压器差动保护的单相原理电路图。将变压器两侧的电流互感器同极性串联起来,使继电器跨接在两连线之间,于是流入差动继电器的电流就是两侧电流互感器二次电流之差,即

$$I_{KA} = I''_1 - I''_2$$

在变压器正常运行或差动保护的保护区外 k-1 点发生短路时,流入继电器 KA(或差动继电器 KD)的电流相等或相差极小,继电器 KA(或 KD)不动作,而在差动保护的保护区内 k-2 点发生短路时,对于单端供电的变压器来说,$I''_2 = 0$,所以 $I_{KA} = I''_1$,超过继电器 KA(或 KD)所整定的动作电流,$I_{op(d)}$ 使 KA(或 KD)瞬时动作,然后通过出口继电器 KM 使断路器 QF_1,QF_2 同时跳闸,将故障变压器退出,切除短路故障,同时由信号继电器发出信号。

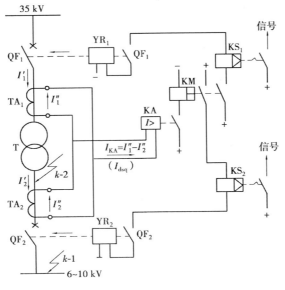

图 6.28　变压器差动保护的单相原理电路图

综上所述,变压器差动保护的工作原理是:正常工作或外部故障时,流入差动继电器的电流为不平衡电流,在适当选择好两侧电流互感器的变压比和结线方式的条件下,该不平衡电流值很小,并小于差动保护的动作电流,故保护不动作;在保护范围内发生故障,流入继电器的电流大于差动保护的动作电流,差动保护动作于跳闸。因此,它不需要与相邻元件的保护在整定值和动作时间上进行配合,可构成无延时速动保护。其保护范围包括变压器绕组内部及两侧套管和引出线上所出现的各种短路故障。

(2)变压器差动保护动作电流的整定 变压器差动保护的动作电流 $I_{op(d)}$ 应满足以下3个条件:

①应躲过变压器差动保护区外短路时出现的最大不平衡电流,即

$$I_{op(d)} = K_{rel}I_{dsq \cdot max}$$

式中 K_{rel}——可靠系数,可取1.3。

②应躲过变压器励磁涌流,即

$$I_{op(d)} = K_{rel}I_{1N \cdot T}$$

式中 $I_{1N \cdot T}$——变压器额定一次电流;

K_{rel}——可靠系数,取1.3～1.5。

③动作电流应大于变压器最大负荷电流,防止在电流互感器二次回路断线且变压器处于最大负荷时,差动保护误动作,故

$$I_{op(d)} = K_{rel}I_{L \cdot max}$$

式中 $I_{L \cdot max}$——最大负荷电流,取1.2～1.3;

$I_{1N \cdot T}$——可靠系数,取1.3。

6.5 工厂低压供电系统的保护

6.5.1 熔断器保护

(1)熔断器及其安秒特性曲线

熔断器包括熔管(又称熔体座)和熔体。通常它串接在被保护的设备前或接在电源引出线上。当被保护区出现短路故障或过电流时,熔断器熔体熔断,使设备与电源隔离,免受电流损坏。因熔断器结构简单、使用方便、价格低廉,所以应用广泛。

熔断器的技术参数包括熔断器(熔管)的额定电压和额定电流,分断能力,以及熔体的额定电流和熔体的安秒特性曲线。250 V 和 500 V 是低压熔断器,3～110 kV 属高压熔断器。决定熔体熔断时间和通过电流的关系曲线称为熔断器熔体的安秒特性曲线,如图6.29所示。该曲线由实验得出,它只表示时限的平均值,其时限相对误差会高达±50%。

图6.30是由变压器二次侧引出的低压配电图。如采用熔断器保护,应在各配电线路的首端装设熔断器。熔断器只装在各相相线上,中性线是不允许装设熔断器的。

(2)熔断器(熔管或熔座)的选择和校验

选择熔断器(熔管或熔座)时应满足下列条件:

①熔断器的额定电压应不低于被保护线路的额定电压。

②熔断器的额定电流应不小于它所安装的熔体的额定电流。

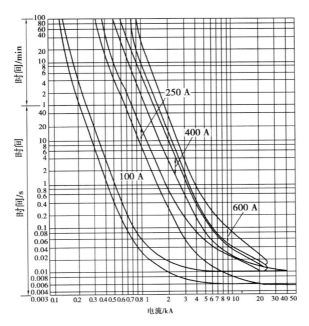

图 6.29　熔断器熔体的安秒特性曲线

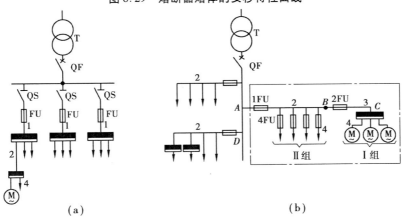

图 6.30　低压配电系统示意图

1—干线;2—分干线;3—支干线;4—支线;Q—低压断路器(自动空气开关)

③熔断器的类型应符合安装条件及被保护设备的技术要求。

④熔断器的分断能力应满足

$$I_{oc} > I_{sh}^{(3)}$$

式中　$I_{sh}^{(3)}$——流经熔断器的短路冲击电流有效值。

(3)熔断器的选用及其与导线的配合

对保护电力线路和电气设备的熔断器,其熔体电流的选用可按以下条件进行:

①熔断器熔体电流应不小于线路正常运行时的计算电流 I_{30} 为

$$I_{N·FE} \geq I_{30}$$

②熔断器熔体电流还应躲过由于电动机启动所引起的尖峰电流 I_{pk},以使线路出现正常的尖峰电流而不致熔断,故

157

$$I_{N \cdot FE} \geqslant K I_{pk}$$

式中　k——选择熔体时用的计算系数。轻负荷启动时启动时间在 3 s 以下者,$k = 0.25 \sim 0.4$;
重负荷启动时,启动时间应在 $3 \sim 8$ s 者,$k = 0.35 \sim 0.5$;超过 8 s 的重负荷启动或
频繁启动、反接制动等,$k = 0.5 \sim 0.6$。

　　I_{pk}——尖峰电流;对一台电动机,尖峰电流为 $k_{stM} I_{N \cdot M}$;对多台电动机

$$I_{pk} = I_{30} + (k_{stM \cdot max} - 1) I_{N \cdot M\ max}$$

式中　$k_{stM \cdot max}$——启动电流最大的一台电动机的启动电流倍数;

　　$I_{N \cdot M\ max}$——启动电流最大的一台电动机的额定电流。

　　③为使熔断器可靠地保护导线和电缆,避免因线路短路或过负荷损坏甚至起燃,熔断器的熔体额定电流 $I_{N \cdot FE}$ 必须和导线或电缆的允许电流 I_{al} 相配合,故要求

$$I_{N \cdot FE} < k_{OL} I_{al}$$

式中　k_{OL}——熔断器熔体额定电流与被保护线路的允许电流的比例系数;对电缆或穿管绝缘
导线,$k_{OL} = 2.5$;对明敷绝缘导线,$k_{OL} = 1.5$;对于已装设有其他过负荷保护的绝
缘导线、电缆线路而又要求用熔断器进行短路保护时,$k_{OL} = 1.25$,对于保护电
力变压器,其熔体电流可按下式选定,即

$$I_{FE} = (1.4 - 2) I_{NT}$$

式中　I_{NT}——变压器的额定一次电流。熔断器装设在哪一侧,就选用哪侧的额定值用于保护
电压互感器的熔断器,其熔体额定电流可选用 0.5 A,熔管可用 RN2 型。

(4)熔断器保护灵敏度校验

熔断器保护的灵敏系数 S_p 为

$$S_p = \frac{I_K^{(2)} 2}{I_{op(0)}} = \frac{\sqrt{3}}{2} \times \frac{12.2}{2} = 5.291.521'$$

式中　$I_{k \cdot min}$——熔断器保护线路末端在系统最小运行方式下的短路电流对中性点不接地系
统,取两相短路电流;对中性点直接接地系统,取单相短路电流;对于保护降
压变压器的高压熔断器来说,应取低压母线的两相短路电流换算到高压
之值;

　　$I_{N \cdot FE}$——熔断器熔体的额定电流。

(5)上下级熔断器的相互配合

用于保护线路短路故障的熔断器,它们上下级之相的相互配合应是这样:设上一级熔体的理想熔断时间为 t_1,下一级为 t_2;因熔体的安秒特性曲线误差为 $\pm 50\%$,设上一级熔体为负误差,有 $t_1 = 0.5 t_1$,下一级为正误差,即 $t_2 = 1.5 t_2$,如欲在某一电流下使 $t_1 > t_2$,以保证它们之间的选择性,这样就应使 $t_1 > 3 t_2$。对应这个条件可从熔体的安秒特性曲线上分别查出这两熔体的额定电流值。一般使上、下级熔体的额定值相差两个等级即能满足动作选择性的要求。

　　例 6.3　如图 6.30(b)所示的虚线框内是某车间部分的配电系统图。其负荷分布见表 6.1,各电动机均属轻负荷启动,试选定各熔断器的额定电流及导线截面。

表6.1　负荷资料分配表

第Ⅰ组负荷参数	BC 段支干线参数	第Ⅱ组负荷参数	AB 段分干线参数
10 kW（3 台），380 V，$\cos\varphi = 0.74$，$\eta = 0.96$，$I_{N\cdot M} = 21.4$ A，$k_{stM} = 6.5$，$I_{stM} = 139.1$ A 选用 BLV 穿管，10 kW，3 台导线	$k_d = 0.8$，$k_\sum = 1$，$I_{30} = 51.3$ A 选用 BLV 明敷导线	7.5 kW（4 台），$k_d = 0.8$，380 V，$\cos\varphi = 0.765$，$\eta = 0.98$，$I_{N\cdot M} = 15.2$ A，$k_{stM} = 6.5$，$I_{stM} = 98.8$ A 选用 BLV 明敷导线	$I_{30\cdot1} = 51.3$，$k_\sum = 1$ $I_{30\cdot2} = 48.6$ A，$I_{30} = 99.9$ A 选用 BLV 穿管导线

解　1）第Ⅰ组负荷各熔断器及导线截面

根据公式计算

$$I_{FE1} \geqslant 21.4 \text{ A}$$

并

$$I_{FE1} \geqslant k \quad I_{pk}(0.25 \sim 0.4) \times 139.1 \text{ A}(34.8 \sim 55.6)\text{ A}$$

选 RTO-100 熔断器，熔丝额定电流 $I_{N\cdot FE} = 50$ A。

选用塑料绝缘铝导线 BLV-3×4 mm，穿管，车间环境温度 25 ℃时 $I_{al} = 25$ A。

$I_{N\cdot FE} = 50$ A，$I_{N\cdot FE} < 2.5I_{al}$ 合格。

2）同理选择第Ⅱ组负荷的熔断器及导线截面

因

$$I_{FE\cdot X} \geqslant (0.25 \sim 0.4) \times 98.8 \text{ A}(24.7 \sim 39.5)\text{ A}$$

选 RTO-50 型熔断器，熔丝规格 $I_{N\cdot FE} = 40$ A，配用 BLV-3×2.5 mm² 穿管导线，查得其

$I_{al\cdot M} = 1.9$ A $> I_{N\cdot M} = 15.2$ A，同时

$$I_{N\cdot FE} < 2.5 \quad I_{al\cdot X} = 2.5 \times 19$$

故合格。

3）BC 段支干线选择

$$I_{pk} = [51.3 + (6.5 - 1) \times 21.4]\text{A} = 169 \text{ A}$$

由

$$I_{N\cdot FE} \geqslant I_{30} = 51.3 \text{ A}$$

并

$$I_{N\cdot FE} \geqslant (0.25 \sim 0.40) \times 169 \text{ A} = (42.3 \sim 67.6)\text{A}$$

选用 RTO-100 型熔断器，考虑要与Ⅰ级负荷熔断器相差两个等级，选熔丝电流 $I_{N\cdot FE} = 80$ A，导线用 BLV-3×10 mm²，明敷线，查得

$$I_{al} = 55 \text{ A} > I_{30} = 51.3 \text{ A}$$

因

$$I_{al} > I_{30}, I_{N\cdot FE} > I_{30}, I_{N\cdot FE} < 1.5I_{al}$$

故合格。

4）选择 AB 段干线

由于 AB 段后接电动机较多，可按频繁启动考虑，即

$$I_{N\cdot FE} \geqslant I_{30} = 99.9 \text{ A}$$

或电动机频繁启动时

$$I_{N \cdot FE} = (0.5 \sim 0.6) \ I_{pk} = (0.5 \sim 0.6)[99.9 + (6.5 - 1) \times 21.4]A = (110.3 \sim 131.7)A$$

考虑到和 BC 段的配合,选 $I_{N \cdot FE} = 120$ A。选用 RTO-200 型熔断器。导线选用 BLV-3 × 25 mm² 明敷线,查得

$$I_{al} = 100 \text{ A}$$

因

$$I_{al} > I_{30}, I_{N \cdot FE} > I_{30}, I_{N \cdot FE} < 1.5 I_{al}$$

故校验合格。

6.5.2 低压断路器保护

(1)低压断路器在低压配电系统中的配置方式

低压断路器在低压配电系统中的配置方式如图 6.31 所示。

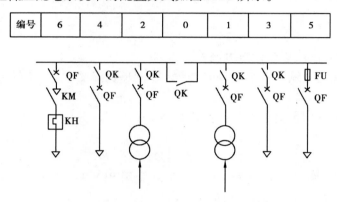

图 6.31 低压断路器在低压系统中常用的配置方式

Q—低压断路器;QK—刀开关;KM—接触器;KH—热继电器;FU—熔断器

1#,2#的接法适用于两台变压器供电;在3#,4#的接法适用于低压配电出线图 6.32;刀开关 OK 是为了检修低压断路器用。6#出线是低压断路器与接触器 KM 配合用,低压断路器用作短路保护,接触器用作电路控制器,供电动机频繁启动用。其次热继电器 KR 用作过负荷保护。5#出线是低压断路器与熔断器的配合方式,适用于开关断流能力不足的情况。此时,靠熔断器进行短路保护,低压断路器只在过负荷和失压时才断开电路。

(2)低压断路器的过电流脱扣器

非选择型:动作时间可以不小于 10 s 的长延时电磁脱扣器,或动作时限小于 0.1 s 的瞬时脱扣器,其中长延时用作过负荷保护,短延时或瞬时均用于短路故障保护。

选择型:延时时限分别为 0.2,0.4,0.6 s 的短延时脱扣器。低压断路器各种脱扣器的电流整定如下:

1)长延时过流脱扣器(即热脱扣器)的整定

$$I_{op(1)} \geq 1.1 I_{30}$$

式中 $I_{op(1)}$——长延时脱扣器(即热脱扣器)的整定动作电流。但是,热元件的额定电流 $I_{H \cdot N}$ 应比 $I_{op(1)}$ 大(10% ~ 25)% 为好,即

$$I_{H \cdot N} \geq (1.1 \sim 1.25) I_{op(1)}$$

2)瞬时(或短延时)过电流脱扣器的整定

$$I_{op(0)} \geq k_{rel} I_{pk}$$

式中　$I_{op(0)}$——瞬时或短延时过电流脱扣器的整定电流值,规定短延时过电流脱扣器整定电流的调节范围对于容量在 2 500 A 及以上的断路器为 3~6 倍脱扣器的额定值,对 2 500 A 以下为 3~10 倍;瞬时脱扣器整定电流调节范围对 2 500 A 及以上的选择型自动开关为 7~10 倍,对 2 500 A 以下则为 10~20 倍。对非选择型开关为 3~10 倍;

　　k_{rel}——可靠系数。对动作时间 $t_{op} \geq 0.4$ s 的 DW 型断路器取 $k_{rel} = 1.35$,对动作时间 $t_{op} \leq 0.2$ s 的 DZ 型断路器,$k_{rel} = 1.7 \sim 2$;对有多台设备的干线,可取 $k_{rel} = 1.3$。

3)灵敏系数 S_p

$$S_p = \frac{I_{k \cdot min}}{I_{op(0)}} \geq 1.5$$

式中　$I_{k \cdot min}$——线路末端最小短路电流;

　　$I_{op(0)}$——瞬时或短延时脱扣器的动作电流。

4)低压断路器过流脱扣器整定值与导线的允许电流 I 的配合

$$I_{op(1)} < I_{al} \quad 或 \quad I_{op(0)} < 4.5 I_{al}$$

例 6.4　供电系统如图 6.32 所示,所需的数据均标在图上,试选择低压断路器,导线按 40 ℃ 温度校验。

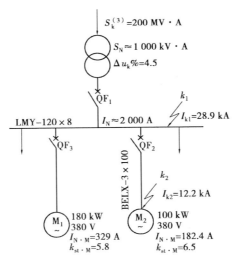

图 6.32　例题的供电系统图

解　1)QF$_2$ 选用保护电动机用的 DZ 系列低压断路器

其整定计算为

$$I_{30} = I_{N \cdot M} = 182.4 \text{ A}$$

故选定低压断路器的额定电流 $I_{N \cdot Q2} = 200$ A,长延时脱扣器的整定电流为 $I_{op(1)} = 1.1 I_{30} = 200$ A,瞬时过电流脱扣器电流整定值(k_{rel} 取 1.7)为

$$I_{op(0)} = k_{rel} I_{st \cdot M} = 1.7 \times (6.5 \times 182.4) \text{A} = 2\ 015 \text{ A}$$

选定 $I_{op(0)} = 2000$ A(10 倍额定值)。

灵敏系数为

$$S_\mathrm{p} = \frac{I_\mathrm{K2}^{(2)}}{I_\mathrm{op(0)}} = \frac{\sqrt{3}}{2} \times \frac{12.2}{2} = 5.29 > 1.5$$

故合格。配合导线 $I_\mathrm{al} > I_\mathrm{N \cdot Q2}$200 A,选 BBLX-3 × 100 mm²,查得 $T = 40$ ℃时其

$$I_\mathrm{al} = 224 \text{ A}$$

满足 $I_\mathrm{op(1)} < I_\mathrm{al}$ 的要求。断路器可选用 DZ20 系列塑料外壳式低压断路器,断路器的额定电流 200 A,瞬时脱口器整定电流倍数为 10 倍,即 2 000 A。

2)QF1 选用 DW 系列低压断路器以保护变压器用

因变压器二次侧额定电流 $I_\mathrm{N} \approx 1\ 500$ A,故选定低压断路器的额定电流 $I_\mathrm{N \cdot Q2}$1 500 A,可选长延时脱扣器电流整定为 $I_\mathrm{op(1)} = 1\ 500$ A。

短延时脱扣器动作时间整定为 0.4 s,整定电流要考虑 1#电动机启动时产生的峰值电流 I_pk,取 $k_\mathrm{rel} = 1.35$,于是

$$I_\mathrm{op(0)} = k_\mathrm{rel}I_\mathrm{pk} = 1.35 \times [1\ 500 + (5.8 - 1) \times 329]\text{A} = 4\ 157 \text{ A}$$

可选定 $I_\mathrm{op(0)} = 4\ 500$ A(3 倍额定电流),则

$$k_\mathrm{rel} = \frac{I_\mathrm{k1}^{(2)}}{I_\mathrm{op(0)}} = \frac{\sqrt{3}}{2} \times \frac{28.9}{4.5} = 5.6 > 1.5$$

选用 LMY-120 × 8 矩形铝母线,$T = 40$ ℃时,$I_\mathrm{al} = 1\ 500$ A $> I_\mathrm{N}$,断路器可选用 DW15 系列低压断路器,脱口器额定电流为 1 500 A,短延时脱口器电流整定为 4 500 A。

6.5.3 低压断路器与熔断器在低压电网保护中的配合

低压断路器与熔断器在低压电网中的设置方案如图 6.33 所示。若能正确选定其额定参数,使上一级保护元件的特性曲线在任何电流下都位于下一级保护元件安秒特性曲线的上方,便能满足保护选择性的动作要求。图 6.33(a)是能满足上述要求的。因此,这种方案应用得最为普遍。

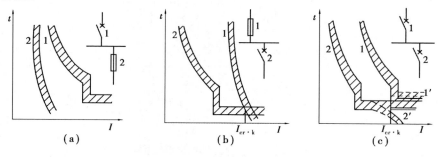

图 6.33 低压断路器与熔断器的设置

在图 6.33(b)中,如果电网被保护范围内的故障电流 I_k 大于 $I_\mathrm{cr \cdot k}$ 临界短路电流(图中两条曲线交点处对应的短路电流),则无法满足有选择地动作。图 6.33(c)中,如果要使两级低压断路器的动作满足选择性要求,必须使 1 处的安秒特性曲线位于 2 处的特性曲线之上;否则,必须使 1 处的特性曲线为 1′或 2 处的特性曲线为 2′由于安秒特性曲线是非线性的,为使保护满足选择性的要求,设计计算时宜用图解方法。

6.6 防雷与接地

6.6.1 防雷

(1)雷电的形成及危害

1)雷电的形成

雷电是天气现象之一,是一种极为壮观的自然现象,但是,雷电的巨大破坏力,又会给人类社会带来灾难。所谓雷电,就是天空中的某一块云层与另一块云层或者与大地,由于所带的电荷性质相反而产生瞬间剧烈放电的现象。在这放电过程中,往往伴随着强烈耀眼的闪光和震耳欲聋的巨响。雷击所造成的危害主要有两种形式:第一是直击雷,是指雷云对大地某点发生的强烈放电。它可直接击中线路或设备,使雷电流沿线路并经过电气设备后再入地,强大的雷击过电流,造成了设备和线路的损坏。第二是感应雷,也称为间接雷,它是由雷闪电流产生的强大电磁场变化,与导体感应出的过电压、过电流而形成的雷击。对于灵敏的电子设备,尤需注意。

雷电产生原因的解释很多,现象也比较复杂。几个主要原因如下:

①雷云。

②导电通道。

③先导放电。

④主放电阶段(回击放电)。

2)雷电过电压

雷电过电压又称为大气过电压或外部过电压,是由于变配电系统内的设备或建筑物遭受到来自大气中的雷击或雷电感应而引起的过电压。

雷电过电压有两种基本形式:一种是直击雷或直接雷击;另一种雷电过电压称为雷电感应或感应雷。

3)雷电的危害

雷电的危害大家是有目共睹的,然而近几年随着电网的改造,特别是城网改造和变电所自动化系统的建设,大家可能对这些设备的防雷接地保护还是认识不足,以致造成了多起雷害事故,造成自动化系统的瘫痪和一些电网设备事故,损失是比较严重的。因此,有必要探讨一下供、配电系统的防雷接地问题,为设计和施工人员提供一定的帮助。

①雷电的热效应和机械效应

遭受直接雷击的树木、电杆、房屋等,因通过强大的雷电流会产生很大的热量,但在极短的时间内又不易散发出来,所以会使金属熔化,使树木烧焦。同时,由于物体的水分受高热而汽化膨胀,将产生强大的机械力而爆炸,使建筑物等遭受严重的破坏。

②雷电的磁效应

在雷电流通过的周围,将有强大的电磁场产生,使附近的导体或金属结构以及电力装置中产生很高的感应电压,可达几十万伏,足以破坏一般电气设备的绝缘;在金属结构回路中,接触不良或有空隙的地方,将产生火花放电,引起爆炸或火灾。

（2）防雷装置

1）避雷针

①用途

为了防止设备免受直接雷击，通常采用装设避雷针或避雷线的措施，避雷针高于被保护物，其作用是将雷电吸引到避雷针本身上来并安全地将雷电流引入大地，从而保护了设备。

②保护范围

A. 单支避雷针（见图6.34）

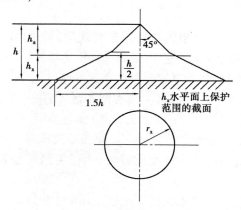

图 6.34　单支避雷针

可计算如下：

当 $h_x \geqslant \dfrac{h}{2}$ 时

$$r_x = (h - h_x)p$$

当 $h_x < \dfrac{h}{2}$ 时

$$r_x = (1.5h - 2h_x)p$$

P 计算如下：

当 $h \leqslant 30$ m 时

$$p = 1$$

当 $30 < h \leqslant 120$ m 时

$$p = \frac{5.5}{\sqrt{h}}$$

B. 双支等高避雷针（见图6.35）

两针外侧的保护范围可按单针计算方法确定，两针间的保护范围应按通过两针顶点及保护范围上部边缘最低点 O 的圆弧来确定，O 点的高度可计算为

$$h_0 = h - \frac{D}{7p}$$

截面中高度为 h_x 的水平面上保护范围的一侧宽度可计算为

$$b_x = 1.5(h_0 - h_x)$$

C. 两支不等高避雷针（见图6.36）

其保护范围按下法确定，两针内侧的保护范围先按单针作出高针 1 的保护范围，然后经

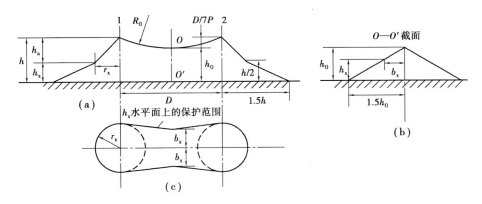

图 6.35　双支等高避雷针

过较低针 2 的顶点作水平线与之交于点 3,再设点 3 为一假想针的顶点,作出两等高针 2 和 3 的保护范围。两针外侧的保护范围仍按单针计算。

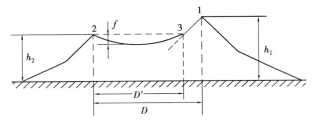

图 6.36　两支不等高避雷针

2)避雷线(又称架空地线)

①用途

避雷线主要用于保护线路,也可用以保护发电厂、变电所。

②保护范围

单根避雷线的保护范围按下式计算:

当 $h_x \geq \dfrac{h}{2}$ 时

$$r_x = 0.47(h - h_x)P$$

当 $h_x < \dfrac{h}{2}$ 时

$$r_x = (h - 1.53h)P$$

单跟避雷线保护范围如图 6.37 所示。

双跟避雷线保护范围如图 6.38 所示。

外侧的保护范围应按单线计算,两线横截面的保护范围可以通过两线 1,2 点及保护范围上部边缘最低点 O 的圆弧所确定,O 点的高度应计算为

$$h_0 = h - \frac{D}{4p}$$

两不等高避雷线的保护范围可按两不等高避雷针的保护范围的确定原则求得。

3)避雷器

避雷器的作用是限制过电压以保护电气设备。避雷器的类型主要有保护间隙、管型避雷

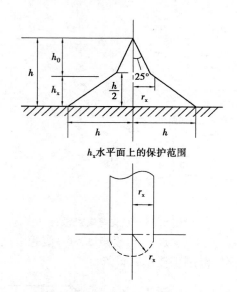

图 6.37　单跟避雷线保护范围图

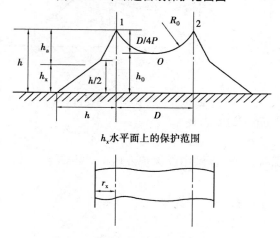

图 6.38　双跟避雷线保护范围图

器、阀型避雷器及氧化锌避雷器等。保护间隙和管型避雷器主要用于限制大气过电压,一般用于配电系统、线路和变电所进线段的保护。阀型避雷器用于变电所和发电厂的保护。

①保护间隙与管型避雷器

保护间隙由两个电极(即主间隙和辅助间隙)组成,常用的角型间隙及其与保护设备相并联的接线如图 6.39 所示。

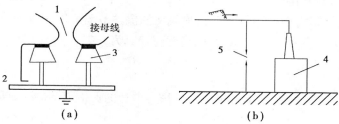

图 6.39　角型间隙

管型避雷器实质上是一种具有较高熄弧能力的保护间隙。其原理结构如图6.40所示。

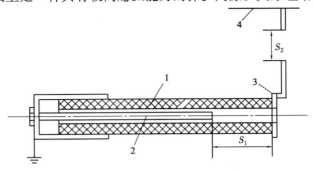

图6.40　管型避雷器

②阀型避雷器

阀型避雷器可分普通型和磁吹型两类。基本元件为间隙和非线性电阻,间隙和非线性电阻元件(又称阀片)相串联,如图6.41所示。

③氧化锌避雷器

氧化锌避雷器的阀片以氧化锌为主要材料,附以少量精选过的金属氧化物,在高温下烧结而成。氧化锌具有很理想的非线性伏安特性,如图6.42所示。

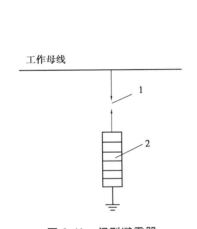

图6.41　阀型避雷器

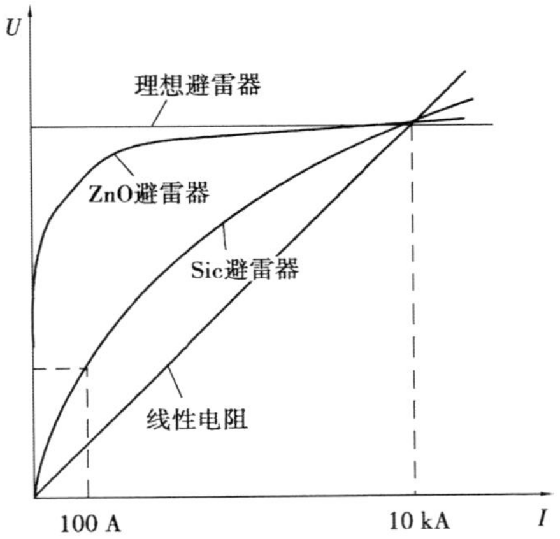

图6.42　氧化锌避雷器

(3)输电线路和变电所防雷

1)输电线路的防雷

①架设避雷线。

②降低杆塔接地电阻。

③架设耦合地线。

④采用不平衡绝缘方式。

⑤装设自动重合闸。

⑥采用消弧线圈接地方式。

⑦装设管型避雷器。

⑧加强绝缘。

2）变电所防雷保护

①雷害原因

变电所遭受雷害可能来自两个方面：雷直击于变电所；雷击线路，沿线路向变电所入侵的雷电波。对直击雷的保护，一般采用避雷针或避雷线。由于线路落雷频繁，因此，沿线路入侵的雷电波是变电所遭受雷害的主要原因。其主要防护措施是在变电所内装设阀型避雷器以限制入侵雷电波的幅值。

②变电所的直击雷保护

为了防止雷直击于发电厂、变电所，可装设避雷针，应使所有设备都处于避雷针保护范围之内。此外，还应采取措施，防止雷击避雷针时的反击事故。

③变电所内阀型避雷器的保护作用

变电所内必须装设阀型避雷器以限制雷电波入侵时的过电压，这是变电所防雷保护的基本措施之一。

④变电所进线段的保护

变电所进线段保护的作用在于限制流经避雷器的雷电流和限制入侵波的陡度。

⑤三相绕组变压器的防雷保护

当变压器高压侧有雷电波入侵时，通过绕组间的静电和电磁耦合，在其低压侧也将出现过电压。为了限制这种过电压，只要在任一相低压绕组直接出口处对地加装一个避雷器即可。中压绕组虽也有开路的可能，但其绝缘水平较高，一般不装。

（4）工厂供电系统的防雷

1）架空线路的防雷

工厂供电系统又不同于一般输电线路，它是电力系统的负荷末端，又具有自己的特点，例如：

①一般厂区架空线路都在 35 kV 以下。

②配电网络一般不长。

③对重要负荷的工厂较易实现双电源供电和自动重合闸装置。

2）对 35 kV 线路的防雷

对 35 kV 线路的防雷可采用以下防雷保护措施：

①架空线路应增加绝缘子个数，采用较高等级的绝缘子，或顶相用针式而下面两相改用悬式绝缘子，提高反击电压水平。

②部分架空线装设避雷线。

③改进杆塔结构，如当应力运行时，可采用瓷横担等。

④减少接地电阻，以及采用拉线减少杆塔电感。

⑤采用电缆供电。

而对 6～10 kV 架空线，不须装设避雷线，防雷方式可利用钢筋混凝土的自然接地，必要时可采用双电源供电和自动重合闸。

（5）工厂变电所的防雷

装设避雷针或避雷线对直击雷进行防护，是非常可靠的。由于线路落雷次数多，因此沿线路侵入雷电波所形成的雷害事故相对比较频繁，这一方面主要依靠设置阀式避雷器来保护。对直击雷和线路侵入冲击波的防护应考虑：

①对直击雷的防护。

②对线路侵入冲击波的防护。

③变电所防雷的进线段保护。

(6)厂建筑物低压进线对高电位引入的防护

建筑物低压进线对高电位引入的防护方法较多,现仅列出以下的两个方面:

①架空线进线的处理。

②采用电缆段进线。

(7)建筑配电系统的防雷

1)建筑物的防雷分级

建筑物根据其重要性、使用性质、发生雷击事故的可能性和后果,按防雷要求分为以下3类:

①一类防雷建筑物

如制造、使用或储存炸药、火药、起爆药、火工品等大量爆炸物质的建筑物等。

②二类防雷建筑物

如国家级重点文物保护的建筑物,国家级的会堂、办公建筑物、大型博览展览建筑物、大型火车站、国宾馆、国家级档案馆等。

③三类防雷建筑物

省级重点文物保护的建筑物及省级档案馆,省级办公建筑物及其他总要或人员密集的公共建筑物等。

2)年平均雷暴日数和年预计雷击次数

民用建筑的防雷措施,原则上是以防直击雷为主要目的,防止直击雷的装置一般由接闪器、引下线和接地装置3部分组成。

①接闪器

接闪器包括直接接受雷击的避雷针、避雷线、避雷带、避雷网,以及用作接闪的金属屋面和金属构件等。接闪器总是高出被保护物的,是与雷电流直接接触的导体。

②引下线

引下线是连接接闪器和接地装置的金属导线,其作用是将接闪器与接地装置连接在一起,使雷电流构成通路。

③接地装置

接地装置是接地体和接地线的总和。接地体是埋入土壤中或混凝土基础中作散流作用的导体,包括垂直接地体和水平接地体两部分。接地线是指从引下线到断线卡或换线处至接地体的连接导体,应与水平接地体等截面。

3)防止雷电波侵入的措施

雷电波的侵入是由于雷电对架空线路或金属管道的作用,雷电波可能沿着这些管线侵入屋内危及人身安全或损坏设备。

对于一类防雷建筑物,为防止雷电波侵入应采取以下措施:低压电缆宜全线采用电缆直接埋地敷设,并在入户端将电缆的外皮、钢管接到防雷电感应的接地装置上。

对于二类防雷建筑物其防雷电波侵入的措施,应符合下列要求:

①当全线路采用埋地电缆或敷设在架空线槽内的电缆引入时,在进户端应将电缆金属外皮、金属线槽接地。

②架空和直埋接地的金属管道在进入建筑物处应就近与防雷的接地装置相连;当不相连

时,架空管道应接地,其接地冲击电阻不应大于 10 Ω。

对于三类防雷建筑物其防雷电波侵入的措施,应符合下列要求:对电缆进出线,应在进出端将电缆的金属外皮、钢管等与电气设备接地相连。对低压架空进出线,应在进出处装设避雷器,并将其与绝缘子铁脚、金具连接在一起接地,其冲击接地电阻不宜大于 30 Ω。

4)高层建筑的防雷

一类建筑和二类建筑中的高层民用建筑的防雷,尤其是防直击雷,有特殊的要求和措施。这是因为一方面越是高层建筑,落雷的次数越多;另一方面,由于建筑物很高,有时雷云接近建筑物附近时发生的先导放电,屋面接闪器(避雷针、避雷带、避雷网等)未起到作用;有时雷云飘动,使建筑物受到雷电的侧击。

为防侧击雷,高层民用建筑应设置多层避雷带、均压环和在外墙的转角处设引下线。一般在高层建筑的变沿和凸出部分,少用避雷针,多用避雷带,以防雷电侧击。

6.6.2　接地

(1)工作接地

电力系统的中性点是指星形连接的变压器或发电机的中性点。工作接地是指电力系统中性点接地方式,也就是常说的电力系统中性点运行方式。我国电力系统中普遍采用的中性点运行方式有中性点直接接地、中性点不接地和中性点经消弧线圈接地 3 种。

1)中性点直接接地电力系统(见图 6.43)

其主要优点是:单相接地时,其中性点电位不变,非故障相对地电压接近于相电压(可能略有增大),因此降低了电力网绝缘的投资,而且电压越高,其经济效益也越大。

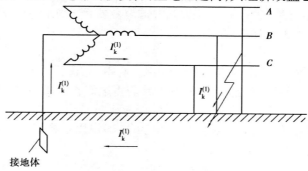

图 6.43　中性点直接接地电力系统

2)中性点不接地电力系统(如图 6.44)

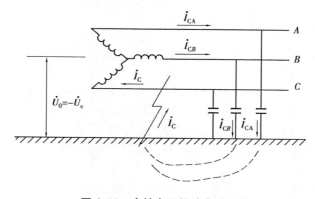

图 6.44　中性点不接地电力系统

其主要优点是运行可靠性高。单相接地时,不能构成短路回路,接地相电流不大,电力网线电压的大小和相位关系仍维持不变,但非接地相的对地电压升为线电压。

3)中性点经消弧线圈接地电力系统(见图6.45)

当中性点不接地系统单相接地电流较大时,可采用中性点经消弧线圈接地。根据消弧线圈的电感电流对接地电容电流补偿程度,有3种补偿方式:全补偿、欠补偿和过补偿。

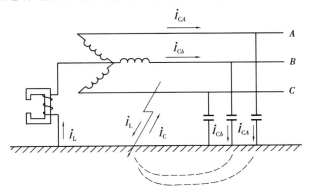

图6.45 中性点经消弧线圈接地电力系统

(2)低压配电系统的接地形式

我国220/380 V低压配电系统,广泛采用中性点直接接地的运行方式,而且引出有中性线(N),保护线(PE)或保护中性线(PEN)。

①中性线(N)的功能:一是用来接用额定电压为系统相电压的单相用电设备;二是用来传导三相系统中的不平衡电流和单相电流;三是减小负荷中性点的电位偏移。

②保护线(PE)的功能:用来保障人身安全、防止发生触电事故用的接地线。

③保护中性线(PEN)的功能:兼有中性线和保护线的功能,这种保护中性线在我国通常称为"零线",俗称"地线"。低压配电系统按接地形式,可分为TN系统、TT系统和IT系统。

1)TN系统

①TN-C系统(见图6.46)

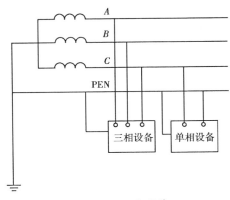

图6.46 TN-C系统

其中,N线与保护线PE线合并为一根PEN线。

②TN-S系统(见图6.47)

设备的外露可导线部分接PE线,由于PE线中无电流通过,因此,设备之间不会产生电磁干扰。

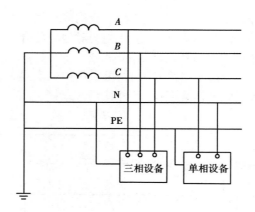

图 6.47　TN-S 系统

其中,N 线和保护线全部分开。

③TN-C-S 系统(见图 6.48)

该系统的前半部分为 TN-C 系统,而后边为 TN-S 系统。这种接线比较灵活,对安全要求和对抗电磁干扰要求高的场所,宜采用 TN-S 系统,而其他一般场所则采用 TN-C 系统。

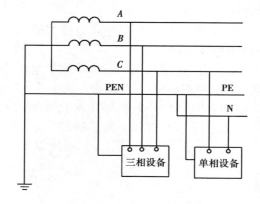

图 6.48　TN-C-S 系统

2)TT 系统(见图 6.49)

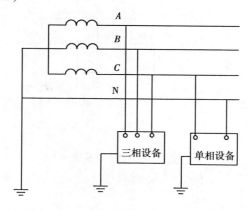

图 6.49　TT 系统

　　TT 系统中性点直接接地,而其中设备的外露可导电部分均经 PE 线单独接地。根据《住宅设计规范》规定,住宅供电系统应采用 TT,TN 系统接地方式。

　　3)IT 系统(见图 6.50)

　　IT 系统的中性点不接地,或经高阻抗(100 Ω)接地。该系统没有 N 线,因此不适合接额定电压为系统相电压的设备,只能接额定电压为系统线电压的设备。由于 IT 系统中性点不接地,设备外壳单独接地,因此当系统发生单相接地故障时,三相用电设备及接线电压的单相设备仍能继续运行,但应发出报警信号,以便及时处理。

　　IT 系统主要用于对连续供电要求较高及有易燃、易爆危险场所,特别是矿山、井下等场所的供电。

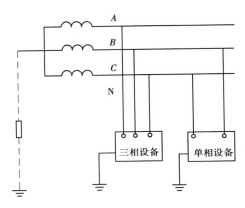

图 6.50　IT 系统

(3)保护接地(见图 6.51)

①人体的触电。

②保护接地的作用。

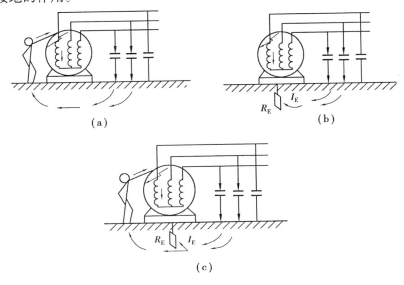

图 6.51　保护接地

③对接地装置接地电阻值的要求。

单相接地时,接地网电压规定不得超过 2 000 V,其接地装置的接地电阻为

$$R_{\mathrm{E}} \leqslant \frac{2\ 000}{I_{\mathrm{E}}}$$

当接地装置仅用于高压设备时,规定接地电压不得超过 250 V,即

$$R_{\mathrm{E}} \leqslant \frac{250}{I_{\mathrm{E}}}$$

当接地装置为高低压设备共用时,考虑到人与低压设备接触的机会更多,规定接地电压不得超过 120 V,即

$$R_{\mathrm{E}} \leqslant \frac{120}{I_{\mathrm{E}}}$$

1 000 V 以下中性点直接接地系统的接地电阻一般不宜大于 4;当变压器容量不超过 100 kVA 时,中性点接地装置的接地电阻可不大于 10。1 000 V 以下中性点不接地系统的接地电阻一般不应大于 10。

(4)跨步电压

当人在分布电压区域内跨开一步,两脚间(相距 0.8 m)所承受的电压,称为跨步电压。

在大接地短路电流系统中

$$U_{\mathrm{tou}} \leqslant \frac{250 + 0.25\rho}{\sqrt{t}}$$

在小接地短路电流系统中

$$U_{\mathrm{s}} \leqslant \frac{250 + \rho}{\sqrt{t}}$$

$$U_{\mathrm{tou}} \leqslant 50 + 0.25\rho$$
$$U_{\mathrm{s}} \leqslant 50 + 0.2\rho$$

(5)保护接零

①在 TN 系统中,下列电气设备不带电的外露可导电部分应作保护接零:

a. 电机、变压器、电器、照明器具、手持式电动工具的金属外壳。

b. 电气设备传动装置的金属部件。

c. 配电柜与控制柜的金属框架。

d. 配电装置的金属箱体、框架及靠近带电部分的金属围栏和金属门。

e. 电力线路的金属保护管、敷线的钢索、起重机的底座和轨道、滑升模板金属操作平台等。

f. 安装在电力线路杆(塔)上的开关、电容器等电气装置的金属外壳及支架。

②城防、人防、隧道等潮湿或条件特别恶劣施工现场的电气设备必须采用保护接零。

③在 TN 系统中,下列电气设备不带电的外露可导电部分,可不作保护接零:

a. 在木质、沥青等不良导电地坪的干燥房间内,交流电压 380 V 及以下的电气装置金属外壳(当维修人员可能同时触及电气设备金属外壳和接地金属的件的除外)。

b. 安装在配电柜、控制柜金属框架和配电箱的金属箱体上,且与其可靠电气连接的电气测量仪表、电流互感器、电器的金属外壳。

在中性点直接接地的三相四线制 380/220 V 电力网中,保证维护安全的方法是采用保护

接零,即将用电设备的金属外壳与电源(发电机或变压器)的接地中性线作金属性连接,并要求供电给用电设备的线路,在用电设备一相碰壳时,能够在最短的时限内可靠地断开。

(6)保护接地和保护接零的适用范围

①额定电压为 1 000 V 及以上的高压配电装置中的设备,在一切情况下均应采用保护接地。

②额定电压为 1 000 V 以下的低压配电装置中的设备,在中性点不接地电网中,应采用保护接地;在中性点直接接地的电网中,应采用保护接零。在没有中性线的情况下,也可采用保护接地。

(7)接地与接地电阻

①单台容量超过 100 kVA 或使用同一接地装置并联运行且总容量超过 100 kVA 的电力变压器或发电机的工作接地电阻值不得大于 4 Ω。

单台容量不超过 100 kVA 或使用同一接地装置并联运行且总容量不超过 100 kVA 的电力变压器或发电机的工作接地电阻值不得大于 10 Ω。

在土壤电阻率大于 1 000 Ω·m 的地区,当达到上述接地电阻值有困难时,工作接地电阻值可提高到 30 Ω。

②TN 系统中的保护零线除必须在配电室或总配电箱处作重复接地外,还必须在配电系统的中间处和末端处作重复接地。

在 TN 系统中,保护零线每一处重复接地装置的接地电阻值不应大于 10 Ω。在工作接地电阻值允许达到 10 Ω 的电力系统中,所有重复接地的等效电阻值不应大于 10 Ω。

③在 TN 系统中,严禁将单独敷设的工作零线再作重复接地。

④每一接地装置的接地线应采用 2 根及以上导体,在不同点与接地体作电气连接。

不得采用铝导体作接地体或地下接地线。垂直接地体宜采用角钢、钢管或光面圆钢,不得采用螺纹钢。

接地可利用自然接地体,但应保证其电气连接和热稳定。

⑤移动式发电机供电的用电设备,其金属外壳或底座应与发电机电源的接地装置有可靠的电气连接。

⑥移动式发电机系统接地应符合电力变压器系统接地的要求。下列情况可不另作保护接零:

a. 移动式发电机和用电设备固定在同一金属支架上,且不供给其他设备用电时。

b. 不超过 2 台的用电设备由专用的移动式发电机供电,供、用电设备间距不超过 50 m,且供、用电设备的金属外壳之间有可靠的电气连接时。

⑦在有静电的施工现场内,对集聚在机械设备上的静电应采取接地泄漏措施。每组专设的静电接地体的接地电阻值不应大于 100 Ω,高土壤电阻率地区不应大于 1 000 Ω。

(8)防雷接地

这是针对防雷保护的需要而设置,其目的是减小雷电流通过接地装置时的地电位升高。其主要特点是雷电流的幅值大和雷电流的等值频率高。

1)输电线路的防雷接地

高压输电线路在每一杆塔下一般都设有接地装置,并通过引线与避雷线相连。其目的是使击中避雷线的雷电流通过较低的接地电阻而进入大地。

高压线路杆塔都有混凝土基础,它也起着接地体的作用,称为自然接地电阻。大多数情况下单纯依靠自然接地电阻是不能满足要求的,需要装设人工接地装置。

2)变电所的防雷接地

一般是根据安全和工作接地要求敷设一个统一的接地网,然后在避雷针和避雷器下面增加接地体以满足防雷接地的要求。接地网的总接地电阻可估算为

$$R = \frac{0.44\rho}{\sqrt{S}} + \frac{\rho}{L} \approx 0.5 \frac{\rho}{\sqrt{S}} \qquad \Omega$$

小　结

工厂供配电系统对保护装置的基本要求是选择性、速动性、可靠性及灵敏度。继电器是一种在其输入的物理量达到规定值时,其电气输出电路被接通或分断的自动电器。电气继电器和非电气继电器(按输入量性质),用于自动控制电路;控制继电器和保护继电器(按用途),用于继电保护。继电保护装置的接线方式主要有两相两继电器式接线和两相一继电器式接线。

选择熔断器满足的条件:熔断器的额定电压应不低于安装处的额定电压;熔断器的额定电流应不小于它所安装的熔体的额定电流;熔断器的类型应符合安装条件及被保护设备的技术要求。保护线路的熔断器熔体电流满足条件:保护电力线路和电气设备的熔断器的熔体电流的选择,熔体额定电流应不小于线路正常运行时的计算电流。熔体额定电流还应躲过由于电动机启动引起的尖峰电流,使线路出现正常的尖峰电流而不致熔断。熔体额定电流还应与被保护的线路配合,当线路短路或过负荷时,不致引起绝缘导线或电缆过热甚至烧毁而熔断器熔体却不熔断(拒动)的事故发生,因此,要求—绝缘导线或电缆的允许载流量;绝缘导线或电缆的允许短时过负荷系数。

电力变压器的差动保护是利用保护区内发生短路故障时变压器两侧电流在差动回路中引起的不平衡电流而动作的一种保护。主要用来保护电力变压器内部以及引出线和绝缘套管的相间短路,并且也可用来保护变压器内部的匝间短路,其保护区在变压器一、二侧所装电流互感器之间。电力变压器的瓦斯保护又称气体继电保护,是保护油浸式电力变压器内部故障的一种基本的相当灵敏的保护装置。瓦斯继电器主要有浮筒式和开口杯式两种类型。瓦斯继电器的原理是:当电力变压器正常运行时,瓦斯继电器的容器内包括其中的上下开口油杯,都充满油的;而上下油杯因各自平衡锤的作用而升起,此时上下触点都是断开的。当变压器油箱内发生轻微故障时,由故障产生的气体慢慢升起,进入瓦斯继电器的容器内,并由上而下地排除其中的油,使油面下降,上油杯因其中盛有残余的油而使其力矩大于转轴的另一端平衡锤的力矩而降落。此时上触点接通信号回路,发出音响和灯光信号,这称为"轻瓦斯动作"。当电力变压器油箱内发生严重故障时,由于故障产生的气体很多,带动油流迅猛地由油箱通过连通管进入油枕,这大量的油气混合体在经过瓦斯继电器时,冲击挡板,使下油杯下降。这时,下触点接通跳闸回路,使断路器跳闸,同时发出音响和灯光信号,这称为"重瓦斯动作"。带时限的过电流保护按其动作时限特性分定时限过电流保护和反时限过电流保护。

为了防止设备免受直接雷击,通常采用装设避雷针或避雷线的措施,避雷针高于被保护

物,其作用是将雷电吸引到避雷针本身上来并安全地将雷电流引入大地,从而保护了设备。电力系统的中性点是指星形连接的变压器或发电机的中性点。工作接地是指电力系统中性点接地方式,也就是常说的电力系统中性点运行方式。我国电力系统中普遍采用的中性点运行方式:中性点直接接地、中性点不接地和中性点经消弧线圈接地3种。220/380 V低压配电系统,广泛采用中性点直接接地的运行方式,而且引出有中性线(N),保护线(PE)或保护中性线(PEN)。中性线(N)的功能:一是用来接用额定电压为系统相电压的单相用电设备;二是用来传导三相系统中的不平衡电流和单相电流;三是减小负荷中性点的电位偏移。保护线(PE)的功能:用来保障人身安全、防止发生触电事故用的接地线。保护中性线(PEN)的功能:兼有中性线和保护线的功能,这种保护中性线在我国通常称为"零线",俗称"地线"。低压配电系统按接地形式,可分为TN系统、TT系统和IT系统。

习题6

一、填空题

6.1 过电流保护装置的基本要求有_____、_____、_____及_____。

6.2 画出下列继电器的图形符号(包括线路圈和触头):电磁式电流继电器_____,电磁式时间继电器_____,电磁式信号继电器_____,感应式电流继电器_____。

6.3 线路过电流保护是通过反映被保护线路_____,超过设定值而使_____跳闸的保护。按动作时限特性分_____和_____保护。

6.4 线路速断保护会存在_____,一般与_____保护相配合使用。

6.5 瓦斯保护又称_____,是保护油浸式变压器_____的保护装置,是变压器的_____之一。轻瓦斯保护只作用于_____,重瓦斯保护既作用于_____,又作用于_____。

6.6 变压器的差动保护的保护区在_____。

6.7 低压供电系统的保护装置有_____和_____。

6.8 低压系统中,不允许在_____线和_____线上装熔断器。

6.9 接地的种类有_____、_____和_____。

6.10 选择性是指_____。

6.11 接闪器主要有_____、_____和_____。

6.12 电流互感器的两相电流和式接线的接线系数为_____、两相电流差式接线的接线系数为_____。

二、判断题(正确的打"√",错误的打"×")

6.13 低压照明线路保护大多采用低压断路器进行保护。 (   )

6.14 线路的过电流保护可以保护线路的全长,速断保护也是。 (   )

6.15 三相三线制线路,其两相短路电流大小是三相短路电流的0.866倍。 (   )

6.16 过电流继电器的返回系数总是小于1。 (   )

6.17 架空线路在线路的各相装设电流互感器可构成零序保护。　　　　　（　　）

6.18 变压器的差动保护就是变压器一、二次侧的断路器前后动作。　　　（　　）

6.19 避雷针的保护范围完全由避雷针的高度决定。　　　　　　　　　　（　　）

6.20 电力系统过电压即指雷电过电压。　　　　　　　　　　　　　　　（　　）

6.21 电气设备与地之间用一根导线连接起来则称为接地。　　　　　　　（　　）

6.22 N线上可安装熔断器或开关。　　　　　　　　　　　　　　　　　（　　）

6.23 速断保护的死区可以通过带时限的过流保护来弥补。　　　　　　　（　　）

6.24 灵敏度的数值越大越好。　　　　　　　　　　　　　　　　　　　（　　）

6.25 避雷器与避雷针的保护原理相同。　　　　　　　　　　　　　　　（　　）

6.26 输电线路全长都要架设避雷线。　　　　　　　　　　　　　　　　（　　）

6.27 电流互感器不完全星形接线,不能反映所有的接地故障。　　　　　（　　）

三、选择题

6.28 继电保护装置适用于（　　）。
　　A. 可靠性要求高的低压供电系统　　　　　　　B. 可靠性要求高的高压供电系统
　　C. 可靠性要求不太高的低压供电系统　　　　　D. 可靠性要求不太高的高压供电系统

6.29 选择下列继电器的文字符号填入括号内:电流继电器（　　）,电压继电器（　　）,中间继电器（　　）,时间继电器（　　）,信号继电器（　　）。
　　A. kV　　　　　　B. KT　　　　　　C. KA　　　　　　D. KS　　E. KM

6.30 110 kV线路中常采用（　　）接线的继电保护方式,6~10 kV线路中常采用（　　）接线的继电保护方式。
　　A. 三相式接线　　　B. 两相式接线　　　C. 两相差式接线　　　D. 一相式接线

6.31 三级漏电保护运作电流分别是:一级漏电保护电流（　　）,二级漏电保护电流（　　）,三级漏电保护电流（　　）。
　　A. 60~120 mA　　　B. 30~75 mA　　　C. 30 m 以下

6.32 请选择合适的直击雷保护设备的序号填入括号:保护高层建筑物常采用（　　）,保护变电所常采用（　　）,保护输电线常采用（　　）。
　　A. 避雷针　　　　　B. 避雷器　　　　　C. 避雷网或避雷带　　　D. 避雷线

四、技能题

6.33 在三相三线制系统中,采用两相差式继电保护线路,其中一个互感器二次侧同名端接反了,会产生什么后果?

6.34 施工现场专用的中性点直接接地的电力线路中,必须采用哪种保护系统?

6.35 在单相接地保护中,电缆头的接地线为什么一定要穿过零序电流互感器后接地?

6.36 保护电压互感器的高压侧熔断器熔断,请分析可能发生了哪些故障。

6.37 试问在住宅小区的电气照明设计中,采用TN-C-S系统和采用TN-C系统各有何特点? 你建议选择什么方式? 为什么?

6.38 由同一个变压器供电的采用保护接零的配电系统中,能否同时采用保护接零和保护接地? 为什么?

6.39　在 380/220 V 同一系统中既采用保护接地又采用保护接零会出现什么问题?

6.40　如有一根 110 kV 高压输电线断线坠落地面,而你恰好位于接地点 10 m 以内的地方,如何离开危险区?

6.41　请使用接地电阻测试仪测量你所在教学楼的接地电阻值。

五、计算题

6.42　某厂 10 kV 供电线路设有瞬时动作的速断保护装置(两相差式接线)和定时限的过电流保护装置(两相和式接线),每一种保护装置回路中都设有信号继电器以区别断路器跳闸原因。已知数据:线路最大负荷电流为 180 A,电流互感器变比为 200∶5,在线路首段短路时的三相短路电流有效值为 2 800 A,线路末端短路时三相短路电流有效值为 1 000 A,下一级过电流保护装置动作时限为 1.5 s。试画出原理接线图,并对保护装置进行整定计算。

第 7 章
工厂供配电系统二次接线与自动装置

本章首先讲述工厂供配电系统的二次接线及二次接线图,其次分析二次回路中断路器的控制回路和信号回路,并介绍二次回路中的测量仪表,然后讲述提高供电可靠性的备用电源自动投入装置(APD)、自动重合闸装置(ARD),最后介绍计算机在工厂供电系统中的应用。

7.1 二次接线的基本概念和二次回路图

在变电所中,通常将电气设备分为一次设备、二次设备两类。一次设备是指直接生产、输送和分配电能的设备,主电路中的变压器、高压断路器、隔离开关、电抗器、并联补偿电力电容器、电力电缆、送电线路以及母线等设备都属于一次设备。二次设备是对一次设备的工作状态进行监视、测量、控制及保护的辅助电气设备。如图 7.1 所示为供配电系统的二次回路功能示意图。

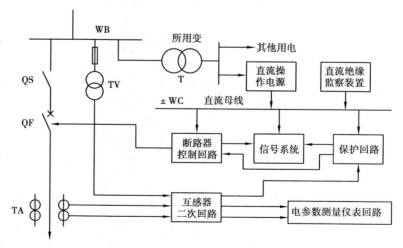

图 7.1 供配电系统的二次回路功能示意图

测量仪表、控制与信号回路、继电保护装置以及远动装置等都属于二次设备。它们相互

180

间所连接的电路称为二次回路或二次接线。按功用可分为控制回路、合闸回路、信号回路、测量回路、保护回路以及远动装置回路等;按电路类别分为直流回路、交流回路和电压回路。

反映二次接线间关系的图称为二次回路图。二次回路的接线图按用途可分为原理接线图、展开接线图、安装接线图。

(1)原理接线图

原理接线图用来表示继电保护、监视测量和自动装置等二次设备或系统的工作原理,它以元件的整体形式表示各二次设备间的电气连接关系。如图7.2(a)所示为6~10 kV线路的测量回路原理接线图。

(2)展开接线图

按二次接线使用的电源分别画出各自的交流电流回路、交流电压回路、操作电源回路中各元件的线圈和触点。如图7.2(b)所示为6~10 kV线路的测量回路展开接线图。

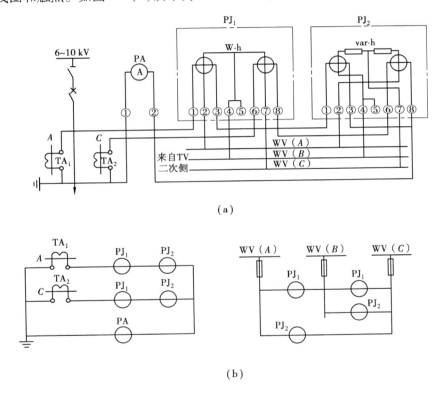

图7.2 6~10 kV线路电气测量仪表原理接线图和展开接线图

(3)安装接线图

安装接线图反映的是二次回路中各电气元件的安装位置、内部接线及元件间的线路关系。

(4)二次接线图中的标志方法

1)展开图中回路编号

方便维修人员进行检查以及正确地连接,根据展开图中回路的不同,如电流、电压、交流及直流等,回路的编号也进行相应地分类:

① 回路的编号由3个或3个以内的数字构成。

② 二次回路的编号应根据等电位原则进行。

③ 展开图中小母线用粗线条表示,并按规定标注文字符号或数字编号。

2)安装图设备的标志编号

二次回路中的设备都是从属于某些一次设备或一次线路的,为对不同回路的二次设备加以区别,避免混淆,所有的二次设备必须标以规定的项目种类代号。

3)接线端子的标志方法

端子排是由专门的接线端子板组合而成的,是连接配电柜之间或配电柜与外部设备的。接线端子分为普通端子、连接端子、试验端子及终端端子等形式,如图7.3所示。

试验端子用来在不断开二次回路的情况下,对仪表、继电器进行试验。终端端子板则用来固定或分隔不同安装项目的端子排。

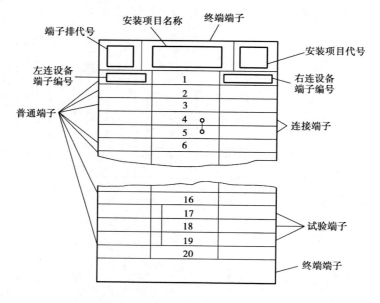

图7.3　端子排标志图例

4)连接导线的表示方法

安装接线图既要表示各设备的安装位置,又要表示各设备间的连接,因此一般在安装图上表示导线的连接关系时,只在各设备的端子处标明导线的去向。标志的方法是在两个设备连接的端子出线处互相标以对方的端子号,这种标注方法称为"相对标号法",如图7.4所示。

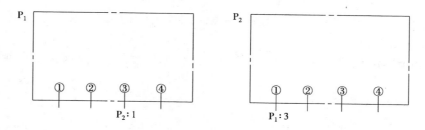

图7.4　连接导线的表示方法

182

(5)二次回路图的阅读方法

二交回路图在绘制时遵循着一定的规律,看图时首选应清楚电路图的工作原理、功能以及图纸上所标符号代表的设备名称,然后再看图纸。

1)看图的基本要领

先交流,后直流;交流看电源,直流找线圈;查找继电器的线圈和相应触点,分析其逻辑关系;先上后下,先左后右,针对端子排图和屏后安装图看图。

2)阅读展开图基本要领

直流母线或交流电压母线用粗线条表示,以区别于其他回路的联络线;继电器和每一个小的逻辑回路的作用都在展开图的右侧注明;展开图中各元件用国家统一的标准图形符号和文字符号表示,继电器和各种电气元件的文字符号与相应原理图中的方案符号应一致;继电器的触点和电气元件之间的连接线段都有数字编号(回路编号),便于了解该回路的用途和性质,以及根据标号能进行正确的连接,以便安装、施工、运行和检修;同一个继电器的文字符号与其本身触点的文字符号相同;各种小母线和辅助小母线都有标号,便于了解该回路的性质;对于展开图中个别继电器,或该继电器的触点在另一张图中表示,或在其他安装单位中有表示,都在图上说明去向,并向虚线将其框起来,并对任何引进触点或回路也要说明来处;直流正极按奇数顺序标号,负极回路按偶数顺序编号。回路经过元件,其标号也随之改变;常用的回路都是固定编号,断路器的跳闸回路是 33 等,合闸回路是 3 等;交流回路的标号除用 3 位数外,前面加注文字符号,交流电流回路使用的数字范围是 400～599,电压回路回路为 600～799,其中,个位数字表示不同的回路,十位数字表示互感器的组数。回路使用的标号组,要与互感器文字符号前的"数字序号"相对应 。

7.2　断路器控制回路信号系统与测量仪表

7.2.1　控制回路

变电所在运行时,由于负荷的变化或系统运行方式的改变,经常需要操作切换断路器和隔离开关等设备。断路器的操作是通过它的操作机构来完成的,而控制电路就是用来控制操作机构动作的电气回路。

控制电路按照控制地点的不同,分为就地控制电路、控制室集中控制电路。车间变电所和容量较小的总降压变电所的 6～10 kV 断路器的操作,一般多在配电装置旁手动进行,属于就地控制。总降压变电所的主变压器和电压为 35 kV 以上的进出线断路器以及出线回路较多的 6～10 kV 断路器,采用就地控制很不安全,容易引起误操作,故可采用由控制室远方集中控制。

控制电路的基本要求如下:

①由于断路器操作机构的合闸与跳闸线圈都是按短时通过电流进行设计的,因此,控制电路在操作过程中只允许短时通电,操作停止后即自动断电。

②能够准确指示断路器的分、合闸位置。

③断路器不仅能用控制开关及控制电路进行跳闸及合闸操作,而且能由继电器保护及自

动装置实现跳闸及合闸操作。

④能够对控制电源及控制电路进行实时监视。

⑤断路器操作机构的控制电路要有机械"防跳"装置或电气"防跳"措施。

如图 7.5 所示为 LW2-Z 型控制开关触点表例子。图 7.6 是断路器的控制回路和信号回路。其动作原理如下：

在"跳闸后"位置的手柄（正面）的样式和触点盒（背面）接线图	〔手柄〕	1-2 / 4-3		5-6 / 7		9-10 / 12-11			13-14 / 16-15			17-18 / 20-19			21-22 / 24-23		
手柄和触点盒形式	F₈	1a		4		6a			40			20			20		
触点号	—	1-3	2-4	5-8	6-7	9-10	9-12	10-11	13-14	14-15	13-16	17-19	17-18	18-20	21-23	21-22	22-24
位置 跳闸后 ▭		—	×	—	×	—	—	×	—	—	×	×	—	—	×	—	—
预备合闸 ▮		×	—	—	—	×	—	—	×	—	—	—	×	—	—	×	—
合闸 ◣		—	—	×	—	—	×	—	—	×	—	—	×	—	—	—	—
合闸后 ▮		×	—	—	—	—	—	—	—	×	—	—	×	—	—	×	—
预备跳闸 ▭		—	×	—	—	—	—	—	—	—	—	—	—	×	—	—	—
跳闸 ◣		—	—	—	×	—	—	—	—	×	—	—	—	×	—	—	×

图 7.5　LW2-Z 型控制开关触点表

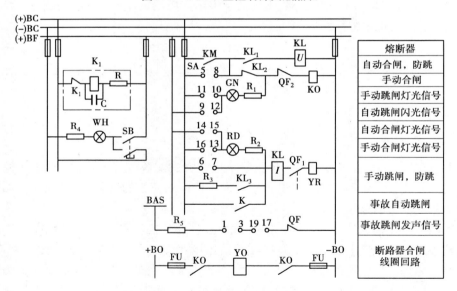

图 7.6　断路器的控制回路和信号回路

①手动合闸。合闸前,断路器处于"跳闸后"的位置,断路器的辅助触点 QF₂ 闭合。由图 7.5 的控制开关触点表知 SA10-11 闭合,绿灯 GN 回路接通发亮。但由于限流电阻 R₁ 限流,不足以使合闸接触器 KO 动作,绿灯亮表示断路器处于跳闸位置,而且控制电源和合闸回路完好。

当控制开关扳到"预备合闸"位置时,出点 SA9-10 闭合,绿灯 GN 改接在 BF 母线上发出绿闪光,说明情况正常,可以合闸。当开关再旋至"合闸"位置时,触电 SA5-8 接通,合闸接触器 KO 动作使合闸线圈 YO 通电,断路器合闸。合闸完成后,辅助触点 QF$_2$ 断开,切断合闸电源,同时 QF$_1$ 闭合。

当操作人员将手柄放开后,在弹簧的作用下,开关回到"合闸后"位置,出点 SA13-16 闭合,红灯 RD 电路接通。红灯亮表示断路器在合闸的状态。

②自动合闸。控制开关在"跳闸后"位置,若自动装置的中间继电器接点 KM 闭合,将使合闸接触器 KO 动作合闸。自动合闸后,信号回路控制开关中 SA14-15、红灯 RD、辅助触点 QF$_1$ 与闪光母线接通,RD 发出红色闪光,表示断路器是自动合闸的,只有当运行人员将手柄扳到"合闸后"位置,RD 才发出平光。

③手动跳闸。首先将开关扳到"预备跳闸"位置,SA13-14 接通,RD 发出闪光。再将手柄扳到"跳闸"位置。SA6-7 接通,使断路器跳闸。松手后,开关又自动弹回到"跳闸后"位置。跳闸完成后,辅助触点 QF$_1$ 断开,红灯熄灭,QF$_2$ 闭合,通过触点 SA10-11 使绿灯发出闪光。

④自动跳闸。如果由于故障,继电保护装置动作,使触点 K 闭合,引起断路器合闸。由于"合闸后"位置 SA9-10 已接通,于是绿灯发出闪光。在事故情况下,除用闪光信号显示外,控制电路还备有音响信号。在图 7.6 中,开关触点 SA1-3 和 SA19-17 与触点 QF 串联,接在事故音响母线 BAS 上,当断路器因事故跳闸而出现"不对应"(即手柄处于合闸位置,而断路器处于跳闸位置)关系时,音响信号回路的出点全部接通而发出声响。

⑤闪光电源装置。闪光电源装置由 DX-3 型闪光继电器 K$_1$、附加电阻 R 和电容 C 等组成。当断路器发生事故跳闸后,断路器处于跳闸状态,而控制开关仍留在"合闸后"位置,这种情况称为"不对应"关系。在此情况下,触点 SA9-10 与断路器辅助触点 QF$_2$ 仍接通,电容器 C 开始充电,电压升高,当电压升高到闪光继电器 K$_1$ 的动作值时,继电器动作,从而断开通电回路,上述循环不断重复,继电器 K$_1$ 的触点也不断地开闭,闪光母线(＋)BF 上便出现断续正电压,使绿灯闪光。

"预备合闸"、"预备跳闸"和自动投入时,也同样能启动闪光继电器,使相应的指示灯发出闪光。SB 为试验按钮,按下时白信号灯 WH 亮,表示本装置电源正常。

⑥防跳装置。断路器的所谓"跳跃",是指运行人员在故障时手动合闸断路器,断路器又被继电保护动作跳闸,又由于控制开关位于"合闸"位置,则会引起断路器重新合闸。为了防止这一现象,断路器控制回路设有防止跳跃的电气连锁装置。

图 7.6 中 KL 为防跳闭锁继电器,它具有电流和电压两个线圈,电流线圈接在跳闸线圈 YR 之前,电压线圈则经过其本身的常开触点 KL$_1$ 与合闸接触器线圈 KO 并联。当继电器保护装置动作,即触点 K 闭合使断路器跳闸线圈 YR 接通时,同时也接通了 KL 的电流线圈并使之启动,于是,防跳继电器的常闭触点 KL$_2$ 断开,将 KO 回路断开,避免了断路器再次合闸,同时常开触点 KL$_1$ 闭合,通过 SAS-8 或自动装置触点 KM 使 KL 的电压线圈接通并自锁,从而防止了断路器的"跳跃"。触点 KL$_3$ 与继电器触点 K 并联,用来保护后者,使其不致断开超过其触电容量的跳闸线圈电流。

7.2.2　信号电路

在变电所装设的中央信号装置,主要用来示警和显示电气设备的工作状态,以便运行人员了解各种电气设备的运行状况,及时采取措施。

中央信号装置按形式分为灯光信号和音响信号。灯光信号:表明不正常工作状态的性质地点,装设在各控制屏上的信号灯和光字牌,表明各种电气设备的情况;音响信号:在于引起运行人员的注意,通过蜂鸣器和警铃的声响来实现,设置在控制室内。全所共用的音响信号,称为中央音响信号装置。

中央信号装置按用途分为以下 3 种:

(1)事故信号

供电系统在运行中发生了某种故障而使继电保护动作。如高压断路器因线路发生短路而自动跳闸后给出的信号,即为事故信号。

(2)预告信号

供电系统运行中发生了某种异常情况,但并不要求系统中断运行,只要求给出指示信号,通知值班人员及时处理即可。如变压器保护装置发出的变压器过负荷信号,即为预告信号。

(3)位置信号

指示电气设备的工作状态,如断路器的合闸指示灯、跳闸指示灯均为位置信号。

7.2.3 测量仪表

变电所的测量仪表是保证电力系统安全经济运行的重要工具之一。测量仪表的连接回路则是变电所二次接线的重要组成部分。

电气测量与电能计量仪表的配置,要保证运行值班人员能方便地掌握设备运行情况,方便事故及时正确地处理。电气测量与计量仪表应尽量安装在被测量设备的控制平台或控制工具箱柜上,以便操作时易于观察。

(1)电气测量仪表的配置

在 6~10 kV 供电系统中,按照 JBJ6—1980 规程的规定,电气测量仪表的配置见表 7.1。

表 7.1 6~10 kV 系统计量仪表配置

线路名称		装设计量仪表的数量						说明
		电流表	电压表	有功功率表	无功功率表	有功电度表	无功电度表	
6~10 kV 进线		1				1	1	
6~10 kV 出线		1				1	1	不单独经济核算的出线,不装无功电度表;线路负荷大于 5 000 kW 以上,装有功功率表
6~10 kV 连接线		1		1		2		电度表只装在线路一侧,应有逆变器
双绕组变压器 10(6)/3~6 kV	一次侧	1				1	1	5 000 kVA 以上,应装设有功功率表
	二次侧	1						

续表

线路名称		装设计量仪表的数量						说　明
		电流表	电压表	有功	无功	有功	无功	
				功率表	功率表	电度表	电度表	
10(6)/0.4 kV	一次侧	1					1	需单独经济核算,应装无功电度表
同步电动机		1		1	1	1	1	另需装设功率因数表
异步电动机		1					1	
静电电容器		3					1	
母线(每段或每条)			4					其中一个通过转换开关检查3个相电压,其余3个作母线绝缘监察

(2)三相电路功率的测量

1)三相有功功率的测量

三相有功功率的测量。测量三相有功功率时,如果负载为三相四线制不对称负载,则用3个单相功率表分别测量每相有功功率,如图7.7所示。三相功率为3个功率表读数之和,即

$$P = P_1 + P_2 + P_3$$

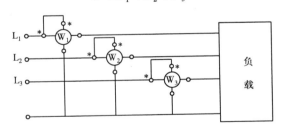

图7.7　用三功表法率测量三相四线制不对称负荷功率接线图

如果测量的是三相三线制对称或者不对称负载,则可用两个单相功率表测量三相功率,接线如图7.8所示。两个功率表读数之和为三相有功功率的总和。但要注意,当系统的功率因数小于0.5时,会出现一个功率标的指针反偏而无法读数的情况,这是要立即切断电源,将该表电流线圈的两个接线端接反,使它正转。因为该表读数为负,这时电路的总功率为两表读数之差。注意不能将电压线圈的接线端接反,否则会引起仪表绝缘被击穿而损坏。

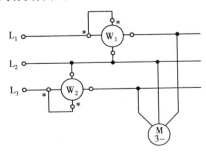

图7.8　用两功率表法测量三相三线制负荷功率接线图

当三相负载对称时,无论是接成三相四线制还是三相三线制,都可用一表法进行测量,再将结果乘以3,便得到三相功率,如图7.9所示。由图

7.9 可知,采用这种方法,星形连接负载要能引出中点,三角形连接负载要断开其中的一相,以便接入功率表的电流线圈。若不满足该条件,则应采用上述的二功率表法。

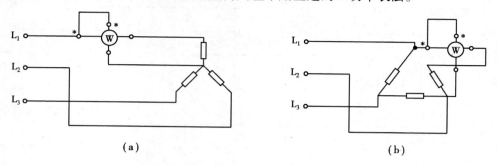

(a)   (b)

图7.9   用一功率表法测量三相对称负载功率接线图
(a)负荷为星形接线   (b)负荷为三角形接线

三相功率表测量有功功率的原理是基于两表发的原理制造的,用来测量三相三线制对称或者不对称的用功率。其接线图如图7.10所示。

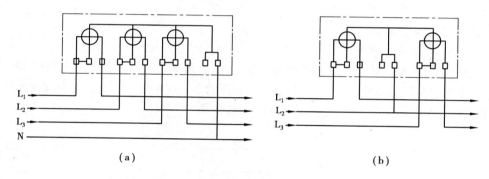

(a)   (b)

图7.10   三相有功电能表的接线
(a)三相四线有功电能表的接线   (b)三相三线有功电能表的接线

2)三相无功功率的测量

测量三相无功功率一般常用 kvar 表,测量接线与三相有功功率表相同。也可采用间接法,先求得三相有功功率和视在功率,然后计算出无功功率,也可通过测量电压、电流和相位计算求得。

3)功率表使用注意事项

①测量交、直流电路的电功率,一般采用电动系仪表。仪表的固定绕组串接入被测电路;活动绕组并接入电路。

②使用功率表时,不但要注意功率表的功率量程,而且还要注意功率表的电流和电压量程,以免过载烧坏电流和电压绕组。

③注意功率表的极性。测量时,将标有"∗"的电流端钮接到电源侧,另一个端钮接到负载侧;标有"∗"的电压端钮可接在电流端钮的任一侧,另一个端钮则跨接到负载的另一侧。

(3)三相电路电能的测量

1)三相电路有功电能的测量

三相四线制有功电能表接线方法如图7.10(a)所示。在对称三相四线制电路中,可用一个单相电能表测量任何一相电路所消耗的电能,然后乘以 3 即得三相电路所消耗的有功电能。当三相负载不对称时,就需用 3 个单相电能表分别测量出各相所消耗的有功电能,然后把它们加起来。这样很不方便,为此,一般采用三相四线制有功电度表,它的结构基本上与单相电能表相同。

三相三线制电路所消耗的有功电能可用两个单相电能表来测量,三相消耗的有功电能等于两个单相电能表读数之和,其原理和三相三线制电路功率测量的两表法相同,为了方便测量,一般采用三相三线制有功电能表,它的接线方法如图 7.10(b)所示。

三相四线有功电能表和三相三线有功电能表端子接线图分别如图 7.11 和图 7.12 所示。

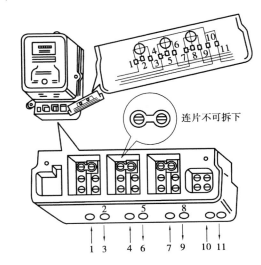

图 7.11　三相四线有功电能表接法

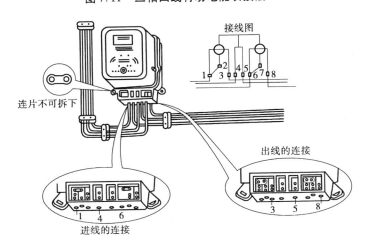

图 7.12　三相三线电能表接法

2)三相电路无功电能的测量

在供电系统中,常用三相无功电能表测量三相电路的无功电能。常用的三相无功电能表有两种结构,无论负载是否对称,只要电源电压对称均可采用。

7.3　绝缘监察装置

绝缘监察装置主要用来监视小接地电流系统相对地的绝缘情况。这种系统发生一相接地时,线电压不变,因此对系统尚不至于引起危害,但这种情况不允许长期运行,否则当另一点再发生接地时,就会引起严重后果。可能造成继电保护、信号装置和控制回路的误动作,使高压断路器误跳闸或拒绝跳闸。为了防止这种危害,必须装设连续工作的高灵敏度的绝缘监察装置,以便及时发现系统中某点接地或绝缘能力降低。

7.4　备用电源自动投入装置及自动重合闸装置

在工厂供电的二次系统中,继电保护装置在缩小故障范围、有效切除故障、保证供电系统安全可靠地运行方面发挥了极其有效的作用。为了进一步提高供电的可靠性,缩短故障停电时间,减少经济损失,在二次系统中还常设置备用电源自动投入装置和自动重合闸装置。

7.4.1　备用电源自动投入装置(APD)

在工厂供电系统中,为了保证不间断供电,常采用备用电源的自动投入装置(APD)。当工作电源不论由于何种原因而失去电压时,备用电源自动投入装置能够将失去电压的电源切断,随即将另一备用电源自动投入以恢复供电,因而能保证一级负荷或重要的二级负荷不间断供电,提高供电的可靠性。

APD 装置应用的场所很多,如用于备用线路、备用变压器、备用母线及重要机组等。

图 7.13(a)是明备用电源的接线方式,正常情况下,由工作电源供电,备用电源由于 QF_2 断开处于备用状态。当工作电源故障时,APD 动作,将断路器 QF_1 断开,切断故障的工作电源,然后合上 QF_2,使备用电源投入工作,恢复供电。

图 7.13(b)是暗备用电源的接线方式,正常情况下,两路电源同时供电,两段母线分别由自己的电源供电。如果出现故障,由断路器互为备用。

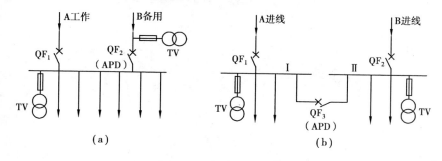

图 7.13　备用电源的接线方式示意图
(a)明备用　(b)暗备用

对备用电源自动投入装置的基本要求如下:

①常用电源失压或电压降得很低时,APD 应把此路断路器分断。如上级断路器装有自动重合闸装置时,APD 应带时限跳闸,以便躲过上级自动重合闸装置的动作时间。

②常用断路器因继电保护动作(负载侧故障)跳闸,或备用电源无电时,APD 均不应动作。

③APD 只应动作一次,以免将备用电源合闸到永久性故障上去。

④APD 的动作时间应尽量缩短。

⑤电压互感器的熔丝熔断或其刀开关拉开时,APD 不应误动作。

⑥常用电源正常的停电操作时 APD 不能动作,以防止备用电源投入。

7.4.2　自动重合闸装置(ARD)

电力系统的故障大多是暂时性短路的,这些故障点导致电网暂时失去绝缘性能,引起断路器跳闸。线路电压消失后,故障点的绝缘便自行恢复。此时若使断路器重新合闸,便可立即恢复供电,从而大大提高供电可靠性,避免因停电给国民经济带来的巨大损失。

断路器因保护动作跳闸后能自动重新合闸的装置称为自动重合闸装置,简称 ARD 或 ZCH。为提高供电的可靠性,供电系统广泛使用着各种 ARD 装置。

ARD 的优点:所需设备少,投资省,减少停电损失。按照规程规定,电路在 1 kV 以上的架空线路和电缆线路与架空的混合线路。当具有断路器时,一般均应装设自动重合闸装置;对电力变压器和母线,必要时可装设自动重合闸装置。

(1)自动重合闸装置的分类

①按作用对象分类。ARD 可分为线路、变压器和母线的重合闸。

②按动作方法分类。ARD 可分为机械式重合闸(断路器采用弹簧式或重锤式操动机构)和电气式重合闸(断路器采用电磁式操动机构)。

③按使用条件分类。ARD 可分为单侧或双侧电源的重合闸。

④按 ARD 和继电器保护配合的方式分类。ARD 可分为 ARD 前加速、ARD 后加速和不加速。

⑤按动作次数分类。ARD 可分为一次重合闸、二次重合闸或三次重合闸。对于架空线路来说,一次重合成功率可达 60% ~ 90%,二次重合成功率只有 15% 左右,三次重合成功率仅 3% 左右。

(2)对自动重合闸装置的基本要求

①当手动投入断路器,由于线路上有故障随即由保护装置将其断开后,ARD 装置也不应动作。

②当断路器因继电保护或其他原因而跳闸时,ARD 均应动作,使断路器重新合闸。

③为了能够满足前两个要求,应优先从采用控制开关位置与断路器位置不对应原则来启动重合闸。

④无特殊要求时对架空线路只重合闸一次,当重合于永久性故障而再次跳闸后,就不应再动作。

⑤自动重合闸动作以后,应能自动复归准备好下一次再动作。

⑥自动重合闸装置应能够在重合闸以前或重合闸以后加速继电保护动作,以便更好地和继电保护装置相配合。

⑦自动重合闸装置动作应尽量快,以便减少工厂的停电时间。

(3)自动重合闸继电器 KAR 的结构和工作原理

在变电所的二次线路中,广泛采用 DH-2 型重合闸继电器来实现一次线路的自动重合闸功能。下面介绍这种继电器的结构和工作原理。

DH-2 型自动重合闸继电器由一个时间继电器(时间元件)、一个电码继电器(中间元件)及一些电阻、电容元件组成。其原理接线图如图 7.14 所示。各元件主要作用如下:

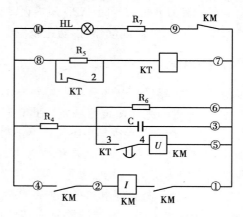

图 7.14　DH-2 型重合闸继电器

1)时间元件 KT

该元件由 DS-22 型时间继电器构成,用以调整从装置启动到发出接通断路器合闸线圈回路的脉冲为止的延时,该元件由一对延时且可调整的常开触点和一对延时滑动触点及两对瞬时转换触点。

2)中间元件 KM

该元件由电码继电器构成,是装置的出口元件,用以发出接通断路器合闸线圈回路的脉冲。继电器的线圈由两个绕组构成:一是电压绕组(U),用于中间元件的启动;二是电流绕组(I),用于保持中间元件的吸合。

3)电容器 C

已用于保证 KAR 只动作一次。

4)充电电阻 R_4

已用于限制电容器的充电电流,从而影响充电速度。

5)附加电阻 R_5

时间元件 KT 启动后,即串入其线圈回路内,用于保证 KT 线圈的热稳定性。

6)放电电阻 R_6

在保护动作,但重合闸不应动作(禁止重合闸)时,电容器经过它放电。

7)信号灯 HL

在装置的接线中,监视中间元件的触点,控制开关的接通位置及控制母线的电压。故障发生时以及控制母线电压中断时,信号灯应熄灭。

8)附加电阻 R_7

限制信号灯的电流。输电线路在正常情况下,KAR 中的电容 C 经电阻 R_4 已经充满电,整个装置准备动作。需要重合闸时,启动信号接通时间元件 KT,经过延时后触点 KT3-4 闭合,电容器 C 通过 KT3-4 对 KM(U)放电,KM 吸合工作,出口处输出重合闸信号。电容器的放电电流是衰减的,为了保持 KM 吸合,KM 中还设了一个 KM(I)绕组,将其串联在 KM 的出口回路中,靠其输出电流本身来维持 KM 的吸合,直到外部切断该电流(完成合闸任务后)为止。如果线路上发生的是暂时性故障,则合闸成功,KT 的启动信号随之消失,继电器的触点立即复位。电容器自行充电,经过 15～25 s 后,KAR 处于准备动作的状态。如线路上存在永久性故障,此次重合闸不成功,断路器第二次跳闸,但这段时间远小于电容器充电到使 KM(U)启动所必需的时间。因此,尽管再次启动重合闸信号已具备,但终因电容器两端的电压不能满足 KM 的启动要求,而无法发出重合闸信号,从而保证 KAR 只能动作一次。

(4)电气一次自动重合闸装置

图 7.15 是采用 DH-2 型重合闸继电器的电气一次自动重合闸装置展开式原理电路图。该电路采用如图 7.15 所示的 LW2-Z 型控制开关 SA₁,选择开关 SA₂ 只有合闸(ON)和跳闸(OFF)两个位置,用来投入和解除 KAR。本装置是利用熔断器和控制开关的位置不对应原则启动的。这样除了值班人员用控制开关跳开断路器外,断路器不论因何种原因跳闸时都能重新合闸,这就提高了 ARD 启动的可靠性,这是它的最大优点。

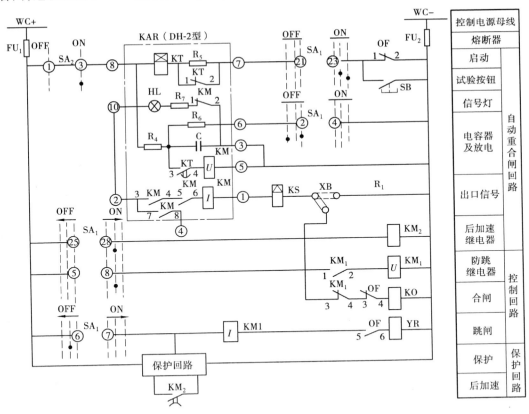

图 7.15　单侧电源供电的自动重合闸装置展开图

1)基本原理

该装置在线路正常运行时,SA₁ 和 SA₂ 都扳倒合闸(ON)位置。重合闸继电器 KAR 中的电容器 C 经 R_4 充电,指示灯 HL 亮,表示控制母线 WC 的电压正常,C 已在充电状态。当一次线路发生故障时,保护装置(图中未画出)发出跳闸信号,跳闸线圈 YR 得电,断路器跳闸。QF 的辅助触点全部复位,而 SA_1 仍在合闸位置。QF1-2 闭合,通过 $SA_1$21-23 触点给 KAR 发出重合闸信号。经 KT 延时(通常整定为 0.8~1 s),出口继电器 KM 给出重合闸信号。其常闭触点 KM1-2 断开,使 HL 熄灭,表示 KAR 已经动作,其出口回路已经接通;合闸接触器 KO 由控制母线 WC 经 SA_1,KAR 中的 KM3-4,KM5-6 两对触点及 KM 的电流绕组、KS 线圈、连接片 XB、触点 $KM_1$3-4 和断路器辅助触点 QF3-4 而获得电源,从而使断路器重新合闸。若线路故障是暂时的,则合闸成功,QF1-2 断开,解除重合闸启动信号,QF3-4 断开合闸回路,也使 KAR 的中间继电器 KM 复位,解除 KM 的自锁。

在 KAR 的出口回路中串联信号继电器 KS,是为了记录 KAR 的动作,并为 KAR 动作发生出灯光信号和音响信号。

要使 ARD 退出工作,可将 SA_2 扳到断开(OFF)位置,同时将出口断路器的连接片 XB 断开。

2)线路特点

①一次 ARD 只能重合闸一次。若线路存在永久性故障,ARD 首次重合闸后,由于故障仍然存在,保护装置又使断路器跳闸,QF1-2 再次给出了重合闸启动信号,但在这段时间内,KAR 中正在充电的电容器两端电压没有上升到 KM 的工作电压,KM 拒动,断路器就不可能被再次合闸,从而保证了一次重合闸。

②用控制开关断开断路器时,ARD 不会动作。通常在停电操作时,先操作选择开关 SA_2,其触点 $SA_2$1-3 断开,使 KAR 退出工作,再操作控制开关 SA_1,完成断路器分闸操作。即使 SA_2 没有扳到分闸位置(使 SA_2 退出的位置),在用 SA_1 操作时,断路器也不会自动重合闸。因为当 SA_1 的手柄扳到"预备跳闸"和"跳闸后"位置时,触点 $SA_1$2-4 闭合,已将电容 C 通过 R_6 放电,中间继电器 KM 失去了动作电源,所以 ADR 不会动作。

③线路设置了可靠的防跳措施。为了防止 ADR 的出口中间继电器 KM 的输出触点有粘连现象,设置了 KM 两对触点 3-4,5-6 串联输出,若有一对触点粘连,另一对也能正常工作。另外,在控制线路上利用跳跃闭锁中间继电器 KM_1 来克服断路器的跳跃现象。即使 KM 的两对触点都被粘连住或手动合闸于线路故障时,也能有效地防止断路器发生跳跃。

④采用了后加速保护装置动作的方案。一般线路都装有带时限过电流保护和电流速断保护。如果故障发生在线路末端的"死区",则速断保护不会动作,过电流保护将延时动作于断路器跳闸。如果一次重合闸后,故障仍未消除,过电流保护继续延时使断路器跳闸。这将使故障持续时间延长,危害加剧。本电路中,KAR 动作后,一次重合闸的同时,KM7-8 闭合,接通加速继电器 KM_2,其延时断开的常开触点 KM_2 立即闭合,短接保护装置的延时部分,为后加速保护装置动做好准备。若一次重合闸后故障仍存在,保护装置将不经延时,由触点 KM_2 直接接通保护装置的出口元件,使断路器快速跳闸。ARD 与保护装置的这种配合方式,称为 ARD 后加速。

ARD 与继电保护的配合还有一种前加速的配合方式。不管哪一段线路发生故障,均由装设于首端的保护装置动作,瞬时切断全部供电线路,继而首端的 ARD 动作,使首端断路器立即重合闸。如为永久性故障,再有各级线路按其保护装置整定的动作时间有选择性地动作。

ARD 后加速动作能快速地切除永久性故障,但每段线路都需装设 ARD;前加速保护使用

ARD 设备少,但重合闸不成功会扩大事故范围。

(5)重合器介绍

重合器是一种自动化程度很高的开关设备。重合器在开断性能上与普通断路器相似,但比断路器增加了多次重合闸的功能;在保护控制特性方面,比断路器的"智能"高得多。

1)配电网中应用重合器的优点

①节省变电所的综合投资。

重合器设在变电所的构架桁和线路杆塔上,无须附加控制和操纵装置,故操作电源、继电保护屏、配电间都可省去,因此减少基建面积,降低费用。

②提高重合闸成功率。

重合器采用的多次重合方案,将会提高重合闸的成功率,减少非故障停电次数。

③缩小停电范围。

重合器多与分断器、熔断器配合使用,可有效地隔离发生故障的线路,缩小停电范围。

④调高操作自动化程度。

重合器可按预先整定的程序自动操作,而且配有远动附件,可接受遥控信号,适于变电所集中控制和远程控制,这将大大提高变电所自动化程度。

⑤维修工作量小。

重合器多采用 SF_6 和真空作为介质,在其使用期限一般不需要保养和检修。

我国在重合器应用方面起步不久,运行和制造经验较少。但它的应用已经展示了今后配电网在自动化方面一个全新的发展前景。

2)重合器的特点

断路器作为一次开关设备,功能显得比较单一,必须有复杂的继电保护系统与之配合,才能实现自动控制和保护及自动保护重合闸。重合器则不然,它是将二次回路的继电保护功能与断路器的分合功能融于一体而构成的一种高智能化的开关设备,它具有很强的自动功能、完善的保护和控制功能,无附加操作装置,适合于户外各种安装方式。重合器与断路器相比,具有如下特点:

①重合器的作用强调短路电流开断、重合闸操作、保护特性的操作顺序、保护系统的复位。而短路器的作用强调可靠的分合操作。重合器具有断路器的全部功能。

②重合器结构由灭弧室、操动机构、控制系统、合闸线圈等部分组成,而断路器的结构则缺少保护控制系统。

③重合器是本体控制设备,具有故障检测、操作顺序选择、开断和重合特性调整等功能。这些功能在设计上是统一考虑的,而断路器与其控制系统在设计上是分开考虑的。

④由于重合器是一个相对独立的整体,适用于户外柱上安装,既可用在变电所内,又可用在配电线路上。断路器由于操作电源和控制装置的限制,一般只能在变电所使用。

3)重合器的分类

重合器通常是按灭弧介质和控制方式进行分类的。根据灭弧介质的不同,重合器分为油、真空和 SF_6 3 类。按控制方式,可分为以下两类:

①液压控制

重合器的液压控制分为单液压系统和双液压系统。单液压系统的灭弧、绝缘、操作计数、计时采用同一种油;双液压系统的灭弧、绝缘、操作计数采用一般的变压油,而慢操作系统中的计时采用一种特殊的航空油,其黏滞性较稳定,被密闭于一封闭系统中。前者用于早期的单相重合器和小容量三相重合器;后者多用于较大容量三相多油重合器。

液压控制的主要优点是经济、简单、可靠、耐用。其缺点是保护特性无法做到足够稳定、精确和快速,选择范围窄,调整也不方便。整定保护特性时,必须停电打开箱体后才能进行。此外,液压控制重合器采用串联于主回路中的分闸线圈检测线路过电流,受线圈的机械强度限制,这类重合器较难通过热稳定试验的考核。

②电子控制

电子控制式有分立元件电路和集成电路两种。重合器控制所用微机为单片机。重合器的分闸电流、重合次数、操作顺序、分压时限、重合间隔、复位时间等特性的整定,都可简单地在控制箱上通过微动开关予以整定。正常运行时,套管 TA 的检测信号经过隔离变压器变换为分别反映各相和中性点电流状态的模拟量信号,再经整流、滤波后进入微处理机。微处理机将模拟量变换为数字量,并在程序控制下,将这些输入量与速断电流、动作时限、接地动作值等整定值逐一比较。当输入的检测值超过整定值时,微机暂停检测,启动线路接通工作电源,进入操作状态,按整定的操作顺序发出分闸信号和重信号。线路故障消除或重合器进入闭锁状态后,电路又自动切除工作电源,进入正常检测状态。

电子控制方式的优点是灵活,功能多,互换性好,保护特性稳定,选择范围广,使用方便。这对改善保护配合,提高供电可靠性,简化现场人员工作,提高运行的自动化程度意义很大。其缺点是价格略贵,所要求的维修水平较高。

7.5 计算机在工厂供电中的应用

近年来,随着半导体技术的迅速发展,特别是微型计算机的出现,使计算机的应用范围迅速发展到各个技术领域。在工厂供电系统中,计算机的应用范围日益扩大,目前主要包括如下一些方面:工厂供电系统设计和工程计算;工厂供电系统的生产工程控制、数据处理,如检测、监控、运动等;计算机的继电保护和自动装置。本书注意介绍计算机在供电系统中应用的情况。

7.5.1 计算机在工厂供电设计计算中的应用

目前,具有丰富软件资源的计算系统,已应用于工厂供电系统设计的各个阶段。不但可应用计算机进行工程计算和方案选择,还可用来进行工程制图、编制设计说明书等,大大地缩短了设计周期。

应用电子计算机进行供电系统的设计计算时,需要确定计算对象的数学模型、设计计算方法及编制程序。

数学模型是把工厂供电系统中的各种问题用数学语言来描述,也就是把各种现象、问题,归结为某种形式的数学问题。一般来说,数学模型大致可分为线性和非线性的方程组求解,如负荷计算、短路电流计算等;各种不等式运算及逻辑判断,如设备选择、方案比较等;微分方程组的求解,如过渡过程分析、稳定计算等。建立数学模型时,必须在条件允许的情况下,分析各种情况,抓住主要矛盾,忽略一些次要因素,不要片面地、不顾实际地追求最精确的数学模型。

数学模型建立之后,要确定适当的计算方法。计算方法应尽可能地给出问题的正确解答。按计算方法列出框图,就可根据选用的计算机系统,选择正确的程序设计语言编制程序。程序编制的技巧将直接影响到计算机本身能力的发挥。

7.5.2　工厂供电系统的计算机实时监控

供电系统的计算机实时监控系统能实现的主要功能大致分为监视、记录显示、控制和事故处理等。这些功能由计算机有机地结合在一起统一协调地完成。

监视功能是由计算机自动地监视测量各种原来由仪表显示的电量和非电量。根据被测对象的要求,通常可分为定时测量和选择测量。一般正常运行时,计算机定时地将供电系统各主要点的参数测量一些,并把测得的值储存起来,一备打印显示用。在定时测量时,如发现某些参数偏离规定值时,可发出报警信号。选择测量是指在任意时刻对测量点进行的测量。一般当系统某些参数偏离规定值时,可发出报警信号。选择测量是指在任意时刻对测量点进行的测量。一般当系统某些部分在运行中发生问题之后,计算机就自动地暂停,中断其他工作,立即进入对故障设备和线路的测量,并及时把故障前后的数据记录下来,自当地处理故障或指出故障发生的地点和类型,由运行人员去处理。此外,选择测量可作为运行人员随机地需要了解供电系统中某些点的工作情况的手段。

记录、显示功能主要由计算机所带的打印机来完成。将计算机测量得到的数据按需要打印出来,就形成了各种表格。如每半小时测量统计一次各进出线的功率就可得到负荷变化的日报表。而当系统发生故障时,采集到的大量事故前后的数据,也可打印出来作为事故分析用。显示是把上述各种数据在计算机的屏幕上或专用的显示设备上,按需要显示出来。

控制功能主要包括对各种开关电器及可调设备的自动操作,如断路器隔离开关等的分合闸,带自动调载变压器的分接点的调节等。此外,控制功能最主要的任务是使供电系统在最佳状态下工作,这一任务包括自动调节进出线及变压器的投入、切除,电影和无功功率的控制、调节,如自动地投入、切除无功补偿装置,以及故障时保证重要负荷的连续供电等。

事故处理信号包括自动寻找故障点,对故障作出判断并处理操作,如向需要跳闸的断路器发出跳闸指令,各备用电源装置投入。事故处理信号还需要自动地记录故障发生的时间、地点,各种保护装置和开关动作的顺序,自动装置工作状态,等等。必要时,还需对事故进行综合分析,提出处理事故对策,以便运行人员决策处理。

除上述一些主要功能外,还可由计算机完成一些其他功能,如人机联机、通信、某些计算、程序修改调试等。

7.5.3　计算机在继电保护及自动装置中的应用

早在 20 世纪 60 年代就提出计算机继电保护问题,由于当时的计算机价格和可靠性方面的制约,使研究仅停留在理论的探索上。近年来,随着计算机制造和应用技术的成熟,使计算机继电保护的研究出现了高潮,目前计算机继电保护已进入了实用阶段。

用计算机构成的继电保护与原有继电保护的主要区别在于:原有的保护装置使输入的电流、电压等模拟量信号直接在模拟量之间进行比较和处理,如将模拟量和继电器中的机械量弹簧力矩进行比较,将其和晶体管保护中的门槛电压进行比较,等等。而计算机继电保护则不同,由于计算机只能作数字运算或逻辑运算,因此首先要将模拟量输入的电流、电压的瞬时值经模数(A/D)转换变换为散离的数字量,然后才能送到计算机中去,再由计算机按已经编制好的程序进行数字运算和逻辑处理,以判断保护是否需要动作。

计算机继电保护的主要特点是如下:

①保护的主题是计算机,但是不同的保护原理和特性是由软件即计算机的程序所决定的,故保护的灵活性和通用性很强,也就是说只要改变程序就可以得到不同的保护原理和特性,因此非常适用于运行情况不断变化的那些场合。

②由于计算机具有很强的信息处理能力和很高的计算速度,因此,可组成具有快速反应的保护装置。

③计算机保护装置在系统正常工作时可作为运行的监测、显示、打印装置用,故障时在保护动作的同时可将故障前后的数据储存起来,以便分析故障原因。

④计算机保护可配合适用的程序起到自诊断的作用,可实现常规保护难以做到的自动纠错和防干扰。

⑤改进原有的一些保护性能,实现常规保护不能达到的一些性能。

计算机保护要解决的最主要问题是:计算机采用什么方法利用接口电路和 A/D 转换器所提供的输入量的数据进行分析、比较、运算、综合判断来实现继电保护软件的基础,也就是怎样解决把继电保护的功能转化为能在计算机上运行的数学模型。这其中主要考虑的是怎么从随时间不断变换的电流、电压中检测出它们的基波分量和各次有关的谐波分量的数值、相位及互相之间的关系,然后进行相应的计算。

小　结

对一次设备的工作状态进行监视、测量、控制及保护的辅助电气设备,称为二次设备。二次回路按照功用可分为控制回路、合闸回路、信号回路、测量回路、保护回路及远动装置回路等。二次回路的接线图有 3 种形式。原理图能表示出电路测量计能表间的关系。安装接线图反映的是二次回路中各电气元件的安装位置、内部接线及元件间的线路关系。

断路器的操作是通过它的操作机构来完成的,而控制回路就是用来控制操作机构动作的电气回路。

变电所装设的中央信号装置,主要用来示警和显示电气设备的工作状态,以便运行人员及时了解、采取措施。中央信号装置的分类。

变电所的测量仪表是保证电力系统安全经济运行的重要工具之一,测量仪表的连接回路则是变电所二次接线的重要组成部分。三相电路功率的测量和三相电路电能的测量。

绝缘监察装置主要用来监视小接地电流系统相对地的绝缘情况。

为了提高供电的可靠性,缩短故障停电时间,减少经济损失,二次系统中设置备用电源自动投入装置(APD)和自动重合闸(ARD)装置。自动重合闸装置的分类和对自动重合闸装置的基本要求。

习题7

一、填空题

7.1　对一次设备的工作状态进行_____、_____、_____及_____的辅助电气设备称为二次设备。变电所的二次设备包括测量仪表、_____回路、_____装置以及_____装置等。

7.2　二次回路按功用可分为控制回路、合闸回路、_____回路_____、_____回路_____回路及_____回路。

7.3　二次回路原理图接线用来表示继电保护、_____装置和_____装置等二次设备或系统的工作原理。它以元件整件形式表示各二次设备间的电气连接关系。

7.4　绝缘监察装置主要用来监视_____系统相对地的绝缘情况。

7.5　中央信号装置按用途分为_____、_____和_____。

7.6　在中央信号回路中,事故音响采用_____发出音响,而预报信号则采用_____发出音响。

7.7　位置信号用以指示_____。

7.8　三相无功功率一般常采用_____表,也可采用间接法,先求得_____,然后计算出_____。

7.9　使用电功率表时,不但要注意功率表的功率量程,还要注意功率表的_____和_____量程。

二、判断题(正确的打"√",错误的打"×")

7.10　为了避免混淆,对同一设备的不同线圈和触点应用相同的文字符号。　　　　(　　)

7.11　由控制室集中控制的断路器,一般采用音响控制电路。　　　　(　　)

7.12　断路器操作机构的控制电路要有机械"防跳"装置或电气"防跳"措施。(　　)

7.13　断路器手动合闸后,显示灯为绿灯发出闪光。　　　　(　　)

7.14　两表法测三相功率只适用于三相三线制系统。　　　　(　　)

7.15　对称三相电路在任一瞬间3个负载的功率之和都为零。　　　　(　　)

7.16　中央信号装置分为事故信号和预告信号。　　　　(　　)

7.17　电力电缆线路不安装线路重合闸装置。　　　　(　　)

7.18　备用电源自动投入装置(APD)只应动作一次,以免将备用电源合闸到永久性故障上去。　　　　(　　)

三、选择题

7.19　对二次线路进行故障查找时,主要使用(　　)。

A.原理接线图　　　　B.展开接线图　　　　C.安装接线图

7.20　二次回路经继电器或开关触点等隔离开,要(　　)。

A. 采用统一编号　　　　B. 进行不同编号

7.21　端子板的文字代号是(　　　)。

A. P　　　　　　　　B. W　　　　　　　　C. X　　　　　　　　D. A

7.22　变电所和容量比较小的总降压变电所的6~10kV断路器的操作,一般采用(　　　)。

A. 就地控制　　　　　　B. 集中控制

7.23　使用LW2-Z型控制开关,当手动合闸前时,断路器应处于(　　　)位置。

A. 跳闸　　　　　　　B. 合闸　　　　　　　C. 跳闸后　　　　　　D. 合闸后

E. 预备合闸　　　　　F. 预备跳闸

7.24　以下(　　　)信号属于信号事故,(　　　)信号属于位置信号。

A. 断路器合闸指示　　　B. 断路器跳闸信号　　　C. 断路器过载信号

7.25　按照规程规定,电压在1 kV衣裳的架空线路和电缆线路与架空的混合线路。当具有断路器时,一般均应装设(　　　),对电力变压器和母线。必要时,可装设(　　　)

A. 备用电源自动投入装置　　　　　　　B. 自动重合闸装置

四、技能题

7.26　在使用两个单项功率表测量三相三线制不对称负载时,会出现一个功率反偏无法读数的情况,此时该如何处理?

第 **8** 章

工厂电气照明

本章主要介绍工厂照明系统的光源、灯具及布置方式。首先介绍照明技术的有关概念，其次介绍灯具的类型及选择与布置，最后介绍照明的供电方式。

8.1 电 光 源

照明技术的有关概念如下：

(1)光通量

光源在单位时间内向周围空间辐射出的使人眼产生光感的能量，称为光源的光通量。其符号 Φ 表示。单位为流［明］(lm)。

(2)发光强度(光强)

电光源在某一方向单位立体角内辐射的光通量，即发光的强弱程度，称为电光源在该方向上的光强度。其符号为 I，单位为坎［德拉］(cd)。

(3)(光)亮度

把发光体在视线方向单位投影面上的发光强度，称为亮度。其符号为 L，单位为 cd/m^2。发光体在视线方向的亮度表达式为

$$L = \frac{I_\alpha}{A_\alpha} = \frac{I \cos \alpha}{A \cos \alpha} = \frac{I}{A}$$

(4)(光)照度

受照物体表面单位面积(A)上接受的光通量，称为照度。其符号为 E，单位是勒［克斯］(lx)。用公式表示为

$$E = \frac{\Phi}{A}$$

(5)光源的颜色

1)光源的色温

色温是指光源的发光颜色与黑体(能全部吸收光能的物体)所辐射的光的颜色相同(或相近)时黑体的温度。其单位为开［尔文］(K)。

白炽灯的色温为 2 400 K(10 W)~2 920 K(1 000 W),日光色荧光灯的色温为 6 500 K。

2)光源的显色性能

光源对被照物体颜色显现的性质,称为光源的显色性。用显色指数(Ra)表示光源显色性能和视觉上失真程度好坏的指标。物体的颜色以日光的参考光源照射下的颜色为准,被测光源的显色指数越高,说明该光源的显色性能越好,物体在该光源的照射下的失真度越小。

8.2 常见电光源

电光源就是将电能转换成光学辐射能的器件。照明工程中常用的电光源按发光原理可分为两大类:

①热辐射光源。使用电能加热元件,使之炽热而发光的光源。例如,白炽灯和卤钨灯。

②气体放电光源。利用气体、金属蒸气放电而发光的光源。例如,荧光灯、高压汞灯、高压钠灯及金属卤化物灯等。

(1)白炽灯

白炽灯是靠电能将灯丝(钨丝)加热到白炽状态而发光,如图8.1所示。白炽灯的灯丝通常用钨制成,这是由于它的熔点高蒸发率小的原因。白炽灯结构简单,价格低廉,使用方便,而且显色性好,应用最广泛。但它发光率低,使用寿命短,且不耐振。现在利用新的技术和材料,努力改善白炽灯的性能。

白炽灯适用于无剧烈振动的工业和民用建筑物的照明。

(2)卤钨灯

灯泡内充入的气体中含有卤族元素(氟、氯、溴和碘等)或者卤化物的热辐射光源称为卤钨灯,如图8.2所示。卤钨灯能够实现钨的再生循环,从而大大减小钨丝的蒸发量。循环的简单过程

图 8.1 白炽灯的结构

是:当点亮卤钨灯时,由于高温,钨丝蒸发出钨原子并向周围扩散,卤族元素(目前,普遍采用碘、溴两种元素)与之反应形成卤化钨,卤化钨的化学性质不稳定,扩散到灯丝附近时,因为高温,卤化钨又分解为钨原子和卤素,钨原子会重新沉积于钨丝上,而卤族元素再次扩散到外围进行下一次的循环。卤钨灯抑制了钨丝的蒸发,改善了一般白炽灯因为钨丝蒸发而沉积在灯泡内壁,造成玻璃外壳发黑的现象,提高了灯丝的寿命。

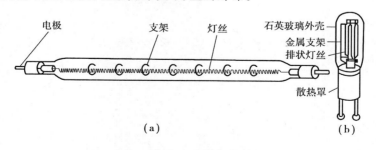

图 8.2 卤钨灯外形
(a)双端引出 (b)单端引出

卤钨灯广泛应用于电影、电视的拍摄现场，演播室，舞台，展示厅，商业橱窗，以及汽车和飞机等的照明。

（3）荧光灯

荧光灯定义为：利用放电而产生的紫外线激发灯管内荧光粉，使其发光的放电灯。它属于一种低气压的汞蒸气放电灯。

荧光灯同白炽灯相比使用的寿命长，发光效率也高。荧光灯常用于办公场所、教学场所、商场、住宅照明等，在电气照明中广泛应用。

常见的荧光灯按灯管的形状及结构可分为以下3类：

1）直管形荧光灯

直管形荧光灯是指玻璃外壳为细长形管状的荧光灯，是照明工程中常用的电光源之一。直管形荧光灯外形结构及接线如图8.3所示。

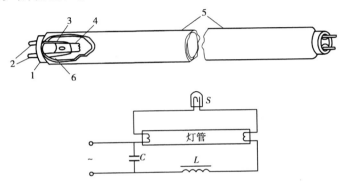

图8.3　直管形荧光灯外形结构及接线
1—灯头；2—灯脚；3—玻璃芯柱；4—灯丝；5—玻管；6—汞（少量）

2）环形荧光灯

环形荧光灯是指玻璃外壳制成环形（一般为圆形）的荧光灯。它是直管荧光灯的改进型。

3）紧凑型荧光灯

紧凑型荧光灯是指将灯管弯曲或拼接成一定的形状，以缩短灯管长度的荧光灯。紧凑型荧光灯又被称为节能灯。

（4）高压汞灯

高压汞灯又称高压水银荧光灯，是荧光的改进产品，是利用汞放电时产生的高气压获得可见光的电光源。它不需要起辉器来预热灯丝，但必须与相应功率的镇流器串联使用。其结构如图8.4所示。高压汞灯发光效率高，省电，使用寿命较长。但有明显的频闪，显色性较差，启动时间较长。常用于道路、广场、车站、码头、企业厂房内外照明。

（5）金属卤化物灯

金属卤化物灯是在高压汞灯的基础上为改善光色而发展起来的新型电光源，不仅光色好，且光效高，但寿命低于高压汞灯。它适合于显色性要求高的照明场所。彩色金属卤化物灯是新发展起来的，广泛用于夜晚城市建筑物的投射照明，绚丽夺目。

（6）管形氙灯

管形氙灯是利用高压氙气放电发光，和太阳光相近，适合于广场等大面积场所。管形氙灯在点燃前管内已具有很高的气压，因此点燃电压高，需配专用触发器来产生脉冲高频高压，

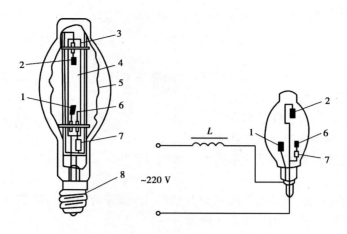

图 8.4　高压汞灯
1—第一主电极;2—第二主电极;3—金属支架;4—内层石英玻壳
5—外层石英玻壳;6—辅助电极;7—限流电阻;8—灯头

价格较高。

（7）高压钠灯

高压钠灯是利用高压钠蒸汽放电发光的电光源。其结构如图 8.5 所示。它的发光效率比高压汞灯高,寿命较长,但显色性也较差。常用于商业区,公共聚集场所照明。

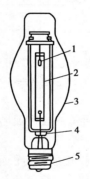

图 8.5　高压钠灯
1—主电极;2—放电管;
3—外肢壳;4—消气剂;5—灯头

常用照明电光源的主要特性见表 8.1。

表 8.1　常用照明电光源的主要特性

光源名称	白炽灯	卤钨灯	荧光灯	高压汞灯	管形氙灯	高压钠灯	金属卤化物灯
额定功率范围/W	10 ~ 1 000	500 ~ 2 000	6 ~ 125	50 ~ 1 000	1 500 ~ 100 000	25 ~ 400	400 ~ 1 000
光效	6.5 ~ 19	19.5 ~ 21	25 ~ 67	30 ~ 50	20 ~ 37	90 ~ 100	60 ~ 80
平均寿命/h	1 000	1 500	2 000 ~ 3 000	2 500 ~ 5 000	500 ~ 1 000	3 000	2 000

续表

光源名称	白炽灯	卤钨灯	荧光灯	高压汞灯	管形氙灯	高压钠灯	金属卤化物灯
显色指数	95 ~ 99	95 ~ 99	70 ~ 80	30 ~ 40	90 ~ 94	20 ~ 25	65 ~ 85
启动稳定时间	瞬时	瞬时	1 ~ 3 s	4 ~ 8 min	1 ~ 2 s	4 ~ 8 min	4 ~ 8 min
再启动时间	瞬时	瞬时	瞬时	5 ~ 10 min	瞬时	10 ~ 20 min	10 ~ 15 min
功率因数	1	1	0.33 ~ 0.7	0.44 ~ 0.67	0.4 ~ 0.9	0.44	0.4 ~ 0.61
频闪效应	不明显	明显	明显	明显	明显	明显	明显
表面亮度	大	大	小	较大	大	较大	大
电压变化对光通量影响	大	大	较大	较大	较大	大	较大
环境温度对光通量影响	小	小	大	较小	小	较小	较小
耐振性能	较差	差	较好	好	好	较好	好
所需附件	无	无	镇流器 启辉器	镇流器	镇流器 触发器	镇流器	镇流器 触发器

8.3　灯具的特性及分类

8.3.1　灯具的特性

照明灯具(配光)特性可从灯具的配光曲线、保护角和灯具光效率 3 个指标加以衡量。

(1)配光曲线

所谓配光曲线,就是以平面曲线图的形式反映灯具在空间各个方向上发光强度的分布状况。一般灯具可用极坐标配光曲线。具有旋转轴对称的灯具在通过光源中心及旋转轴的平面上测出不同角度的发光强度值,以某一个位置为起点,不同角度上发光强度矢量的顶端所勾勒出的轨迹就是灯具的极坐标配光曲线。由于是旋转轴对称,因此任意一个通过旋转轴的平面,上面的曲线形状都是一样的。非旋转轴对称灯具,如管型荧光灯灯具,则需要多个平面的配光曲线才能表明光的空间分布特性。对于像投光灯、聚光灯和探照灯等类的灯具,其光辐射的范围集中用直角坐标配光曲线更能将其分布特性表达清楚,如图 8.6 所示。

(2)保护角

保护角又称遮光角,用于衡量灯具为了防止眩光而遮挡住光源直射光范围的大小。用光源发光体从灯具出口边缘辐射出去的光线和出口边缘水平面之间的夹角表示,如图 8.7 所示。

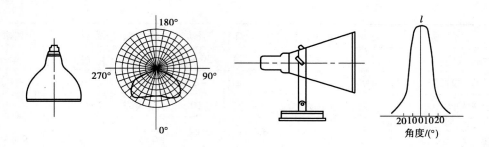

图 8.6 配光曲线图

(3)灯具光效率

灯具的光效率是指在相同的使用条件下,灯具输出的总光通量与灯具中光源发出的总光通量之比。光效率的数值总是小于1的。灯具光效率越高,光源光通量的利用程度越大,也就越节能。实际中应优先采用光效率高的灯具。

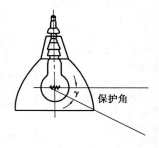

图 8.7 保护角

8.3.2 灯具分类

(1)按安装方式分类

1)悬吊式

悬吊式是指用吊绳、吊链、吊管等吊在顶棚上或墙支架上的灯具。

2)嵌入式

嵌入式是指完全或部分地嵌入安装表面的灯具。

3)吸顶式

吸顶式是指直接安装在顶棚表面上的灯具。

4)壁式

壁式是指直接固定在墙或柱子上的灯具。

5)落地式

落地式是指装在高支柱上并立于地面上的可移动式灯具。

6)台式

台式是指放在桌子上或其他台面上的可移动式灯具。

(2)按灯具的防护结构形式分类

1)开启式灯具

灯具敞开,光源与周围环境直接接触,属于普通灯具。

2)闭合式灯具

灯具有闭合的透光罩,但罩内外空气是流通的,不能阻止灰尘、湿气进入。

3)密闭式灯具

灯罩密封将内外空气隔绝,罩内外空气不能流通,能有效地防湿、防尘。

4)防爆式灯具

使用防爆型外罩,采用严格密封措施,确保在任何情况下都不会因灯具原因造成爆炸危险。用于不正常情况下可能会发生爆炸的场所。

（3）按灯具的光学特性分类

按灯具在上下空间光通量分布的比例,可将室内灯具分为以下 5 类:

1）直接型灯具

直接型灯具是指能将 90% ~100% 光通量直接投射到灯具下部空间的灯具。这类灯具光通量的利用效率最高,灯罩一般用反光性能好的不透明材料制成。灯具射出光线的分布状况因灯罩的形状和使用材料的不同而有较大差异。

2）半直接型灯具

半直接型灯具是指能将 60% ~90% 光通量投射到灯具下部空间,小部分投射到上部的灯具。光通量的利用率较高,灯罩采用半透明材料,或灯具上方有透光间隙。它改善了室内的亮度对比,在保证被照面充分的光通量下,比直接型灯具的柔和。

3）均匀型灯具

均匀型灯具是指灯具向上和向下发射的光通量几乎相等(都是 40% ~60%)的灯具。这种灯具向周围均匀散发光线,照明柔和,但光通利用率较低。典型的漫射型灯具就是球形乳白玻璃罩灯。

4）半间接型灯具

半间接型灯具是指向下部空间反射的光通量在 10% ~40% 的灯具。此灯具大部分光线照在顶棚和墙面上部,把它们变成二次发光体。

5）间接型灯具

间接型灯具是指向下部空间反射的光通量在 10% 以内的灯具。90% 以上的光线射到顶棚和墙面上部,利用它们形成房间照明。整个室内光线均匀柔和,无明显阴影。

8.4　灯具的选择及布置

8.4.1　灯具的选择

（1）灯具选用的基本原则

灯具选用的基本原则有以下 5 点:

①功能原则。合乎要求的配光曲线、保护角、灯具效率,款式符合环境的使用条件。

②安全原则。符合防触电安全保护规定要求。

③经济原则。初投资和运行费用最小化。

④协调原则。灯饰与环境整体风格协调一致。

⑤高效原则。在满足眩光限制和配光要求条件下,应选用效率高的灯具,以利节能。

选择灯具时,应综合考虑以上原则。

（2）按使用环境选择灯具

①无特殊防尘、防潮等要求的一般环境中宜使用高效率的普通式灯具。

②有特殊要求的场合要使用有专门防护结构及外壳的防护式灯具。

a. 在潮湿的场所,应采用防水灯具或带防水灯头的开敞式灯具。

b. 在有腐蚀性气体或蒸汽的场所,宜采用防腐蚀密闭式灯具。

c. 在高温场所,宜采用耐高温、散热性能好的灯具。

d. 在有灰尘的场所,应按防尘的相应等级选择灯具。

e. 在有锻锤、大型桥式吊车等振动、摆动较大场所,使用的灯具应有防振和防脱落措施。

f. 在易受机械损伤、光源脱落可能造成人员伤害或财物损失的场所,灯具应有相应防护措施。

g. 在有爆炸或火灾危险的场所,使用灯具应符合国家现行相关标准和规范的有关规定。

h. 在有洁净要求的场所,应采用不易积尘、易于擦拭的洁净灯具。

i. 在需防止紫外线照射的场所,应采用隔紫灯具或无紫光源。

8.4.2 灯具的布置

(1)室内灯具的布置要求

室内灯具布置应满足以下7个方面:

①符合规定的照度值,工作面上照度均匀。

②有效地控制眩光和阴影。

③符合使用场所要求的照明方式。

④方便灯具的维护修理。

⑤保证光源用电安全。

⑥符合节能的要求,提高光效,将光源安装容量降至最低。

⑦布置整齐、美观大方,与室内环境协调一致。

(2)室内灯具平面布置方式

室内灯具平面布置方式有均匀布置和选择性布置两种。

①均匀布置

采用同类型灯具按固定的几何图形均匀排列,可使整个区域有均匀的照度。常见的有直线型、正方形、矩形及菱形等。

②选择性布置

根据环境对灯光的不同要求,选择布灯的方式和位置。一般只有在需要局部照明,根据情况才考虑用选择性布置。

8.5 照明的供电方式及线路控制

工厂照明按用途可分为工作照明和事故照明(应急照明)。

(1)工作照明

在正常生产和工作的情况下而设置的照明,称工作照明。工作照明根据装设的方式,可分一般照明(整个场所照度均匀的照明)、局部照明(满足在某个部位的照明)和混合照明(由一般照明和局部照明共同组成)。工厂的工作照明一般由动力变压器供电,有特殊需要时可考虑专用变压器供电。

(2)事故照明

在工作照明发生事故而中断时,供暂时工作或疏散人员用的照明,称事故照明。供继续工作用的事故照明通常设在可能引起事故或引起生产混乱及生产大量减产的场所。供疏散人员用的事故照明设在有大量人员聚集的场所或有大量人员出入的通道和出入口,并有明显的标志。

事故照明一般与工作照明同时投入,以提高照明的利用率。事故照明装置的电源必须保持独立性,最好是与工作照明分别接在不同母线段上的变压器供电,如图8.8所示。事故照明和工作照明分开回路供电,如图8.9所示。

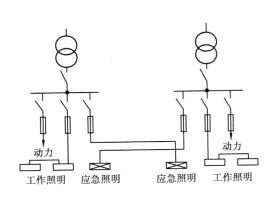

图8.8 两台变压器交叉供电的照明供电系统

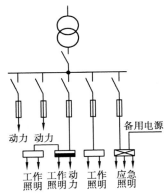

图8.9 一台变压器供电的照明供电系统

小　结

照明技术有关概念:光通量、光强、照度、亮度。

工厂常用的电光源有白炽灯、卤钨灯、高压汞灯、高压钠灯、荧光灯、金属卤化物灯及管形氙灯。

灯具的分类:按安装方式分类,按灯具的防护结构形式分类,按灯具在上下空间光通量分布状况分类。

灯具的布置有均匀布置和选择布置。

工厂照明按用途可分为工作照明和事故照明(应急照明)。

习题8

一、填空题

8.1　工厂的电气照明分为_____和_____。

8.2　光源的颜色用色温和显色指数两个指标来衡量。色温越高感觉越_____,色温越低感觉越_____。显色指数越高,说明该光源的显色性能_____,物体在该光源的照射下的失真度_____。

8.3　电光源按其发光原理可分为两种:一种是_____,如_____、_____等;另一种是_____,如_____、_____等。

8.4 白炽灯结构简单,价格低廉,使用方便,显色性_____,发光率_____,使用寿命_____,耐振性能_____。

8.5 室内灯具的平面布置方式有_____、_____。

8.6 室内一般灯具的最低悬挂高度不应低于_____。

8.7 工厂照明按用途分为_____和_____。

二、判断题(正确的打"√",错误的打"×")

8.8 光源的显色性能越好,物体在该光源的照射下的失真度越小。 ( )

8.9 工厂车间内经常使用荧光灯作为照明光源。 ( )

8.10 夜晚城市建筑物的投射照明使用的是管形氙灯。 ( )

8.11 高压汞灯的使用寿命一般比高压钠灯长。 ( )

8.12 在可能受到机械损伤的场所,灯具应具有保护网。 ( )

三、问答题

8.13 工厂照明分按用途分为哪两类?

8.14 照明工程中常用的电光源分哪两类?每种电光源适用的场合是什么?

8.15 什么叫光通量、光强、照度、亮度?常用单位各是什么?

8.16 灯具的分类有哪些?

第 **9** 章
工厂的电力节能

本章讲述工厂电能节约的问题。首先介绍节约用电的意义及节能的途径,着重讲述工厂提高功率因数的方法。

9.1 电能节约的意义

能源是人类社会活动的基础,是从事物质资料生产的原动力,其中电能占据一个重要的位置。电力是我国现代化建设的重要动力资源,是国民经济的命脉,是工农业生产的重要物质基础。电力紧张是我国面临的一个严重问题,供需矛盾较为突出。

从我国电能消耗的情况来看,70%以上消耗在工业部门,所以工厂节能是个重点。节约电能不只是减少工厂的电费开支,降低工业产品的生产成本,可为工厂积累更多的资金,更重要的是,由于电能能创造更多、更大的工业产值,因此,多节约一度电就能为国家创造更多的财富,有力地促进国民经济的发展。所以节约电能具有十分重要的意义。

节约电能就是通过采用技术上可行、经济上合理、对环境保护无妨碍的措施,消除供电浪费,提高电能的利用率。

9.2 节约用电的基本措施

就目前我国的实际情况来看,节约电能主要从以下3种途径来实现:

9.2.1 加强管理,计划用电

根据供电系统的电能供应情况及各类工厂用户的不同用电规律,合理地安排各用电车间的用电时间,降低负荷高峰,填补负荷的低谷(即所谓的"削峰填谷"),实现计划用电,充分发挥发电和变电设备的潜力,提高系统的供电能力。其具体的措施如下:

(1)积极错峰

同一地区个工厂的厂休日错开,同一工厂内各车间的上、下班时间错开,使各车间的高峰负荷分散。

（2）主动躲峰

调整大量用电设备的用电时间，使其避开高峰负荷时间用电，做到各个时段负荷均衡。

（3）计划用电

实施计划供用电，必须把电能的供应、分配和使用纳入计划。对于工厂电网来说，各个车间要按工厂电网下达的指标，实行计划用电，并采取必要的限电措施。

9.2.2　采用新技术，改造旧设备

（1）变频调速技术和软启动技术

设备在运行中进行速度调节时，会产生一定的损耗，而很多时候，这种调节是频繁的，所以会产生很高的调节损耗。如果设备容量选择不对，出现"大马拉小车"时，能量的损耗就显得更为突出。由电机的知识可知，交流电动机的转速与电源频率成正比，因此，只要通过变频器平滑改变电源的频率，就可平滑调节电动机的转速，从而满足机械负荷的需求，减小调节损耗，达到节电目的。

软启动技术。对于工厂交流电动机，传统的启动方式虽然控制简单，但启动电流的变化所引起的电网电压的波动会造成一定的电能损失。若采用变频器启动虽然很理想，但价格昂贵。所以具有一定节能功能，且价格适中的软启动技术，就得到了极大的推广。

所谓软启动，就是交流电动机启动时接入软启动器的一种启动控制方式。软启动器是一个不改变电源频率，而能改变电压的调节器，采用软启动技术可减少电机的铁损，提高功率因数，从而达到节电的目的。

（2）结构的缺陷导致的高耗能

高耗能设备之所以能耗过多，重要的原因就是结构上有缺陷和不合理的地方。因此，对于高耗能设备进行技术改造，也是降低能耗达到节电目的有效的方法之一。例如，变压器可利用其原有的外壳、铁芯，重新绕制线圈，就可降低损耗。对于电动机，可采用磁性槽楔降低铁损；更换节能风扇降低通风损耗；换装新型定子绕组以降低铜损。

9.2.3　合理选择和使用用电设备

合理选择设备容量和使用设备，发挥设备潜力，提高设备的负荷率和使用效率。合理使用电动机和变压器，提高自然功率因数。例如，电动机轻载运行时很不经济，可换较小容量的电动机。

9.3　提高功率因数的方法

提高供电系统的功率因数，可降低电力系统的电压损失，减小电压波动，减小输、变、配电设备中的电流，从而降低电能的损耗。

通常采用自然调整和人工调整这两种方法来提高功率因数。

（1）自然调整功率因数的措施

①尽量减小变压器和电动机的初装容量，避免出现"大马拉小车的现象"，使变压器和电

动机的实际负荷在75%以上。

②调整负荷,利用提高设备的利用率,减少空载运行的设备。

③当电动机轻载运行时,在不影响照明质量的前提下,适当降低变压器的二次电压。

④采用三角形接线的电动机,其负荷在50%以下时,可改为星形接线运行。

(2)人工调整功率因数的措施

①安装电容器,这是提高功率因数最经济和有效的方法。

②使大容量绕线式异步电动机同步运行。

③长期运行的大型机械设备,采用同步电动机传动或者使其空载过励运行。

小 结

从我国电能消耗的情况来看,70%以上消耗在工业部门,所以工厂节能是个重点。通过科学的管理方式,采用降低系统电能消耗,合理选择和使用用电设备,提高功率因数等有效措施能够完善电能节约手段。提高功率因数对电能的正常使用及电能质量很有帮助。通过正确选择异步电动机的容量,改变轻负荷电动机的接线,限制异步电动机的空载,提高异步电动机的检修质量,合理使用变压器等措施来提高工厂企业的自然功率因数,采用同步补偿机和移相电容器可进行人工补偿。工厂企业内部移相电容器的补偿方式可分高压侧补偿和低压侧补偿。高压集中补偿方式初投资较少,运行维护方便,利用率较高,可满足工厂总功率因数的要求,所以在大中型工厂中广泛应用。低压集中补偿能补偿变电所低压母线的变压器、高压线路及电力系统的无功功率,有较大的补偿区。个别补偿的特点是使无功功率能做到就地补偿,补偿范围最大,补偿效果最好,但利用率低,适合于负荷平稳、经常运转的大容量电动机,也适于容量小但数量多且长期稳定运行的设备。

习 题 9

一、填空题

9.1 从我国电能消耗的情况来看,_____以上消耗在工业部门。

9.2 实行"削峰填谷"的负荷调整,就是供电部门根据不同的用电规律,合理、有计划地安排各用户的用电时间,以降低_____,填补_____。

9.3 供电系统中损耗电能的主要设备元件是_____和_____。

9.4 节约用电的一般措施主要有_____、_____和_____。

9.5 提高工厂的功率因数可采用人工补偿装置,主要有_____和_____。

9.6 电容器采用△形接线,当任一电容器击穿短路,将造成_____,有可能引起电容爆炸。

9.7 高压电容器宜接成_____形,低压电容器宜接成_____形。

9.8 并联电容器组必须装设与之并联的_____。

9.9 工厂企业内部移相电容器高压侧补偿多采用_____,对集中补偿的高压电容器利用_____进行手动投切。

9.10 高压电容器放电时间不低于_____,低压电容器放电时间不低于_____。

9.11 运行或检修人员在接触电容器前,应戴上_____,用_____将所有电容器两端直接短接放电。

二、判断题(正确的打"√",错误的打"×")

9.12 并联补偿的电力电容器大多采用接成 Y 形接线。 (　　)

9.13 三个电容器接成△形,其他容量是接成 Y 形电容量的 3 倍。 (　　)

9.14 低压电容器组的放电设备一般采用白炽灯。 (　　)

9.15 电容器组的放电回路中不得装设熔断器或开关。 (　　)

9.16 使用高压电容器组集中补偿的方式能够减少用户变压器的低压配电网的无功功率。 (　　)

9.17 个别补偿使无功功率做到就地补偿,从而减少无功功率。 (　　)

9.18 移相电容器的主要故障是击穿故障。 (　　)

9.19 △形接线的高压电容器组各边均接有高压熔断器保护。 (　　)

9.20 电容器组可以带电合闸。 (　　)

9.21 如果变电所停电,电容器组也应切除。 (　　)

三、问答题

9.22 简述工厂电能节约的方法和途径。

9.23 如何提高自然功率因数?

四、技能题

9.24 变电所停电时如何操作电容器组?恢复送电时如何操作电容器组?

第 *10* 章
工厂供配电安全措施

工厂供配电故障检修的安全措施分为技术措施和组织措施。

10.1 电气维护及检修的安全技术措施

电气维护及检修的安全技术措施是保证检修人员人身安全、防止发生触电事故的重要措施。在全部停电或部分停电的电气线路或设备上进行工作,必须完成下列安全技术措施,同时也是操作步骤,即停电→验电→装设接地线→悬挂标示牌→装设遮栏。

10.1.1 停电

(1) 工作地点必须停电的线路或设备

①检修的设备、线路与工作人员在进行工作中正常活动范围小于表 10.1 所示安全距离的设备。

表 10.1 工作人员正常活动范围与带电设备的安全距离

电压等级/kV	安全距离/m	电压等级/kV	安全距离/m
10 以下	0.35	154	2
20 ~ 35	0.6	220	3
44	0.9	330	4
60 ~ 110	1.5		

注:表中未列电压按高一挡电压等级的安全距离。

②在 44 kV 以下的设备上进行工作,上述安全距离大于表 10.1 的规定,但小于表 10.2 的规定,同时又无安全遮栏措施的设备。

表 10.2 设备不停电的安全距离

电压等级/kV	无遮栏时/m	有遮栏时/m	电压等级/kV	无遮栏时/m	有遮栏时/m
0.4	0.1	0.1	110	1.5	1
6 ~ 10	0.7	0.35	220	3	2
20 ~ 35	1	0.6			

③带电部分在工作人员后面、两侧、上下,且无可靠安全措施的设备。

④在检修过程中,对检修设备进行停电,应把各方面的电源完全断开(任何运用中的星形接线设备的中性点,应视为带电设备也应断开)。禁止在只经断路器断开电源的设备上工作。应拉开隔离开关,手车开关应拉至试验或检修位置,应使各方面有一个明显的断开点(对于有些设备无法观察到明显断开点的除外)。与停电设备有关的变压器和电压互感器,应将设备各侧断开,防止向停电检修设备反送电。严禁在开关的下口进行检修、清扫工作,必须断开前一级开关后进行。与停电设备有关的变压器和电压互感器必须从高、低压两侧断开、以防止向停电检修的设备和线路反送电。变配电所全部停电检修时,必须拉开进户第一刀闸。

⑤其他需要停电的设备。

注意:严禁利用事故停电的机会进行检修工作。

(2)安全距离

①工作人员正常活动范围与带电设备的安全距离见表10.1。

②设备不停电的安全距离见表10.2。

(3)停电要求

停电操作时,先停负荷侧开关,后停电源侧开关;先停高压侧开关,后停低压开关;先断开断路器,后拉开隔离开关;断开断路器时,先拉开各分路,后拉开主进线断路器。有电容设备时,先断开电容器组开关,后断开各出线开关。

设备停电,必须将各方面的电源断开,且各方面至少有一个明显的断开点(如隔离开关)。为了防止反送电的可能,应将与停电设备有关的变压器和电压互感器从高低压两侧断开。对于柱上变压器等,应将高压熔断器的熔丝管取下。

断开的隔离开关手柄必须锁住,根据需要取下开关控制回路的熔丝管和电压互感器二次侧的熔丝管,放出空气开关的气体,关闭其进气阀闭锁液压控制系统。

(4)线路作业应停电的范围

①检修线路的出线开关及联络开关。

②可能将电源反送至检修线路的所有开关。

③在检修工作范围内的其他带电线路。

10.1.2 验电

为了确保停电的设备或线路已经停电,防止带电挂接地线或作业人员接触带电部位,必须对其进行验电。验电时,应使用相应电压等级而且合格的接触式验电器,在装设接地线或合接地刀闸处对各相分别验电。验电前,应先在有电设备上进行试验,确证验电器良好;无法在有电设备上进行试验时可用高压发生器等确证验电器良好。如果在木杆、木梯或木架上验电,不接地线不能指示者,可在验电器绝缘杆尾部接上接地线,但应经运行值班负责人或工作负责人许可。高压验电应戴绝缘手套。验电器的伸缩式绝缘棒长度应拉足,验电时手应握在手柄处不得超过护环,人体应与验电设备保持安全距离。雨雪天气时不得进行室外直接验电。对无法进行直接验电的设备,可进行间接验电,即检查隔离开关的机械指示位置、电气指示、仪表及带电显示装置指示的变化,且至少应有两个及以上指示已同时发生对应变化;若进行遥控操作,则应同时检查隔离开关的状态指示、遥测、遥控信号及带电显示装置的指示进行间接验电。表示设备断开和允许进入间隔的信号、经常接入的电压表等,如果指示有电,则禁止在设备上工作。

验电的要求如下:

①检修电气设备或电气线路,在悬挂接地线之前,必须用验电器检验有无电压。

②验电工作应两人进行,一人工作,一人监护,使用辅助安全用具,如戴绝缘手套,穿绝缘靴,人与带电体保持规定的安全距离。

③验电时,必须使用电压等级合适、经检验合格、在试验期限有效期内的验电器。

④高压验电必须穿绝缘靴、戴绝缘手套。35 kV 及以上的电气设备,可使用绝缘验电杆验电,根据绝缘杆顶部有无火花和放电声音来判断有无电压。6～10 kV 用高压验电器验电,0.5 kV 以下用低压验电笔验电。

⑤线路的验电应逐项进行。联络开关或隔离开关检修时,应在两侧验电。同杆架设的多层电力线路验电时,先验低压,后验高压;先验下层,后验上层。

⑥表示设备断开的常设信号或标志,表示允许进入间隔的闭锁装置信号,以及接入的电压表和其他无信号指示,只能作为参考,不能作为设备无电的根据。

10.1.3　装设接地线

在电力线路或是在电气设备上完成停电、验电工作后,为防止已停电的线路和设备突然来电或产生感应电造成人身触电,在检修的线路和线路上应装设临时接地线。

在检修的设备或线路上,接地的作用是:保护工作人员在工作地点防止突然来电,消除邻近高压线路上的感应电压,放净线路或设备上可能残存的电荷,防止雷电电压的威胁。装设接地线应由两人进行(经批准可单人装设接地线的项目及运行人员除外)。当验明设备确已无电压后,应立即将检修设备三相短路并接地。电缆及电容器接地前应逐相充分放电,星形接线电容器的中性点应接地,串联电容器及与整组电容器脱离的电容器应逐个放电,装在绝缘支架上的电容器外壳也应放电。对于可能送电至停电设备的各方面都应装设接地线或合上接地刀闸,所装接地线与带电部分应考虑接地线摆动时仍符合安全距离的规定。对于因平行或邻近带电设备导致检修设备可能产生感应电压时,应加装接地线或工作人员使用个人保安线,加装的接地线应登录在工作票上,个人保安接地线由工作人员自装自拆。检修部分若分为几个在电气上不相连接的部分(如分段母线以隔离开关或断路器隔开分成几段),则各段应分别验电后再接地短路。降压变电站全部停电时,应将各个可能来电侧的部分接地短路,其余部分不必每段都装设接地线或合上接地刀闸。

接地线、接地刀闸与检修设备之间不得连有断路器或熔断器。若由于设备原因,接地刀闸与检修设备之间连有断路器,在接地刀闸和断路器合上后,应有保证断路器不会分闸的措施。

在配电装置上,接地线应装在该装置导电部分的规定地点,这些地点的油漆应刮去,并画有黑色标记。所有配电装置的适当地点,均应设有与接地网相连的接地端,接地电阻应合格。接地线应采用三相短路式接地线,若使用分相式接地线时,应设置三相合一的接地端。装设接地线应先接接地端,后接导体端,接地线应接触良好,连接应可靠。拆接地线的顺序与此相反。装、拆接地线均应使用绝缘棒和戴绝缘手套。人体不得碰触接地线或未接地的导线,以防止感应电触电。

成套接地线应由有透明护套的多股软铜线组成,其截面不得小于25 mm²,同时应满足装设地点短路电流的要求。禁止使用其他导线作接地线或短路线。

接地线应使用专用的线夹固定在导体上,严禁用缠绕的方法进行接地或短路。严禁工作人员擅自移动或拆除接地线。高压回路上的工作(如测量母线和电缆的绝缘电阻,测量线路参数,检查断路器触头是否同时接触),需要拆除全部或一部分接地线后始能进行工作(如:拆除一相接地线;拆除接地线,保留短路线;将接地线全部拆除或拉开接地刀闸),应征得运行人员的许可(根据调度员指令装设的接地线,应征得调度员的许可),方可进行。工作完毕后立即恢复。

装设接地线的要求强调如下:

①验电之前,应先准备好接地线,并将接地端与接地网接好。当验电设备或线路确无电压后,应立即将检修的设备或线路接地并三相短路。这是防止突然来电或感应电压造成工作人员触电的可靠安全技术措施。

②对于可能送电至停电设备或线路的各方面(包括线路的各支线)及线路可能产生感应电压的都要装设接地线,接地线应装设在工作地点可以看到的地方。工作人员的工作应在接地线的保护范围以内。接地线与带电部分的距离应符合安全距离的规定。

③检修部分可分为电气上不连接的几个部分(如分段母线以刀开闸或开关隔开成几段),则各段应分别装设接地线。接地线与检修部分之间不得经过隔离开关、熔断器、断路器等电气元件。

④在室内配电装置上,接地线应装在该装置导电部分规定的地点,这些接地点不应有油漆。所有配电装置的接地点,均设有接地网的接线端子,接地电阻必须合格。

⑤临时接地线导线应使用多股软裸铜绞线,其截面应符合短路电流的要求,但不得小于 25 mm²。接地线必须使用专用线卡固定在导体上,严禁使用缠绕的方法进行接地或短路。

⑥在高压回路上工作,需要拆除部分或全部接地线后才能工作的(如测量母线和电缆的绝缘电阻,检查开关触头是否同步开通和接通),如:拆除一组接地线;拆除接地线,保留短路线;拆除全部接地线或拉开全部接地刀闸,等等。

⑦每组接地线均应编号,并存放在固定地点。存放位置也应编号,接地线号码与存放位置号码必须一致。装设接地线应作好记录,交接班时应交代清楚。

⑧接地线必须定期进行检查、试验,合格后方可使用。

10.1.4 悬挂标示牌及装设遮栏

标示牌的悬挂应牢固正确,位置准确。正面朝向工作人员。标示牌的悬挂与拆除,应按工作票的要求进行。

在以下地点应该装设的遮栏和悬挂的标示牌:

①在一经合闸即可送电到工作地点的断路器和隔离开关的操作把手上,均应悬挂"禁止合闸,有人工作!"的标示牌。如果线路上有人工作,应在线路断路器和隔离开关操作把手上悬挂"禁止合闸,线路有人工作!"的标示牌。

②对由于设备原因,接地刀闸与检修设备之间连有断路器,在接地刀闸和断路器合上后,在断路器操作把手上,应悬挂"禁止分闸!"的标示牌。

③在显示屏上进行操作的断路器和隔离开关的操作处均应相应设置"禁止合闸,有人工作!",或"禁止合闸,线路有人工作!",以及"禁止分闸!"的标记。

④部分停电的工作,安全距离小于表 10.2 规定距离以内的未停电设备,应装设临时遮栏,临时遮栏与带电部分的距离,不得小于表 10.1 的规定数值,临时遮栏可用干燥木材、橡胶或其他坚韧绝缘材料制成,装设应牢固,并悬挂"止步,高压危险!"的标示牌。

⑤35 kV 及以下设备的临时遮栏,如因工作特殊需要,可用绝缘挡板与带电部分直接接触。但此种挡板应具有高度的绝缘性能。

⑥在室内高压设备上工作,应在工作地点两旁及对面运行设备间隔的遮栏(围栏)上和禁止通行的过道遮栏(围栏)上悬挂"止步,高压危险!"的标示牌。

⑦高压开关柜内手车开关拉出后,隔离带电部位的挡板封闭后禁止开启,并设置"止步,高压危险!"的标示牌。

⑧在室外高压设备上工作,应在工作地点四周装设围栏,其出入口要围至临近道路旁边,并设有"从此进出!"的标示牌。工作地点四周围栏上悬挂适当数量的"止步,高压危险!"标示牌,标示牌应朝向围栏里面。若室外配电装置的大部分设备停电,只有个别地点保留有带电设备而其他设备无触及带电导体的可能时,可在带电设备四周装设全封闭围栏,围栏上悬挂适当数量的"止步,高压危险!"标示牌,标示牌应朝向围栏外面。

⑨在工作地点设置"在此工作!"的标示牌。

⑩在室外构架上工作,则应在工作地点邻近带电部分的横梁上,悬挂"止步,高压危险!"的标示牌。在工作人员上下铁架或梯子上,应悬挂"从此上下!"的标示牌。在邻近其他可能误登的带电架构上,应悬挂"禁止攀登,高压危险!"的标示牌。

部分停电的工作,安全距离小于规定距离以内的未停电设备,应装设遮栏或围栏,将施工部分与其他带电部分明显隔离开。

禁止工作人员在工作中移动、越过或拆除遮栏进行工作。

常见的标示牌和遮栏的种类见表 10.3。

表 10.3　标示牌和遮栏一览表

序号	名　称	悬挂处所	式　样	
			尺寸/mm	颜　色
1	禁止合闸,有人工作!	一经合闸即可送电到施工设备的开关和隔离开关操作手柄上	200×100 或 80×50	白底红字
2	禁止合闸,线路有人工作!	线路开关和隔离开关手柄上	200×100 或 80×50	红底白字
3	在此工作!	室外和室内工作地点或施工设备	250×250	绿底白圆圈中黑字
4	止步,高压危险!	施工地点临近带电设备的遮栏上,室外工作地点的围栏上,禁止通行的过道上,高压试验地点,室外架构上,工作地点临近带电设备的栋梁上	250×200	白底红边黑字有红色危险标志

续表

序号	名 称	悬挂处所	式 样	
			尺 寸/mm	颜 色
5	从此上下!	工作人员上下的铁架或梯子上	250×250	绿底白圆圈中黑字
6	禁止攀登,高压危险!	工作人员上下铁架临近,可能上下的另外铁架上,运行中的变压器的梯子上	250×200	白底红边黑字
7	已接地!	悬挂在已接地的隔离开关操作手柄上	240×130	绿底黑字

10.2　电气维护及检修的安全组织措施

电气设备上安全工作的组织措施包括:工作票制度,工作许可制度,工作监护制度,工作间断、转移和终结制度。

(1)工作票制度

工作票制度是保证安全检修、安装工作等安全生产的一项重要的组织措施。它是在工作前,通过工作负责人,根据工作任务的要求事先进行现场调研,确定工作人员、停电范围工作时间及所用的安全用具、器材和所采取的安全措施等制订工作票。这些工作都是在工作前做的,安排的周密完善,再加上层层审核,防止盲目性,临时性和错误操作,从而保证了工作的顺利进行提高了安全可靠性,保证了安全生产的重要组织措施。

(2)工作许可制度

工作许可人在完成施工现场的安全措施后,还应完成以下手续,工作班方可开始工作:

①会同工作负责人到现场再次检查所做的安全措施,对具体的设备指明实际的隔离措施,证明检修设备确无电压。

②对工作负责人指明带电设备的位置和工作过程中的注意事项。

③和工作负责人在工作票上分别确认、签名。

运行人员不得变更有关检修设备的运行接线方式。工作负责人、工作许可人任何一方不得擅自变更安全措施,工作中如有特殊情况需要变更时,应先取得对方的同意。变更情况及时记录在值班日志内。

(3)工作监护制度

完成工作许可手续后,工作负责人,专责监护人应向工作人员交代现场安全措施,危险点及注意事项。专责监护人应始终在工作现场,对工作人员进行安全监护,及时制止和纠正不安全的行为。所有工作人员(包括工作负责人)。不准单独进入,滞留在高压室内和室外变配电所高压设备区域内。专责监护人不得兼做其他工作。专责监护人临时离开时,应通知被监护人员停止工作或离开工作现场,待专责监护人回来后方可恢复工作。工作期间,工作负责人若因故暂时离开工作现场时,应指定能胜任的人员临时代替,离开前应将工作现场交代清楚,并告知工作班成员。原工作负责人返回工作现场时,也应履行同样的交接手续。若工作负责人应长时间离开工作的现场时,应由原工作票签发人变更工作负责人,履行变更手续,并告知全体工作人员及工作许可人。原、现工作负责人应做好必要的交接。

（4）工作间断、转移和终结制度

工作间断时,工作班人员应从工作现场撤出,所有安全措施保持不动,工作票仍由工作负责人执存,间断后继续工作,无须通过工作许可人。每日收工,应清扫工作地点,开放已封闭的通路,并将工作票交回运行人员。次日复工时,应得到工作许可人的许可,取回工作票,工作负责人应重新认真检查安全措施是否符合工作票的要求,并召开现场站班会后,方可工作。若无工作负责人或专责监护人带领,工作人员不得进入工作地点。

在未办理工作票终结手续以前,任何人员不准将停电设备合闸送电。

在工作间断期间,若有紧急需要,运行人员可在工作票未交回的情况下合闸送电,但应先通知工作负责人,在得到工作班全体人员已经离开工作地点、可以送电的答复后方可执行,并应采取下列措施:

①拆除临时遮栏、接地线和标示牌,恢复常设遮栏,换挂"止步,高压危险!"的标示牌。

②应在所有道路派专人守候,以便告诉工作班人员"设备已经合闸送电,不得继续工作",守候人员在工作票未交回以前,不得离开守候地点。

检修工作结束以前,若需将设备试加工作电压,应按下列条件进行:

①全体工作人员撤离工作地点。

②将该系统的所有工作票收回,拆除临时遮栏、接地线和标示牌,恢复常设遮栏。

③应在工作负责人和运行人员进行全面检查无误后,由运行人员进行加压试验。

工作班若需继续工作时,应重新履行工作许可手续。

在同一电气连接部分用同一工作票依次在几个工作地点转移工作时,全部安全措施由运行人员在开工前一次做完,不需再办理转移手续。但工作负责人在转移工作地点时,应向工作人员交代带电范围、安全措施和注意事项。全部工作完毕后,工作班应清扫、整理现场。工作负责人应先周密地检查,待全体工作人员撤离工作地点后,再向运行人员交代所修项目、发现的问题、试验结果和存在问题等,并与运行人员共同检查设备状况、状态,有无遗留物件,是否清洁等,然后在工作票上填明工作结束时间。经双方签名后,表示工作终结。

待工作票上的临时遮栏已拆除,标示牌已取下,已恢复常设遮栏,未拉开的接地线、接地刀闸已汇报调度,工作票方告终结。只有在同一停电系统的所有工作票都已终结,并得到值班调度员或运行值班负责人的许可指令后,方可合闸送电。对于已终结的工作票、事故应急抢修单应保存1年。

小　结

工厂供配电故障检修的安全措施分为技术措施和组织措施。

电气维护及检修的安全技术措施是保证检修人员人身安全、防止发生触电事故的重要措施。在全部停电或部分停电的电气线路或设备上进行工作,必须完成下列安全技术措施,同时也是操作步骤,即停电→验电→装设接地线→悬挂标示牌→装设遮栏。

电气设备上安全工作的组织措施包括,工作票制度,工作许可制度,工作监护制度;工作间断、转移和终结制度。

习题 10

一、填空题

10.1 检修的安全技术步骤是_____→_____→_____→_____→_____。

10.2 设备停电,必须将各方面的电源断开,且各方面至少有一个明显的_____。

10.3 验电工作应两人进行,一人_____,一人_____,使用辅助安全用具,如_____,_____,人与带电体保持规定的安全距离。

10.4 验电之前,应先准备好_____,并将_____与_____接好。

10.5 同杆架设的多层电力线路验电时,先验_____,后验_____;先验_____,后验_____。

10.6 在工作的电力线路或设备上完成停电、验电工作以后,为了防止已停电检修的设备和线路上突然来电或感应电压造成人身触电,在检修的设备和线路上,应装设_____。

10.7 在一经和闸即可送电到施工设备的开关和隔离开关操作手柄上应悬挂_____标示牌。

10.8 35 kV 及以上电压等级的电气设备,使用_____验电;6 ~ 10 kV 要用_____验电;0.5 kV 以下电路可用_____验电。

10.9 直流双臂电桥是一种专门用来测量_____的电桥。

二、判断题(正确的打"√",错误的打"×")

10.10 验电时,必须使用电压等级合适、经检验合格、在试验期限有效期内的验电器。
（　）

10.11 接地线与检修作业线路之间不得经过隔离开关、熔断器、断路器等设备。（　）

10.12 一般来说,额定电压在 500 V 以上的设备,应选用 1 000 V 或 2 500 V 的兆欧表。
（ · ）

10.13 表示设备断开的常设信号或标志,表示允许进入间隔的闭锁装置信号等,能够作为设备无电的根据。
（　）

10.14 直流单臂电桥又称为凯尔文电桥。 （　）

10.15 临时接地线导线其截面应符合短路电流的要求,但不得小于 25 mm^2。 （　）

10.16 6 ~ 10 kV 电压等级要用高压验电杆验电。 （　）

10.17 在已接地的隔离开关操作手柄上应悬挂"已接地"的标示牌。 （　）

三、问答题

10.18 工厂供配电故障检修的安全措施有哪些?

10.19　保证安全的技术措施和组织措施各是什么？

10.20　装设接地线的要求有哪些？

10.21　停电时如何操作各级开关？

10.22　装设接地线的要求有哪些？

四、技能题

10.23　停电时如何操作各级开关？

10.24　画出使用接地电阻测试仪测试接地电阻的流程图。

参考文献

[1] 林玉岐. 工厂供电技术[M]. 北京:化学工业出版社,2003.

[2] 徐建源. 工厂供电[M]. 北京:机械工业出版社,2002.

[3] 六介才. 使用供配电技术手册[M]. 北京:中国水利水电出版社,2002.

[4] 焦留成,芮静康. 电气设备检修技术[M]. 北京:机械工业出版社,2001.

[5] 李俊. 供用电网络与设备[M]. 北京:中国电力出版社,2001.

[6] 隋振有. 中低压配电实用技术[M]. 北京:机械工业出版社,2000.

[7] 王维俭. 电力系统继电保护基本原理[M]. 北京:清华大学出版社,1992.

[8] 王瑞敏. 电力系统继电保护[M]. 北京:北京科学技术出版社,1994.

[9] 陈惠群. 电工仪表与测量[M]. 4 版. 北京:中国劳动社会保障出版社,2007.

[10] 贺令辉. 电工仪表与测量[M]. 北京:中国电力出版社,2006.

[11] 陈菊红. 电工基础[M]. 2 版. 北京:机械工业出版社,2009.

[12] 程军. 电工技术[M]. 北京:电子工业出版社,2011.

[13] 史仪凯. 电工学[M]. 北京:科学出版社,2009.